U0302961

"十四五"时期国家重点出版物出版专项规划项目

环境催化与污染控制系列

太阳能驱动硫化氢资源化利用

周莹 于姗 等著

科学出版社

北 京

内 容 简 介

在"双碳"背景下，使用清洁能源实现硫化氢"变废为宝、变害为利"是时代发展的必然趋势，而在各种清洁能源中，又以太阳能为根本。本书首先介绍了硫化氢的物化性质和常见处理工艺，然后介绍了基于太阳能的几种典型催化技术，随后详细阐述了以太阳能为主要供能单元的硫化氢资源化利用技术的具体研究进展，包含光催化、光热催化、光电催化和光伏-电催化技术。本书在侧重介绍笔者团队近年来在太阳能驱动硫化氢资源化利用领域所取得的原创性研究成果的同时，对国内外相关的研究进展也进行了较全面的介绍。

本书可供高校和科研院所中从事硫化氢相关研究的人员使用，也可作为高等院校材料、化学及相关专业研究生的参考用书。

图书在版编目（CIP）数据

太阳能驱动硫化氢资源化利用 / 周莹等著. —北京：科学出版社，2024.5
（环境催化与污染控制系列）

"十四五"时期国家重点出版物出版专项规划项目

ISBN 978-7-03-075901-6

Ⅰ. ①太… Ⅱ. ①周… Ⅲ. ①光催化－应用－硫化氢－资源利用－研究 Ⅳ. ①X701

中国国家版本馆 CIP 数据核字（2023）第 119029 号

责任编辑：郑述方 李小锐 / 责任校对：彭 映
责任印制：罗 科 / 封面设计：东方人华

科 学 出 版 社 出版
北京东黄城根北街 16 号
邮政编码：100717
http://www.sciencep.com

成都锦瑞印刷有限责任公司印刷
科学出版社发行 各地新华书店经销

*

2024 年 5 月第 一 版 开本：787×1092 1/16
2024 年 5 月第一次印刷 印张：12 3/4
字数：302 000

定价：148.00 元
（如有印装质量问题，我社负责调换）

"环境催化与污染控制系列"编委会

丛 书 序

  环境污染问题与我国生态文明建设战略实施息息相关,如何有效控制和消减大气、水体和土壤等中的污染事关我国可持续发展和保障人民健康的关键问题。2013 年以来,国家相关部门针对经济发展过程中出现的各类污染问题陆续出台了"大气十条""水十条""土十条"等措施,制定了大气、水、土壤三大污染防治行动计划的施工图。2022 年 5 月,国务院办公厅印发《新污染物治理行动方案》,提出要强化对持久性有机污染物、内分泌干扰物、抗生素等新污染物的治理。大气污染、水污染、土壤污染以及固体废弃物污染的治理技术成为生态环境保护工作的重中之重。

  在众多污染物削减和治理技术中,将污染物催化转化成无害物质或可以回收利用的环境催化技术具有尤其重要的地位,一直备受国内外的关注。环境催化是一门实践性极强的学科,其最终目标是解决生产和生活中存在的实际污染问题。从应用的角度,目前对污染物催化转化的研究主要集中在两个方面:一是从工业废气、机动车尾气等中去除对大气污染具有重要影响的无机气体污染物(如氮氧化合物、二氧化硫等)和挥发性有机化合物(VOC);二是工农业废水、生活用水等水中污染物的催化转化去除,以实现水的达标排放或回收利用。尽管上述催化转化在反应介质、反应条件、研究手段等方面千差万别,但同时也面临一些共同的科学和技术问题,比如如何提高催化剂的效率、如何延长催化剂的使用寿命、如何实现污染物的资源化利用、如何更明确地阐明催化机理并用于指导催化剂的合成和使用、如何在复合污染条件下实现高效的催化转化等。近年来,针对这些共性问题,科技部和国家自然科学基金委员会在环境催化科学与技术领域进行了布局,先后批准了一系列重大和重点研究计划和项目,污染防治所用的新型催化剂技术也被列入 2018 年国家政策重点支持的高新技术领域名单。在这些项目的支持下,我国污染控制环境催化的研究近年来取得了丰硕的成果,目前已到了对这些成果进行总结和提炼的时候。为此,我们组织编写"环境催化与污染控制系列",对环境催化在基础研究及其应用过程中的系列关键问题进行系统、深入的总结和梳理,以集中展示我国科学家在环境催化领域的优秀成果,更重要的是通过整理、凝练和升华,提升我国在污染治理方面的研究水平和技术创新,以应对新的科技挑战和国际竞争。

  内容上,本系列不追求囊括环境催化的每一个方面,而是更注重所论述问题的代表性和重要性。系列主要包括大气污染治理、水污染治理两个板块,涉及光催化、电催化、热催化、光热协同催化、光电协同催化等关键技术,以及催化材料的设计合成、催化的基本原理和机制以及实际应用中关键问题的解决方案,均是近年来的研究热点;分册笔者也都是活跃在环境催化领域科研一线的优秀科学家,他们对学科热点和发展方向的把握是第一手的、直接的、前沿的和深刻的。

　　希望本系列能为我国环境污染问题的解决以及生态文明建设战略的实施提供有益的理论和技术上的支撑，为我国污染控制新原理和新技术的产生奠定基础。同时也为从事催化化学、环境科学与工程的工作者尤其是青年研究人员和学生了解当前国内外进展提供参考。

中国科学院　院士

赵进才

前　　言

硫化氢是一种剧毒性气体，常见于石油和天然气的开发和精炼过程中，也常产生于橡胶制品、纤维制品、化肥生产和食品加工等过程中。硫化氢不仅剧毒，而且具有高腐蚀性，容易腐蚀管道和设备等。这些都会严重危害相关作业人员和周边人员的生命安全，因此相关行业必须配套实施硫化氢的处理工艺。

虽然硫化氢的危害非常大，但其也是一种储量丰富的宝贵资源，只要处理得当，硫化氢可转化为高附加值的化学品。硫化氢由氢和硫两种元素组成，其中氢是"双碳"背景下构建清洁低碳、安全高效的能源体系的关键载体，硫则是我国高度依赖进口（大于 50%）的化工原料。目前工业上大规模的硫化氢处理工艺主要为克劳斯工艺，该工艺通过热反应和催化反应两个反应过程将硫化氢转化为单质硫和水，主要利用锅炉供热，反应温度高(高于 900 ℃)，碳排放量大，同时硫化氢中的氢资源以水的形式被浪费。一些小规模的处理工艺则通常采用直接氧化法使硫化氢与一些金属氧化物直接反应生成水和金属硫化物，硫化氢中的氢资源和硫资源均未得到有效利用。

如何完成硫化氢的高效转化并捕获其中的氢资源和硫资源，实现硫化氢"变废为宝、变害为利"是资源化利用硫化氢的关键。尤其是在"双碳"背景下，将清洁低碳能源的利用与硫化氢高效转化两者耦合，在实现捕获硫化氢中氢资源和硫资源的同时，做到低碳甚至零碳排放，是硫化氢处理工艺发展的必然趋势。在众多的清洁低碳能源中，太阳能是地球上的生命得以延续的根本，也是最为重要的清洁能源供体。因此，利用太阳能驱动硫化氢转化并实现其中氢资源和硫资源的回收是最为理想的硫化氢资源化利用技术之一。

太阳能驱动硫化氢资源化利用技术旨在通过直接或间接利用太阳能供能实现硫化氢的转化，并同时捕获其中蕴含的氢资源和硫资源，是一种绿色低碳的变革性硫化氢处理技术。自从 20 世纪 70 年代日本科学家本多健一（Honda）和藤岛昭（Fujishima）报道了光电催化可将水分解得到氢气和氧气以来，利用太阳能驱动催化化学反应便引起了科学界的广泛关注。目前科学界已发展出了多种基于太阳能的催化反应，包括光催化、光热催化、光电催化和光伏-电催化等。

本书的读者定位为能源环境催化领域的科学研究工作者，希望借助本书可以将国内外太阳能驱动硫化氢资源化利用研究的发展动向和笔者近年来的研究成果介绍给读者，并让该领域的初学者有宏观上的认识，包括催化体系材料的设计思路和基本表征方法、催化反应体系的构建和优化。

全书共分为 7 章，其中第 1 章主要介绍硫化氢的来源、重要性、基本性质、危害和检测，以及常见的硫化氢处理技术；第 2 章详细介绍利用太阳能供能的几种典型催化技术；第 3 章重点介绍光催化分解硫化氢的具体原理和几类典型的催化材料在光催化分解硫化氢中的应用研究；第 4 章介绍光热（催化）分解硫化氢的相关研究；第 5 章和第 6 章分别介绍光电催化和光伏-电催化在硫化氢处理中的应用探索。在这几类与太阳能相关的催化技术中，目前光催化技术研究较多，因此相关篇幅较长。第 7 章则对太阳能驱动硫化氢资源化利用技术进行总结与展望，包括笔者对此类技术的一些粗浅认识。本书的第 1、3、5 章由周莹撰写，第 2、4 章由于姗撰写，第 6 章由唐春撰写，第 7 章由周莹撰写。全书统稿工作由周莹完成。

本书介绍的研究成果在国家自然科学基金（52325401、22178291、22002123、22211530070、22109132、22311530118）、四川省第二批拟立项建设产教融合示范项目"四川省光伏产业产教融合综合示范基地（川财教【2022】106 号）和四川省科技厅计划项目（2024NSFSC0277、2023NSFSC0112 和 2022YFSY0052）的经费支持下取得。在本书撰写过程中，团队成员和研究生协助笔者开展了文献整理、数据统计和图片美化等方面的工作，他们是郭恒、李意、段超、淡猛、向将来、伍凡、蒋安强、谢章辉、蔡晴、钟云倩、吴梦南、陈钇江、张洪华、付梦瑶、段元刚、黄靖元、余堂杰、饶家豪，在此一并表示感谢。此外，科学出版社的郑述方编辑对本书的校对和修改做了大量细致的工作，在此亦表示诚挚的感谢。

由于笔者的知识水平有限，书中难免有疏漏之处，敬请各位专家和读者批评指正。

周　莹

2024 年 3 月

目　　录

第1章 硫化氢概述

1.1 硫化氢的来源及重要性

1.1.1 硫化氢的来源

硫化氢（H_2S）广泛存在于自然界和人类生产活动中，自然界存在的 H_2S 来源途径主要包括以下四种（戴金星，1984；朱光有等，2004）：①地壳活动。地球内部含有丰富的硫元素，由岩浆活动或板块碰撞引起的自然灾害（如火山、地震等）使地壳深部的岩石熔融或受热情况下，往往会产生大量含 H_2S 的气体混合物，并长时间在受限空间中存储下来。其中，岩浆的成分、气流运行速度和方向决定了 H_2S 聚集的浓度。这类 H_2S 主要发现于煤层中。②生物降解。重大自然灾害往往导致地球上大量动植物死亡，经过长时间的沉积作用，植物最终通过生物降解形成煤等化石能源，但动物尸体在微生物降解过程中会形成大量富含硫的有机物，进而分解释放出 H_2S 气体。这种大面积生物降解产生 H_2S 的方式在地球上普遍存在，但这类 H_2S 由于分散度高、平均含量低等，往往不易收集。③微生物硫酸盐还原。在缺氧环境中普遍存在的硫酸盐还原菌可以利用有机质或其他烃类还原硫酸盐产生 H_2S，如黑海的深水层由于严重缺氧而存在大量的厌氧菌，这些厌氧菌分解生物残骸生成的酸性气体使得黑海底的 H_2S 含量已经达到 4.6×10^9 t（Demirbas，2009）。④硫酸盐热还原。煤作为一种碳氢化合物在地下分布广泛，且以黑色沉积岩的形式存在。当受到由地下运动造成的热作用时，碳氢化合物可作为供氢体热还原周围岩石层中的硫酸盐，形成 H_2S。通过硫酸盐热还原方式产生的 H_2S 量取决于煤及周围的岩石层中硫酸盐的含量。

从人类生产活动的角度来看，H_2S 广泛存在于 70 多种职业的工作环境中。无论是油气田的开采、橡胶生产等工业过程，还是沼气池的维护、垃圾和废弃物的清理等日常作业过程，都有 H_2S 的存在。例如，农村普遍推广的沼气是一种可燃性混合气体，虽然其主要成分是 CH_4 和 CO_2，但其中也有少量的 H_2S（含量占 0.1%~3.0%），所以沼气会略有臭味（柏建华，2011）。又如，在开采油气田的钻井作业中，H_2S 往往来源于三方面：①当石油受到外界热量作用时，含硫化合物会分解产生 H_2S。②高温环境下，硫酸盐被石油中的有机质和烃类还原产生 H_2S。③一些钻井液的处理剂在高温工作环境中发生分解产生 H_2S。

随着人类社会的发展，人们对能源的需求不断增加，特别是随着常规优质油气资源的逐渐枯竭，油气藏开发已逐渐转向开采难度大的酸性油气藏。截至 2022 年 9 月，全球含 H_2S 的酸性气田储量已超过 736000 亿 m^3，约占世界天然气总储量的 40%。勘探研究表明

富含 H_2S 的酸性气藏大多位于中东、里海地区和我国部分地区（叶慧平和王晶玫，2009）。我国天然气藏中部分酸性气藏的 H_2S 含量高达 60%~90%,主要分布在四川盆地川东北地区和渤海湾盆地,如普光、罗家寨、卧龙河气田和赵兰庄气田等,其中河北晋州市赵兰庄气田的 H_2S 含量高达 92%,卧龙河气田三叠系气藏最高 H_2S 含量达 32%,而位于四川盆地的"西气东输"的主供气源——普光气田,其 H_2S 平均含量也达到 14.1%（于艳秋等,2011; Wei et al.，2015; Jia，2018）。随着这些酸性气藏的不断开发,势必有更多的 H_2S 产生。

虽然 H_2S 是一种剧毒腐蚀性气体,但其更是一种宝贵的资源。由分子式可知, H_2S 仅由氢元素和硫元素组成,其蕴藏了丰富的氢资源和硫资源。下面分别介绍氢资源和硫资源的重要性。

1.1.2 氢资源的重要性

氢能被认为是全球能源转型发展的重要载体之一。在"碳达峰、碳中和"背景下,氢能受到了人们的广泛关注。2019 年,氢能首次被写入《政府工作报告》中,随后我国出台了相关政策和标准来引导和支持氢能产业的发展。2020 年 12 月,国务院新闻办公室发布《新时代的中国能源发展》白皮书,明确指出要加速发展绿氢制取、储运和应用等氢能产业链技术装备。2022 年 3 月,国家发改委（全称国家发展和改革委员会）和国家能源局联合出台《氢能产业发展中长期规划（2021—2035 年）》,明确指出氢能是未来国家能源体系的重要组成部分,是用能终端实现绿色低碳转型的重要载体,氢能产业是战略性新兴产业和未来能源产业重点发展方向。预计到 2050 年,氢能在我国能源结构体系中的占比将提升到 10%（2019 年氢能占比为 2.7%）,成为终端能源体系的消费主体,同时带动形成十万亿级的新兴产业。

氢能作为一种清洁高效的新能源,具有广泛的应用场景,如应用于分布式发电或热电联产为建筑供热、供电,为燃料电池汽车提供氢燃料,为工业冶金提供还原剂,为甲醇、氨等化学产品的合成提供原料等（图 1-1）。通过燃料电池技术,氢能可在不同能源之间实现转化,将可再生能源与化石能源转化为电力,实现清洁能源系统的有效耦合。

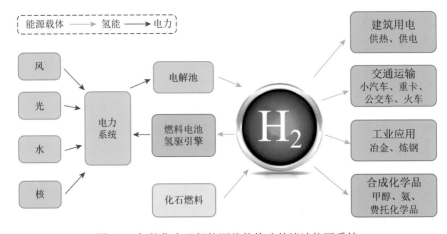

图 1-1 氢能作为理想能源载体构建的清洁能源系统

1.1.3 硫资源的重要性

H₂S 除蕴含氢资源外，还富含硫资源。硫资源是重要的化工资源，每年我国一半以上的硫资源依赖进口。硫化学化工用品和生产原料对人类社会工业生产、经济发展、日常生活等多个领域有着直接影响。截至 2015 年，世界硫的年产量已达 82.4 Mt（赵奎涛等，2018），而随着设备工艺的完善以及开采规模的扩大，预计到 2030 年，世界硫的年产量将超过 120 Mt。目前，硫资源主要通过以下四条途径获得：①回收煤、油页岩和富含有机质的页岩中所含的硫；②石油精炼与天然气脱硫，此部分的硫主要来自 H₂S；③回收金属硫化物矿床中伴生和共生的硫；④回收硫铁矿与自然存在的单质硫。其中，通过化石能源精炼回收的硫占全球硫产量的 60%（图 1-2）。

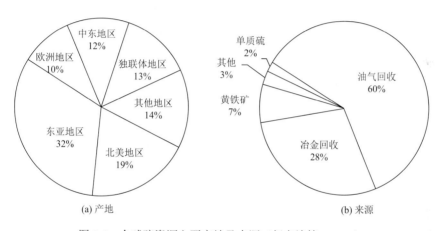

图 1-2　全球硫资源主要产地及来源（赵奎涛等，2018）

在我国，硫资源回收以石油和天然气的精炼为主，其次是硫铁矿、有色金属共伴生硫，少部分由煤炭和其他含硫矿物提供，如普光气田天然气净化厂是全国最大的硫黄生产基地，其硫黄年产量占国内硫黄总产量的 1/3 左右。而在我国的矿产资源中，有色金属矿、硫铁矿、硫酸盐矿等的整体储量虽然十分丰富，但受矿产品位、开采规模等因素的影响，有色金属矿和硫铁矿的硫主要用于硫酸的加工，硫酸盐矿则用于含硫制品的生产。此外，虽然我国煤炭使用量巨大，但我国煤炭含硫量低，通过剥离煤炭燃烧产生的含硫烟气只能收集到少部分硫，大部分硫在煤炭的燃烧过程中转换为含硫废渣。

我国是硫资源生产和消耗大国。以 2016 年我国硫元素工业代谢过程为例，2016 年全年生产与进口的硫资源达 81.5 Mt，硫加工量达 48.3 Mt，硫消费量达 43.5 Mt，硫的环境消纳量达 18 Mt（图 1-3）。总地来说，硫资源具有十分广泛的应用场景，硫元素经过合理的加工处理可以被制成大量的高附加值产品，除了图 1-3 中所提及的硫黄、硫酸、硫酸铵、石膏外，还包括硫脲、硫醇、苯硫酚等有机物，这些都是工业生产和人们日常生活中常见的含硫化学品。下面对这些常见的含硫化学品进行简要介绍。

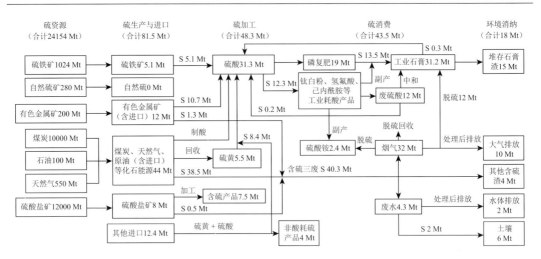

图 1-3　2016 年中国硫元素工业代谢示意图（纪罗军，2017）

硫单质一般被称为硫黄，又名硫、胶体硫或者硫黄块，是一种十分重要的化工原料，常温下硫黄为黄色或淡黄色粗糙颗粒状，有特殊的臭味。硫黄熔点（115 ℃左右）较低，同时自燃点（232 ℃）和着火点（250 ℃）也较低，所以硫黄属于易燃易爆危险化学品。硫黄的亲水性极差，但可以溶解于部分碱性溶液（如 Na_2S 溶液），形成多硫化物。硫黄微溶于乙醚、乙醇等有机溶液，但易溶于二硫化碳（CS_2）。硫黄具有多种同素异形体，一般情况下人们所说的硫黄其实是其单体和聚合体的混合物（单彬，2015；刘贵清等，2022）。目前，硫黄在工业上主要用于硫酸的制备。此外，随着储能电池的发展，硫黄也被应用在钠硫电池和锂硫电池生产领域。

硫酸（H_2SO_4）是硫加工的主要产品，全球每年约有 80%的硫资源被用于硫酸的生产（赵奎涛等，2018）。硫酸被广泛应用于冶金、酸化加工、炸药生产、电池制备、磷肥生产等领域。鉴于硫酸巨大的应用价值，硫酸的年产量也被认为是衡量一个国家工业水平的标志。

其他常见的无机硫制品分为高价态硫氧化合物、低价态硫氧化合物和负价态硫化合物。过硫酸铵[$(NH_4)_2S_2O_8$]、硫酸钠（Na_2SO_4）、焦硫酸钠（$Na_2S_2O_7$）等是常见的高价态硫氧化合物（姚凤仪等，1990）。$(NH_4)_2S_2O_8$ 的氧化性很强，常被用于制备过氧化氢；Na_2SO_4 常用作钡盐的检测试剂与化学反应后的干燥处理剂；$Na_2S_2O_7$ 则常用作矿石熔融剂溶解难以溶解的金属氧化物。低价态硫氧化合物一般用作还原剂，起保护材料的作用，其中硫代硫酸钠（$Na_2S_2O_3$）又名大苏打或者次亚硫酸钠，具有很高的医用价值，是很好的氰化物解毒剂。负价态硫化合物主要包括硫化钠（Na_2S）和多硫化物等，前者广泛应用于染料、制革、纺织和制药工业，也在有色冶金工业中用作矿石的浮选剂，后者可用于生产聚硫橡胶、杀虫剂、脱毛剂等（姚凤仪等，1990）。

常见的有机硫制品包含硫脲、二硫化碳和甲硫醇等。硫脲常用于药物的制造、环氧树脂的合成、硫化促进剂的制备以及作为部分有机酸的合成催化剂（戴素杰，2006）；二硫化碳是工业上常见的含硫有机化合物，也是一种常见的溶剂，可溶解硫黄，常用于制造人造丝、促进剂、杀虫剂等；甲硫醇主要用于医药、染料以及农药领域，是喷气机添加剂、杀虫剂的生产原料（丛轮刚等，2013；张国敬和冯海燕，2019）；乙硫醇具有刺鼻的臭味，通常在家用的煤气中加入少量乙硫醇作为臭味指示剂（张雄飞，2016）；乙硫醚常用于贵金属和稀有金属的分离（李陶琦等，1993）；苯硫酚常用作医药中间体、农药的抗氧化剂、香料染料、光引发剂等（冯柏成等，2017）。

由上可知，无论是在工业生产上还是在人们的日常生活中，与硫相关的化学品都扮演了十分重要的角色。作为一种易分解且储量巨大的物质，H_2S 在工业上一直被视为较为可靠的硫资源，利用 H_2S 为原料可制备的硫化学品种类十分丰富。从图 1-4 中可以看出，H_2S 不仅可以用于硫醚、硫醇、硫酚等有机硫化物的制备，还在硫化锌、硫化钠、硫氢化钠等无机硫化物的合成过程中有着良好的应用前景（张宏等，2017）。

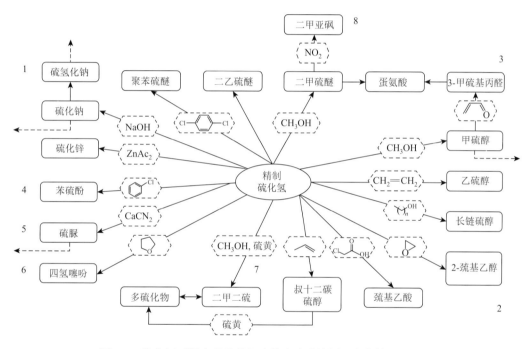

图 1-4　硫化氢下游产品及其衍生物合成路线图（张宏等，2017）

1-无机硫化物；2-硫醇类；3-硫醚类；4-硫酚类；5-硫代酰胺；6-含硫杂环；7-有机二硫化物及多硫化物；8-高价硫有机物
实线箭头表示理想的工业化合成路线；虚线箭头表示该物质是重要的化工原料，可用于合成多种化学品；实线圆角方框表示
重要的下游化学品及其衍生物

1.2　硫化氢的基本性质、危害及检测

1.2.1　硫化氢的基本性质

H_2S 是一种有臭鸡蛋气味的酸性气体。H_2S 分子有两个氢原子和一个硫原子，其中心硫原子采取 sp^3 杂化，构成键角为 92.1°、键长为 133.6 pm 的如"V"字形的 H—S—H 极性分子，H—S 键能为 364 kJ/mol。H_2S 的闪点低于–50 ℃，熔点为–85.5 ℃，沸点为–60.4 ℃，

燃点为 260 ℃。由于 H_2S 的密度（$1.19 \ g \cdot cm^{-3}$）比空气大，H_2S 容易在凹处和通风不良的地方聚集，因此在有 H_2S 存在的工作场所需要保持通风良好（侯磊，2009）。

H_2S 溶于水形成的物质被称为氢硫酸，是一种二元弱酸。氢硫酸溶液加热后能挥发出 H_2S 气体，因此可利用这一性质来制取 H_2S 气体。H_2S 在其他溶剂中也具有一定的溶解性，不仅能溶于有机胺和苛性碱溶液，也易溶于醇类、石油溶剂和原油，这也造成了石化工业上对 H_2S 的脱除较为困难（Zhao et al.，2014）。H_2S 还具有氧化性，能将金属单质银氧化为硫化银。H_2S 也具有还原性，可以将 Fe^{3+} 还原为 Fe^{2+}、Br_2 还原为 Br^-、MnO_4^- 还原为 Mn^{2+} 等。虽然完全干燥的 H_2S 在室温下不与空气中的氧气发生反应，但能在空气中遇明火燃烧产生蓝色火焰。当空气充足时，H_2S 燃烧生成 SO_2 和 H_2O，SO_2 气体会损伤人的眼睛和肺；在空气不足或温度较低时，H_2S 则燃烧生成游离态的 S 和 H_2O（侯磊，2009）。此外，由于 H_2S 的 H—S 键能较弱，因此可以在高温（300 ℃左右）下发生断裂，从而实现 H_2S 的裂解。

1.2.2　硫化氢的危害及检测

H_2S 作为一种神经毒素，主要通过呼吸道进入人体，少量通过皮肤和消化道进入人体内。H_2S 进入人体内后，只有参与到血液循环中才会对呼吸系统和中枢神经系统的功能造成较大伤害（Vikrant et al.，2019）。作为一种剧毒气体，不同含量的 H_2S 侵入人体后会造成不同影响，具体见表 1-1。极低浓度的 H_2S 进入人体血液后会与溶解氧发生反应生成无毒的硫酸盐和硫代硫酸盐，且人的新陈代谢可将硫酸盐等通过肾脏作用以尿液的形式排出体外，因此对人体伤害不大。而当 H_2S 浓度较高时，则会使血液含氧量迅速降低，形成继发性缺氧，从而伤害人体的神经系统（Zhao et al.，2014）。如果吸入高浓度（1000 ppm[①]以上）的 H_2S，中毒者会瞬间停止呼吸，继而心跳停止，这被称为"电击样"死亡。

表 1-1　不同 H_2S 含量对人体的影响

空气中浓度/（mg/m³）（ppm）	暴露时间	暴露于 H_2S 的人体反应
1400（1000）	立即	昏迷并呼吸麻痹而死亡
1000（700）	数分钟	很快引起急性中毒，出现明显的全身症状
700（500）	15～60 min	可能引起生命危险
300~450（200～300）	1 h	可引起严重反应——眼和呼吸道黏膜强烈刺激症状，并对神经系统产生抑制
70~150（50～100）	1～2 h	出现眼及呼吸道刺激症状
4~7（2.8～5）	—	中等强度难闻臭味
0.18（0.13）	—	微量的可感觉到的臭味
0.011	—	嗅觉阈

注：数据来源为《GBZ/T 259—2014 硫化氢职业危害防护导则》。

在工业生产过程中，H_2S 也会对配件设施造成破坏，从而影响生产设备的正常使用，如 H_2S 会对金属设备造成腐蚀性破坏，这些腐蚀作用会造成仪表损坏、管道破裂，甚至

---

① 表示 10^{-6}，余同。

出现毒气泄漏、着火等事故。除此之外，一些非金属材质的配件（如橡胶）在长期接触 H₂S 气体后会膨胀老化，从而降低橡胶的密封性和固定性，对工业生产和人身安全造成危害（侯磊，2009）。

目前检测 H₂S 气体的方法主要有化学法、电化学法、气相色谱法和传感器检测四类（曾永达等，2019）（表 1-2）。其中化学法包括碘量法、亚甲基蓝分光光度法和汞量滴定法三种，具有操作简单的优势，但测量精度还需进一步提升。电化学法和气相色谱法检测灵敏度高，是目前较为常见的检测 H₂S 气体浓度的方法。而 H₂S 传感器不仅能够快速有效地检测 H₂S 的浓度，还具有便携性和普适性等优势，具体包括阻抗型传感器、声表面波型 H₂S 传感器、光学型 H₂S 传感器和生物型 H₂S 传感器四种（曾永达等，2019）。

表 1-2　目前已有的 H₂S 气体检测方法

检测方法	具体分类	原理
化学法	碘量法	首先用 $Zn(CH_3COO)_2$ 溶液吸收 H_2S 并转化为 ZnS 沉淀，然后以过量的 I_2 溶液完全氧化 ZnS 沉淀，最后用 $Na_2S_2O_3$ 标准液滴定剩余的 I_2 溶液，反推出 H_2S 浓度
	亚甲基蓝分光光度法	首先用 $Cd(OH)_2$ 溶液吸收 H_2S 气体并转化为 CdS 沉淀［需要提前向 $Cd(OH)_2$ 溶液中加入聚乙酸醇磷酸铵以降低光对 CdS 分解的影响］，然后使 S^{2-} 与对氨基二甲基苯胺和 $FeCl_3$ 溶液反应生成亚甲基蓝，最后通过用分光光度计检测亚甲基蓝的颜色深浅来确定 H_2S 浓度
	汞量滴定法	首先用 KOH 溶液吸收 H_2S 气体生成硫离子，然后用汞离子标准液滴定生成 HgS 沉淀，最后用二硫腙滴定剩余的汞离子以确定 H_2S 浓度
电化学法	—	在电解池中通过施加偏压使 H_2S 气体发生电化学氧化，并根据产生的电流大小来确定 H_2S 浓度
气相色谱法	—	根据色谱图中 H_2S 气体的色谱峰面积大小确定 H_2S 气体浓度
传感器检测	阻抗型传感器	通过实时监测响应区敏感膜的电阻变化来确定 H_2S 浓度
	声表面波型 H₂S 传感器	通过固体表面传递的弹性波对 H_2S 气体进行智能化处理
	光学型 H₂S 传感器	基于表面等离子体（plasma）共振光纤来确定 H_2S 浓度
	生物型 H₂S 传感器	结合生物酶和电化学技术检测 H_2S 浓度

1.3　常见的硫化氢处理技术

1.3.1　克劳斯工艺

1883 年英国科学家克劳斯（Claus）首次从 H₂S 中制得硫黄（即单质硫），该工艺从提出到应用已经历了上百年。目前，国内外石化行业通常利用该工艺以硫黄的形式回收 H₂S 中的硫资源。

原始克劳斯工艺是利用空气中的氧气在催化剂的作用下将 H₂S 直接氧化，如图 1-5（a）所示，将含 H₂S 的酸气与空气混合，并将其送入含有催化剂的装置进行氧化反应，反应式如下：

$$H_2S + 1/2 O_2 = 1/n S_n + H_2O \tag{1-1}$$

该工艺由于反应放热多而只能在低空速下进行且反应热无法利用回收。1938 年，德国法本公司在此基础上进行改良，改良后的工艺流程如图 1-5（b）所示，即传统克劳斯工艺。该工艺将 H_2S 氧化阶段分为热反应与催化反应两个阶段，热反应阶段在反应炉内主要发生如下反应：

$$H_2S + 3/2 O_2 \longrightarrow SO_2 + H_2O \qquad (1-2)$$

在催化反应阶段，过量的 H_2S 在催化剂的作用下与热反应阶段生成的 SO_2 发生如下反应：

$$2H_2S + SO_2 \longrightarrow 3S + 2H_2O \qquad (1-3)$$

总地来说，改良后的克劳斯工艺相较于其他方法具有以下特点：①实施操作过程灵活；②硫黄纯度高；③规模效益较大；④回收的硫可广泛用于化工行业，如生产硫酸和其他化工产品。

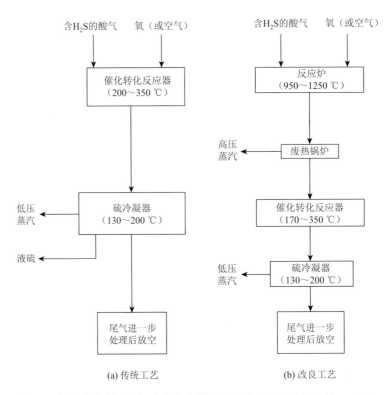

图 1-5　传统克劳斯工艺与改良克劳斯工艺流程示意图（汪家铭，2009）

为了进一步提高硫收率，研究者后续又研发了各种改良的克劳斯工艺变体，主要包含以下类别。

（1）直流法。当原料气中 H_2S 的体积含量高于 50%时采用直流法。直流法是使全部原料气通入反应炉燃烧，再经过废热锅炉、多级催化转化装置、硫冷凝器和尾气处理装置的工艺。直流工艺当中，硫主要在反应炉内生成，这极大减小了催化阶段的负荷，从而提高了硫收率。

（2）分流法。当原料气中 H_2S 的体积含量为 15%～50%时采用分流法。与直流法不同的是，分流法只送入 1/3 的原料气在反应炉内燃烧，生成的 SO_2 再与剩下 2/3 的原料气混合并进入催化转化反应器发生转化，因此硫完全在催化氧化阶段生成。

（3）直接氧化法。当原料气中 H_2S 的体积含量为 2%～12%时采用直接氧化法。直接氧化法按照得到的硫产物种类的不同分为两类，一类将 H_2S 氧化为单质硫，另一类将 H_2S 氧化为 SO_2 和单质硫。此类代表性工艺包括 Selectox 和 Modop 工艺等选择性催化氧化技术。

（4）富氧克劳斯工艺。针对空气中 N_2 的比例过高的问题，富氧克劳斯工艺采用富氧（含氧量大于 20%）或纯氧替代传统克劳斯工艺中的空气作为氧化剂，可以进一步提高装置的工作效率和处理能力（Baerends et al.，2011）。最初的富氧技术中，氧气量过多会引起燃烧炉内温度升高，进而限制了硫黄回收工艺的发展，但近年来，该工艺发展较快，目前富氧技术有 SURE 法、COPE 法、Oxy Claus（氧气克劳斯）法和后燃烧工艺等（冀刚，2009）。

（5）克劳斯组合工艺。克劳斯组合工艺是将传统克劳斯工艺与尾气处理装置组合为一体的工艺，该组合工艺的硫收率大于 99%。由于该工艺要求的尾气处理装置相对独立，可在传统克劳斯工艺基础上直接进行改造，因此得到快速发展。

（6）低温克劳斯工艺。低温克劳斯工艺是在低于硫露点下进行的克劳斯工艺，其主燃烧炉阶段与其他克劳斯反应阶段一样，也需要严格控制 H_2S 与 SO_2 的比例。传统克劳斯工艺中，H_2S 总转化率往往取决于最后一级催化转化反应器的操作温度，通常催化转化反应器的出口温度控制在硫露点以上，床层的操作温度离硫露点越近，平衡转化率越高。低温克劳斯工艺与传统克劳斯工艺的不同之处在于其催化过程在低温下进行，反应温度控制在硫的凝固点附近（黄朝齐和郭子龙，2010）。该工艺突破了硫露点对操作温度的限制，由于温度较低，气态硫凝结为固态硫后，更有利于平衡向着生成硫的方向移动，显著提高了硫收率，使得硫收率达到 99.2%左右。在此基础上，研究者还研发出 MCRC、Clinsulf 等工艺（冀刚，2009）。

（7）超级克劳斯工艺。荷兰 Comprimo 公司还开发了 99-超级克劳斯工艺，该工艺的硫收率可达到 99%。与传统克劳斯工艺相比，其在三级转化器中增放了催化氧化催化剂，且催化过程处于富 H_2S（即 H_2S/SO_2[①]大于 2）的环境中，过剩的 H_2S 通过三级转化器时，直接被催化氧化为单质 S，极少数转化为 SO_2。在此基础上，研究者进一步开发了 99.5-超级克劳斯工艺（硫收率 99.5%）。与 99-超级克劳斯工艺的不同点在于，其在三级转化器前增加了加氢反应器（图 1-6），把过程气中的 COS、CS_2 等含硫有机物还原为 H_2S，从而提高硫收率到 99.5%（陈赓良，2007）。

克劳斯 H_2S 净化处理工艺的应用在我国始于 20 世纪 60 年代中期。随着气田的不断开发，我国的 H_2S 净化处理工艺有了显著发展，已接近国际先进水平（陈昌介等，2010）。例如，中国石油西南油气田分公司天然气研究院针对克劳斯尾气处理中低浓度 H_2S 的应用，开发了比表面积适宜的硅基催化剂，应用 H_2S 不可逆氧化为单质硫的原理，突破了克劳斯反应化学平衡制约，使得单级反应硫资源回收率达 85%以上，实现了 H_2S 高效转化制备为高纯度硫黄。该技术目前已被国内外多个厂家工业化应用，装置总硫收率达 99.0%～99.4%。

---

① 此处比值指体积分数之比。

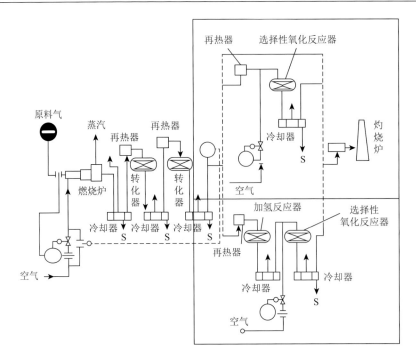

图 1-6　99.5-超级克劳斯工艺流程图（陈赓良，2007）

综上所述，克劳斯工艺是目前工业上处理 H_2S 并回收硫资源（硫黄）的有效方法，该技术在高温（$1000\sim1200\ ℃$）条件下将 H_2S 不充分燃烧转化为水和硫黄，但主要存在以下问题：①反应能耗高、产生毒副尾气 SO_2；②产物主要局限为硫黄，没有捕获 H_2S 中潜在的氢能，因此，急需开发新型、清洁的 H_2S 资源化利用技术。为此，研究者们也开展了其他相关的研究，下面分别进行介绍。

1.3.2　热分解法分解硫化氢技术

热分解法分为高温直接热分解法和催化热分解法。高温直接热分解法是指在无催化剂存在且温度高于 $800\ ℃$ 的条件下，将 H_2S 直接分解为 H_2 和 S，其反应式为

$$H_2S \longrightarrow H_2 + S \tag{1-4}$$

该反应若在室温下进行，其标准吉布斯自由能变化 $\Delta G^{\ominus}$ 为 $33.3\ kJ\cdot mol^{-1}$，标准焓变化 $\Delta H^{\ominus}$ 为 $20.4\ kJ\cdot mol^{-1}$。由热力学可知，在常温常压下该反应无法自发发生，只有在高温条件下 H_2S 才会分解为 H_2 和 S。Faraji 等（1998）探究了在 $1000\sim1200\ ℃$ 时，H_2S 与惰性气体混合后的高温热分解反应。研究表明，H_2S 的转化率随温度的上升和分压的降低而升高。在 $1200℃$ 下，控制 H_2S 分压 $101\ kPa$、流速为 $50\ mL/min$、停留时间为 $48\ s$，H_2S 转化率可达 35.6%；控制 H_2S 分压为 $5.05\ kPa$、流速为 $150\ mL/min$、停留时间为 $16\ s$，$1200℃$ 下 H_2S 转化率达 65.8%。通过提高反应温度和降低 H_2S 分压可以提高 H_2S 转化率，但是该工艺需要供给大量热量，能耗高，并需要采用耐高温材料。此外，由于 H_2S 的转化率

有限，大量 H_2S 需要与产物 H_2 分离并在系统中循环，因此额外增加了能耗。虽然也有研究报道采用膜技术可以有效地分离产物，从而打破化学平衡限制，提高 H_2S 转化率，但热分解温度往往会超过膜的极限耐热温度，使膜材料结构遭到破坏。因此，高温直接热分解法在经济性上受到了严重制约。

相较于高温直接热分解法，催化热分解法是指在热分解过程中加入催化剂。加入催化剂可降低热分解反应的活化能，加快化学反应速率，提高 H_2 收率。目前，研究中常用的催化剂为 Fe、Al、V、Mo 等过渡金属的氧化物或硫化物。然而，催化剂的引入不能改变化学平衡，反应仍然受到热力学平衡的限制。因此，需要设计催化膜反应器，在反应过程中不断分离出产物，打破反应平衡，进而提高反应转化率。将催化剂与膜反应器或者其他促进分解平衡移动的装置相结合是催化热分解法的重点研究方向，该方法的挑战在于高效催化剂的制备和耐高温、低成本膜材料的研究开发等。

1.3.3　电化学分解硫化氢技术

随着电化学技术的快速发展，电化学转化得到广泛的研究。电化学分解 H_2S 技术是指将 H_2S 气体通入电解质溶液中进行 H_2S 吸收，在电解池的阴阳电极发生氧化还原反应将 H_2S 分解为 H_2 和 S。按照具体操作方式的不同，电化学分解 H_2S 技术可分为直接法和间接法。直接法指在阴极发生析氢反应，反应方程式为式（1-5）；在阳极发生析硫反应，反应方程式为式（1-6）；总反应式（1-7）为 H_2S 分解生成 H_2 和单质 S。然而，在反应过程中阳极析出的硫易附着在阳极表面，由于其导电性差，导致阳极严重钝化，反应无法持续进行，制约了该技术的发展。

$$阴极反应：2H^+ + 2e^- \longrightarrow H_2 \tag{1-5}$$

$$阳极反应：S^{2-} - 2e^- \longrightarrow S \tag{1-6}$$

$$总反应：H_2S \longrightarrow H_2 + S \tag{1-7}$$

为了解决阳极钝化的问题，Bolmer（1968）提出加入有机蒸气（苯、甲苯、环烷烃）来带走固定在电极上的硫。在该系统中，如果不引入有机溶剂，析出的硫会进入多孔阳极引起活化极化，通过通入高温气态的苯或者其他有机蒸气可以带走沉积在多孔电极上的硫。在该过程中需要通过温度控制器控制阳极附近的电解液温度与溶剂沸点保持一致，从而达到利用有机蒸气去除电极上沉积硫的目的。虽然该方法在一定程度上解决了硫钝化的问题，但仍存在机械泄漏、操作不便等问题。Shih 和 Lee（1986）设计了连续搅拌釜电化学反应器（continuous-stirred tank electrochemical reactor，CSTER）系统用于除去阳极上黏附的硫，从而使得阳极反应持续进行。该系统通过一个连续搅拌釜电化学反应器，采用 Pt 电极，将甲苯和硫化钠溶液混合后不断注入阳极室发生氧化反应，然后通过倾斜分离得到含硫甲苯溶液和含硫化物水溶液，最后将含硫甲苯溶液蒸发得到硫粉。与 Blomer（1968）的研究不同的是，该方法不需要加热，在常温条件下采用机械搅拌的方式即可使硫收率达到 80%。

间接法也是一种避免阳极硫钝化的方法，主要通过在阳极引入氧化还原对来实现。

氧化还原对中的高价态物种将 H_2S 氧化生成单质硫，同时自身转化为低价态物种，随后，氧化还原对中的低价态物种在电解池中的阳极实现氧化再生回到高价态；与此同时，阴极实现质子还原成 H_2。间接法可处理高浓度的 H_2S 气体，并且具有硫收率高的优点，但该方法存在传质效率低、电极材料的使用寿命有限等缺点，具体将在第 6 章详细介绍。

1.3.4　等离子体分解硫化氢技术

等离子体是继固态、液态、气态之后物质的第四态，是由大量的电子、离子、中性原子、光子和自由基等组成的导电性流体，宏观上正电荷和负电荷电量相等，因此呈现出电中性。等离子体分为高温与低温等离子体两种，其中低温等离子体具有较高的电子能量和较低的离子及气体温度的非平衡特性，对于促进化学反应非常有效，因此在不同领域均有应用（赵璐等，2012）。

Reddy 等（2012）研究了在介质阻挡放电（dielectric barrier discharge，DBD）反应器中低温等离子体分解 H_2S 制氢的反应，发现在高停留时间和低浓度条件下，H_2S 可以有效地转化为 H_2 和 S。此外，不同的气体具有不同的介电强度，相应的击穿电压差别也较大。为了降低分解 H_2S 气体的能耗，可将 N_2、O_2、Ar 等与 H_2S 混合，降低反应气体的介电强度和击穿电压。例如，Nunnally 等（2014）发现，与纯 H_2S 等离子体解离相比，外加 O_2 进行 H_2S 等离子体解离可以提高 H_2S 转化率并降低能耗；此外，Zhao 等（2019）发现在低温等离子体诱导 H_2S 分解过程中，引入的半导体催化剂可以充分利用强电场和放电间隙穿过的光将 H_2S 有效转化为 H_2 和 S。

目前，关于等离子体分解 H_2S 的研究主要处于实验室研究阶段，包括等离子体反应器的设计及放电参数的优化等方面，对反应机理的认识较少。此外，等离子体法要实现工业化还需解决能量转换效率高的大功率电源的研制、耐压耐腐蚀装置的开发等工程问题。

1.3.5　微波法分解硫化氢技术

微波是指频率为 300 MHz～300 GHz、波长为 1 mm～1 m 的电磁波，分子可在微波作用下反复快速取向转动而摩擦生热，产生热效应。微波有利于极性分子的活化，在 H_2S 的分解反应中，微波能选择性地激活反应物 H_2S，进而产生 H_2 和 S。

张洵立等（1994）采用间歇式微波加热的方式，探究了微波作用时间对 H_2S 转化率的影响及微波功率对最佳反应时间的影响，研究结果表明微波对纯 H_2S 气体几乎没有分解作用，但对于含有多种组分的 H_2S 原料气来说，微波功率固定不变的条件下，随着微波作用时间增加，H_2S 转化率先增高后降低。马文等（1997）通过加入 FeS 催化剂进行了微波催化 H_2S 分解研究，发现减小 H_2S 浓度、增加 FeS 催化剂用量及延长微波作用时间都可提高 H_2S 转化率。Chen 等（2019）以 SiC 为基底、石墨碳为壳层，采用原位微波碳化技术开发了一种新型的微波催化剂（$Mo_2CeCo_2C/SiC@C$）。在微波辐射下，$Mo_2CeCo_2C/SiC@C$ 催化剂使 H_2S 直接分解反应的表观活化能大大降低，H_2S 转化率甚至高于相应的平衡转化率。

目前微波法大多局限于间歇通入 H_2S 的操作，连续操作的 H_2S 分解率较低，因此其工业应用受到制约。此外，微波除具有致热效应外，还存在非热催化效应，对于微波非热催化效应的机理尚无定论（黄卡玛和杨晓庆，2006）。

1.3.6 其他硫化氢分解技术

除以上提到的克劳斯工艺、热分解法、电化学法、等离子体分解法、微波分解法以外，借鉴碘-硫循环制氢的方法也可将 H_2S 分解获得 H_2 和 S。其中，本生（Bunsen）反应是碘-硫循环的第一步，在该反应中，通过式（1-8），H_2O、SO_2 和 I_2 相互混合，生成硫酸和碘化氢。

$$2H_2O + SO_2 + I_2 \longrightarrow H_2SO_4 + 2HI \tag{1-8}$$

Wang（2007）等提出在式（1-8）的反应中加入 H_2S，H_2S 可通过式（1-9）与 H_2SO_4 反应得到单质 S，式（1-8）中生成的 HI 则通过式（1-10）释放 H_2。

$$H_2S + H_2SO_4 \longrightarrow S + SO_2 + 2H_2O \tag{1-9}$$

$$2HI \longrightarrow H_2 + I_2 \tag{1-10}$$

考虑到 H_2SO_4、SO_2、H_2O、I_2 和 HI 都在系统中循环，式（1-9）～式（1-10）这三个反应实际上形成了一个新的化学反应循环，即将 H_2S 分解为 H_2 和 S。热力学分析表明，式（1-8）发生的是吸热反应，式（1-9）中 H_2S 与 H_2SO_4 之间发生放热反应，因此这种新的循环比碘-硫循环更节能。

$$H_2S \longrightarrow H_2 + S \tag{1-11}$$

另外，还可将式（1-11）得到的单质 S 经过式（1-12）～式（1-14）反应生成 H_2SO_4。

$$O_2 + S \longrightarrow SO_2 \tag{1-12}$$

$$SO_2 + 1/2 O_2 \longrightarrow SO_3 \tag{1-13}$$

$$SO_3 + H_2O \longrightarrow H_2SO_4 \tag{1-14}$$

利用上述化学方法开发的技术能够将 H_2S 气体转化为 H_2 和单质 S 或 H_2SO_4，但是反应目前主要停留在理论阶段，相关实验报道仍较少。

1.4 小　　结

H_2S 气体主要来源于自然界和人类活动，它虽然是有毒有害气体，但也是宝贵的氢资源和硫资源的载体。如何有效开发回收其中的氢资源和硫资源，完成对 H_2S 的资源化利用，实现"变废为宝、变害为利"，应当是相关科研工作者的重点研究方向。本章介绍了 H_2S 气体的基本性质和检测方法，同时介绍了国内外常见的 H_2S 气体处理技术。目前，工业上 H_2S 处理技术最成熟的是克劳斯工艺，但随着可再生能源开发技术的快速发展，将可再生能源利用耦合到 H_2S 处理工艺中将是未来 H_2S 处理工艺的重要发展趋势。

参 考 文 献

柏建华, 2011. 太阳能加热的恒温沼气池产气性能实验研究[D]. 兰州: 兰州理工大学.

陈昌介, 唐荣武, 谭志强, 等, 2010. 国产超级克劳斯催化剂的工业应用[J]. 石油与天然气化工, 39 (4): 268-269, 304-306.

陈赓良, 2007. 克劳斯法硫磺回收工艺技术进展[J]. 石油炼制与化工, 38 (9): 32-37.

丛轮刚, 刘飞, 常弈, 等, 2013. 硫化氢甲醇法合成甲硫醇工艺研究进展[J]. 贵州化工, 38 (2): 18-21, 25.

戴金星, 1984. 我国高含硫化氢气的成因[J]. 石油学报, 5 (1): 28.

戴素杰, 2006. 用废气中的硫化氢开发有机硫化工产品[J]. 内蒙古石油化工, 32 (6): 18-19.

冯柏成, 解东, 于洪强, 等, 2017. 管式反应器合成苯硫酚的工艺研究[J]. 青岛科技大学学报 (自然科学版), 38 (3): 71-79.

侯磊, 2009. 硫化氢气体的检测及其安全防范措施[J]. 中国高新技术企业 (19): 26-28.

黄朝齐, 郭子龙, 2010. 硫磺回收冷床吸附与超级克劳斯工艺运行的比较[J]. 石油与天然气化工, 39 (S1): 6, 20-24.

黄卡玛, 杨晓庆, 2006. 微波加快化学反应中非热效应研究的新进展[J]. 自然科学进展, 16 (3): 273-279.

冀刚, 2009. 克劳斯硫磺回收过程工艺的研究[D]. 青岛: 青岛科技大学.

纪罗军, 2017. 我国硫资源的工业代谢与循环经济[J]. 硫酸工业 (12): 1-8, 12.

李陶琦, 邹若松, 陆晋喜, 1993. 乙硫醚合成工艺研究[J]. 陕西化工, 22 (4): 35-36.

刘贵清, 王芳, 解雪, 等, 2022. 锌氧压浸出高硫渣定向浮选回收硫磺工艺研究[J]. 中国资源综合利用, 40 (1): 35-43.

马文, 王新强, 倪炳华, 1997. 微波催化法分解硫化氢的研究[J]. 石油与天然气化工, 26 (1): 37-38, 60-67.

单彬, 2015. 高品质不溶性硫磺的生产工艺研究[D]. 青岛: 青岛科技大学.

汪家铭, 2009. 超级克劳斯硫磺回收工艺及应用[J]. 天然气与石油, 27 (5): 28-32, 64.

姚凤仪, 郭德威, 杜明德, 1990. 无机化学丛书·第五卷·氧硫硒分族[M]. 北京: 科学出版社.

叶慧平, 王晶玫, 2009. 酸性气藏开发面临的技术挑战及相关对策[J]. 石油科技论坛, 28 (4): 63-65.

于艳秋, 毛红艳, 裴爱霞, 2011. 普光高含硫气田特大型天然气净化厂关键技术解析[J]. 天然气工业, 31 (3): 22-25, 107-108.

张国敬, 冯海燕, 2019. 甲硫醇的合成工艺研究[J]. 化工管理 (15): 189-190.

张宏, 李望, 赵和平, 等, 2017. 以废气中的硫化氢开发含硫化学品的研究进展[J]. 化工进展, 36 (10): 3832-3849.

张立, 马宝岐, 倪炳华, 1994. 天然气微波法脱硫实验研究[J]. 西安石油学院学报, 9 (3): 70-71.

张雄飞, 2016. 乙烯硫化法制备乙硫醇适用催化体系研究[D]. 天津: 天津大学.

赵奎涛, 张艳松, 丛殿阁, 等, 2018. 全球硫资源供需形势分析[J]. 中国矿业, 27 (9): 11-15.

赵璐, 王瑶, 李翔, 等, 2012. 低温等离子体法直接分解硫化氢制氢的研究进展[J]. 化学反应工程与工艺, 28 (4): 364-370.

曾永达, 黄国家, 李悦, 2019. 硫化氢气体检测方法及其传感器研究发展现状[J]. 理化检验 (化学分册), 55 (7): 827-832.

朱光有, 戴金星, 张水昌, 等, 2004. 中国含硫化氢天然气的研究及勘探前景[J]. 天然气工业, 24 (9): 1-5.

Baerends M, Flowers J S, Wong V W, et al., 2011. 利用富氧技术提高硫回收装置的处理能力和效率[J]. 硫酸工业 (4): 46-52.

Bolmer P W, 1968. Removal of hydrogen sulfide from a hydrogen sulfide-hydrocarbon gas mixture by electrolysis: 3409520[P]. 1968-11-05.

Chen J N, Xu W T, Zhu J, et al., 2019. Highly effective microwave catalytic direct decomposition of H_2S over carbon encapsulated Mo_2C-Co_2C/SiC composite[J]. International Journal of Hydrogen Energy, 44 (47): 25680-25694.

Demirbas A, 2009. Hydrogen sulfide from the black sea for hydrogen production[J]. Energy Sources, Part A: Recovery, Utilization, and Environmental Effects, 31 (20): 1866-1872.

Faraji F, Safarik I, Strausz O P, et al., 1998. The direct conversion of hydrogen sulfide to hydrogen and sulfur[J]. International Journal of Hydrogen Energy, 23 (6): 451-456.

Jia A L, 2018. Progress and prospects of natural gas development technologies in China[J]. Natural Gas Industry B, 5 (6): 547-557.

Nunnally T, Gutsol K, Rabinovich A, et al., 2014. Plasma dissociation of H_2S with O_2 addition[J]. International Journal of Hydrogen Energy, 39 (24): 12480-12489.

Reddy E L, Biju V M, Subrahmanyam C, 2012. Production of hydrogen and sulfur from hydrogen sulfide assisted by nonthermal plasma[J]. Applied Energy, 95: 87-92.

Shih Y S，Lee J L，1986. Continuous solvent extraction of sulfur from the electrochemical oxidation of a basic sulfide solution in the CSTER system[J]. Industrial & Engineering Chemistry Process Design and Development，25（3）：834-836.

Vikrant K，Kim K H，Deep A，2019. Photocatalytic mineralization of hydrogen sulfide as a dual-phase technique for hydrogen production and environmental remediation[J]. Applied Catalysis B：Environmental，259：118025.

Wang H，2007. Hydrogen production from a chemical cycle of H$_2$S splitting[J]. International Journal of Hydrogen Energy，32（16）：3907-3914.

Wei G Q，Xie Z Y，Song J R，et al.，2015. Features and origin of natural gas in the Sinian-Cambrian of central Sichuan paleo-uplift，Sichuan Basin，SW China[J]. Petroleum Exploration and Development，42（6）：768-777.

Zhao L，Wang Y，Wang A J，et al.，2019. Cr-doped ZnS semiconductor catalyst with high catalytic activity for hydrogen production from hydrogen sulfide in non-thermal plasma[J]. Catalysis Today，337：83-89.

Zhao Y，Biggs T D，Xian M，2014. Hydrogen sulfide（H$_2$S）releasing agents：chemistry and biological applications[J]. Chemical Communication，50（80）：11788-11805.

第 2 章　太阳能资源及其相关催化技术

第 1 章对硫化氢的性质、分布以及工业处理方式等进行了详细介绍，可以看出，目前对硫化氢的有效处理仍然面临着巨大压力，这些压力一部分源自硫化氢处理技术是否成熟可靠，另一部分则源自处理方法是否具有绿色可持续性。传统方法依赖以热能为主的传统能源，其技术成熟，效率高，但中间过程污染大，对生态环境不友好。新型工艺在研发过程中针对传统工艺的不足，尽可能地做到了对环境低污染甚至零污染，但目前整体的效率不高，所以在应用上还不及传统工艺。从长远的角度出发，为了维持人类社会的持续发展，开发对环境友好的高效新型工艺是必行之路。

太阳能是地球生命得以延续的根本能源，也是最为重要的清洁能源供体。在"双碳"背景下，基于太阳能的硫化氢处理工艺是"后石油时代"可持续发展的理想目标之一，但太阳能作为最原始的能量形式，其能量密度低、离散性强，在工业上实现同植物以及微生物一样的天然光合作用过程十分困难。随着研究的不断深入，研究者们围绕"人工光合作用"这一主题开展了大量工作，在近年来取得了阶段性进展，实现了"人工太阳能捕集与利用"过程。本章以太阳能为主题，从多个方面对太阳能的相关背景及发展过程进行介绍，强调太阳能的重要性，并详细介绍各种太阳能驱动的催化技术，以期让读者了解太阳能相关催化领域的研究。

2.1　太阳能资源及其利用

2.1.1　太阳能资源

1. 地球的太阳能资源分布

太阳能是地球上最重要的可再生清洁能源，每年地球的大气层、海洋和陆地吸收的太阳能总量可达 3.85×10^{24} J。具体而言，每秒到达地球的太阳能高达 10^{17} J 量级，相当于 1906 年美国旧金山 7.8 级大地震所释放的能量；每小时到达地球的太阳能要远大于世界整年使用的能源量（Crabtree and Lewis, 2007）；每年到达地球表面的太阳能是地球上所有不可再生能源（包括煤炭、石油、天然气和开采的铀资源）总量的两倍。

从理论上讲，如果太阳能得到有效利用，则其完全能够满足全世界日益增长的能源需求。2000 年，联合国开发计划署、联合国经济和社会事务部及世界能源理事会在充分考虑了晴空辐照强度、晴空云层覆盖率和可用土地面积等因素后，估算得出人类每年可以使用的潜在太阳能为（1.6×10^{21}）～（5.0×10^{22}）J[或（4.4×10^{14}）～（1.4×10^{16}）kW·h，

表 2-1]，其中以中东和北非地区的太阳能最为丰富。进一步的估算表明，全球可利用的潜在太阳能是 2000 年世界能源总消耗量（4.0×10^{20} J）的 3.9～124 倍；预计到 2050 年，潜在的太阳能将是世界能源总消耗量[（5.9×10^{20}）～（1.05×10^{21}）J] 的 1.5～84 倍，随着世界能源总消耗量的增加[（8.8×10^{20}）～（1.9×10^{21}）J]，到 2100 年，该数值将变为 0.8～57。世界上大多数人口分布在日均日照水平为 3.6～7.2 kW·h·m^{-2} 的地区。研究表明，如果使用转换效率为 8% 的太阳能电池，那么平均将产生 18 TW 的电力（TWe）。

表 2-1　年度世界不同地区的可利用太阳能分布　　　　　　　（单位：10^{18} J）

地区	北美地区	拉丁美洲	西欧	中欧和东欧	中东和北非	撒哈拉以南非洲	东亚和东南亚地区	南亚	中央计划的亚洲国家	亚太经济合作组织成员国家
最小值	181.1	112.6	25.1	4.5	412.4	371.9	41.0	38.8	115.5	72.6
最大值	7410	3385	914	154	11060	9528	994	1339	4135	2263

注：①全球年度总可利用太阳能为（1.6×10^{21}）～（5.0×10^{22}）J；②数据主要考虑年度晴空辐照强度、晴空云层覆盖率和可用土地面积的影响；③数据来源：联合国开发计划署世界能源评估（2000 年）。

2. 我国太阳能资源评估

我国拥有较为丰富的太阳能资源，中国气象局风能太阳能资源中心的数据显示，我国年平均太阳能辐射量可达 1492.6 kW·h·m^{-2}，显著高于同纬度的其他国家。但我国太阳能资源的分布并不均匀，整体呈现"西强东弱"的趋势：东部沿海地区整体光照资源稀缺，宁夏北部、甘肃北部、新疆东南部、青海西部和西藏西部等地则日照充足，是我国重要的太阳能捕集区域，其中西藏西部的太阳能资源仅次于撒哈拉沙漠，居世界第 2 位；而四川盆地及其毗邻地区虽也处于西部地区，但受盆地自然环境条件的影响，反而成为我国太阳能较为匮乏的地区。

2.1.2　太阳能光谱

太阳发出的电磁辐射覆盖了从 X 射线到无线电波的整个范围，但所有区段中辐射强度最大的部分来自可见光（500 nm 左右，图 2-1）；在整个波长范围中，有一半的电磁辐射能量来自波长 700 nm 以下的部分。具体而言，可见光区的强度占太阳光强度的 43%，紫外光区占 4%，红外光及更长波长的区段占 53%。在太阳光到达地球表面的过程中，太阳光的辐射强度会在各个波长段出现不同程度的减弱。其中 O_3 和 O_2 吸收了大部分波长 300 nm 以下的光；但其对可见光的吸收并不显著，可见光区的强度损失主要由云层和气溶胶的散射导致，部分可见光被散射回太空后便不能再被地球所捕获，大概有 70% 的太阳光能够到达海平面；在红外光的部分波段，H_2O、O_3、O_2 和 CO_2 能分别对其产生特征吸收，使得其对应区段的辐射强度显著减弱。

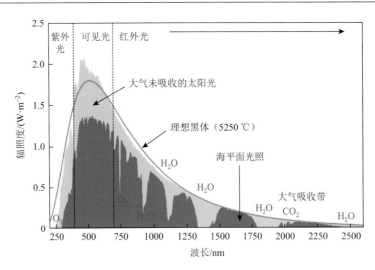

图 2-1　太阳能光谱

图中黄色区域为没有大气层吸收时所对应的太阳能光谱；黑线为理想黑体在高温下的电磁辐射谱；红色区域为太阳光到达地球海平面后所对应的谱图，数据来源：https://apatientscientist.files.wordpress.com/2014/11/solar_spectrum_en-svg.png

大气层中的水分子和气凝胶等会在一定程度上吸收或者散射太阳光，当太阳光照射地球表面的不同位置时，由于和地表的夹角不同，太阳光所穿过的大气层的距离不同，对应的到达地球表面的太阳光谱也会有一定差别。为了定量描述太阳能，将大气层对地球表面接收太阳光的影响程度定义为大气质量（air mass，AM）。大气质量无量纲，其具体数值是根据入射太阳光与地平面法线夹角的余弦函数的倒数来确定的。若太阳光垂直入射地平面（即其与地平面法线的夹角为 0°），则对应的大气质量为 1，记为 AM1.0；而大气层上方的大气质量则被规定为 AM0（相当于太阳光完全没有被大气吸收，适用于人造卫星或者宇宙飞船表面），此时太阳光的辐照度为 135.3 mW·cm^{-2}。除此以外，常见的还有 AM1.5 和 AM2.0，对应的入射光与地平面法线的夹角分别为 48.2° 和 60°。世界上大部分国家和地区（包括我国、欧洲和美国等）都处在 AM1.5 附近的区域，因此一般地表的太阳光谱用 AM1.5 表示。其对应的太阳光辐照度相比 AM0 有一定程度的下降，约为 100 mW·cm^{-2}。因此，国际社会一般把 AM1.5（100 mW·cm^{-2}）用作模拟太阳光谱来进行分析测试。此外，AM1.5 又可具体分为 AM1.5D 和 AM1.5G 两种形式，其中前者涉及的光源包括直接入射的太阳光及其周围一小部分的散射太阳光，后者则包括了地表所有散射太阳光。基于太阳能资源在地球上广泛分布的特性，有效捕获太阳能资源对推动社会绿色发展十分重要。

2.1.3　太阳能的利用

太阳能不仅丰富，还具有可转化的能量形式多样的特点。一般而言，太阳能主要转换为三种形式的能量：电能、热能和化学能（图 2-2），但人类对太阳能的总体利用率还较低，通过光合作用将太阳能转换为化学能是目前地球上最广泛的太阳能利用形式，该过程是地球上绿色植物和藻类中普遍存在的一种生物过程，主要指在太阳能存在的条件下，将 CO_2 和 H_2O 转化为碳水化合物并释放出 O_2 和能量。通过光合作用，生物质每年捕获的太阳能可达到 3.0×10^{21} J。

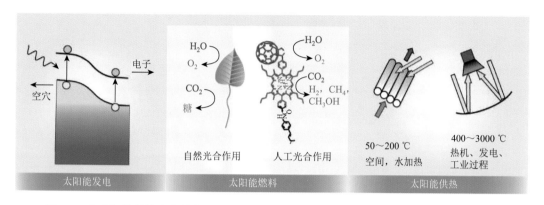

图 2-2　将太阳能转换为能量的三种方法（Crabtree and Lewis，2007；Hayat et al.，2019）

　　虽然光合作用在太阳能的利用中比重较大，但实际上一般植物在光合作用过程中对太阳能的有效利用率却只有 0.5%～1%，即使是太阳能利用率较高的藻类植物也仅能利用 5%～10%的太阳能。为了提高太阳能的利用率以及太阳能向化学能的转化率，研究者开始从自然界生物的微观结构中寻找启发，希望设计出类似的人工组件，并利用这些组件将太阳能直接转化为化学能，即人工光合成（artificial photosynthesis）。事实上，将太阳能运用到化学合成中的理念早在 20 世纪初就已经被提出。1912 年，意大利光化学家贾科莫·恰米奇安（Giacomo Ciamician）这样描绘未来的世界："在干旱的地区将涌现出没有硝烟、没有烟囱的工业群落，玻璃管填充的森林延伸至整个平原，玻璃建筑升起在每一个角落。在这里发生的是迄今为止在植物体内仍属于高度机密的光化学过程，但这即将被人类社会所掌握，而且人类要比大自然做得更好，因为大自然的时间是无尽的，但人类的时间是有限的！只要阳光普照，生命和文明都将延续下去，文明不会由于将来某一天煤炭资源枯竭而终止！我们需要做的便是将基于煤炭的黑色喧嚣文明变为基于太阳能的宁静文明。这种文明并不会阻止人类进步，也不会妨碍人类的幸福"（Ciamician，1912）。

　　在过去的一百多年中，尤其是 20 世纪 70 年代之后，科学家在将太阳能转换为化学能的这条道路上不断摸索，研究了一系列以太阳能（光子能量）为能量来源的化学反应方法，并将其运用到多种不同的化学反应中以制备高值化学品。这些方法或直接对太阳能进行转换，或将太阳能与其他能源进行耦合使用，或将太阳能转换储存后再加以利用，具体的转换方法包括光催化（photocatalysis）、光热催化（photothermal catalysis）、光电催化（photoelectrocatalysis）和光伏-电催化等（图 2-3）。虽然这些方法对太阳能的利用形式以及利用率都有所不同，但对于加快太阳能的利用以及促进其工业化应用都有着十分重要的意义。本章接下来将围绕这些方法的原理和应用进行详细介绍，并以光催化为例，对太阳能向化学能转换利用中的各类催化反应进行扼要介绍。

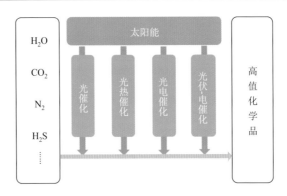

图 2-3　利用太阳能（光子能量）作为能量来源的典型催化化学反应

2.2　光催化技术的原理及应用

20 世纪，研究者们在受到光电效应的启发后，开始利用材料光激发所产生的电荷驱动一些化学反应，以加快反应底物向目标产物的转换。这些化学反应既可以是热力学自发反应过程（如有机物降解为二氧化碳和水），也可以是热力学非自发反应过程（如水分解为氢气和氧气），涉及的领域十分广泛。整个过程主要依靠太阳能驱动化学反应，因此可以认为实现了太阳能向化学能的直接转换。这些用于光激发的材料与传统的催化材料有着类似的性质，主要表现在材料的物理化学性质不会因为电子的激发以及化学反应的发生而出现显著改变。研究者们对以上方面进行了总结，并正式提出了"光催化"这一概念。

2.2.1　光催化技术的发展历程

光催化技术的起源可以追溯到 20 世纪早期。1911 年，研究者发现光照条件下普鲁士蓝在 ZnO 存在时会发生褪色；1924 年，研究者发现 ZnO 可以在光照下促进银离子还原为单质银；1932 年，研究者发现 TiO_2 和 Nb_2O_5 在光照下可以将硝酸银还原为单质银，或将氯化金还原为单质金；1938 年，TiO_2 被报道在含氧条件下借助光照可以降解染料（Zhu and Wang，2017）。虽然一直有科学家致力于光催化领域的研究，但在 20 世纪 70 年代前，由于被认为缺乏实际应用价值，光催化的研究仅局限在小范围的学术团体中，并没有引起人们的广泛兴趣。

直到 20 世纪 70 年代，国际形势所引发的"能源危机"促使人们开始寻找可代替传统能源的新能源。1972 年，日本科学家 Fujishima 和 Honda 在英国《自然》杂志上发表了题为"Electrochemical Photolysis of Water at a Semiconductor Electrode"的学术论文，指出以 TiO_2 为阳极材料的电化学池可在氙灯光源照射下显著降低体系分解水产氧所需要的反应电位，并给出了体系在光照下将水分解为氧气和氢气时可能的反应机理（Fujishima and Honda，1972）。截至 2022 年 8 月，《自然》杂志官网显示该论文的被引用次数已经接近 2.5 万次。这一重要发现使人们看到了利用太阳能制备清洁能源（氢气）的可能性，由此掀起了第一次光催化研究的热潮,随后出现了大量与光催化相关的文章。例如,Ellis 等（1976）报道了基于 CdS 和 CdSe 等可见光响应材料的光电化学池。Schrauzer 和 Guth（1977）证实了在氩气保护下,TiO₂ 粉末可将其表面吸附的水分子按计量比分解为氢气和氧气;氮气分子可以被还原为氨气和少量的肼;乙炔分子可以被还原为甲烷、乙烯和乙烷的混合气。此外,他们还发现金红石和锐钛矿混合相 TiO₂ 具有更高的催化反应活性。Nozik（1977）提出了光化学二极管（photochemical diodes）的概念,通过将 CdS/Pt 等复合材料直接置于反应体系中构筑了无须搭建光电化学池的光催化反应体系(现在常见的直接投入反应溶液中的粉末光催化材料即可被看作迷你型的光化学二极管)。1979 年,Fujishima 和 Honda 等再次报道了 WO₃、TiO₂、ZnO、CdS、GaP 和 SiC 材料的粉末样品可直接在水溶液中将 CO₂ 光催化还原为甲醛和甲醇的研究（Inoue et al.,1979）。2000 年以后,随着纳米材料的兴起,研究者逐渐意识到纳米技术能够在光催化领域发挥重要作用,自此光催化领域的研究开始出现急剧增长。

2.2.2　光催化反应的原理

在光催化反应体系中,最核心的部分便是光催化材料。传统的光催化材料一般属于半导体,这些半导体的导带和价带之间的能量差（禁带宽度,又称为能隙或者带隙）较为适中,与太阳光谱中的紫外光区或者可见光区的光子能量大小相当。因此,当太阳光（或可产生紫外光和可见光的光源,如常见的高压汞灯、氙灯和单色光源 LED 灯）照射对应的光催化材料时,如果光子的能量足够大,原本处于价带中的电子吸收光子的能量后可克服禁带宽度并跃迁至导带;与此同时,跃迁后的电子会在价带中原本的位置留下空位,即所谓的“空穴”,跃迁的电子和空穴在一起组成了“光生电子-空穴对”（也可称为“激子”）（过程Ⅰ）。半导体内部的光生电子和空穴分别迁移至半导体表面（过程Ⅱ）后,在半导体表面进一步参与还原过程和氧化过程（过程Ⅲ）,完成整个催化过程（图 2-4）。从热力学上来说,要保证还原反应和氧化反应的顺利发生,光生电子所处的导带底部位置必

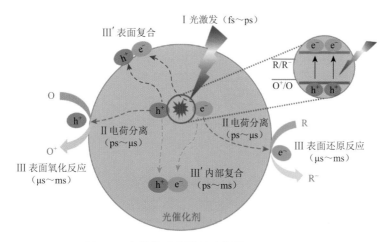

图 2-4　光催化反应原理示意图（Li,2017）

须比还原反应所对应的反应电势更负，光生空穴所处的价带顶部位置必须比氧化反应所对应的反应电势更正。另外，还要考虑反应过程中可能存在的过电势等因素。在光生电子和空穴从产生到参与完成化学反应前，它们可能在半导体内部或者表面发生复合（过程III′），这一竞争过程的发生会使得体系中参与氧化还原反应的有效电子和空穴数目减少，从而降低体系的光催化效率。

随着光催化技术的不断发展，大量的化学反应均被证实可通过光催化来实现。从热力学角度而言，光催化技术总体可以分为两大类（图2-5）（Yang et al.，2018）。一类是热力学上允许的反应，反应的吉布斯自由能变化值为负，如有机物的降解和氮氧化物的氧化过程。在这类反应体系中，由于反应本身在热力学上是可行的，因此在光催化过程中并没有发生光能向化学能的转化，太阳能无法被有效捕获，但是这类反应往往涉及废水中有机污染物和大气污染物的处理，从环境净化角度来说有着十分积极的意义。

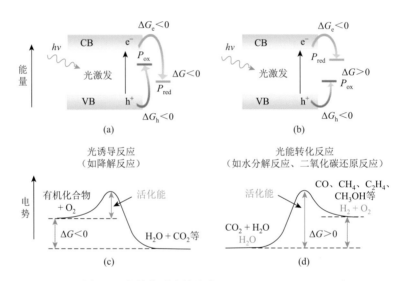

图 2-5　光催化反应的分类（Yang et al.，2018）

P_{ox} 表示反应物被氧化电位；P_{red} 表示反应物被还原电位；ΔG_e 表示电子还原过程中吉布斯自由能变化；ΔG_h 表示空穴氧化过程中吉布斯自由能变化

另一类是热力学上不允许的反应，对应的吉布斯自由能变化值为正，如常温下水的分解或者二氧化碳的还原。从图2-6中可以看出，从热力学上来说，这些反应要发生就必须克服非常大的吉布斯自由能变化，以全解水反应为例，常温下其吉布斯自由能变化值达到了 $237\ kJ\cdot mol^{-1}$。在这类反应中，由于吉布斯自由能变化值为正，需要额外输入能量以促使反应发生。反应过程中，一部分光能最后会以化学能的形式存储于化合物中，真正意义上实现了对光能的捕获。此类反应中，最典型的当属光催化全解水，近年来光催化还原 CO_2 和光催化固氮反应也受到不少重视。从能源的开发和利用角度来说，这一类反应相比吉布斯自由能变化值为负的反应更具有研究意义，但是这类反应不是自发反应，其发生的难度要比吉布斯自由能变化值为负的反应大得多。以下将分别介绍光催化在各类典型催化反应中的应用。

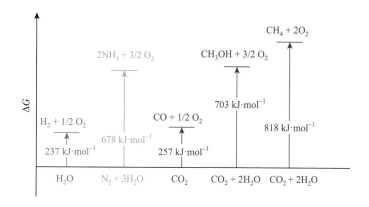

图 2-6　一些典型的吉布斯自由能变化值为正的光催化反应（Zhu and Wang，2017）

2.2.3　光催化处理废水中的有机污染物

人类活动产生的有机废液对地球环境造成了极大的影响,利用光催化处理有机废液是实现环境修复的有效手段。废水中光催化可降解的有机污染物种类较多,如农药、有机染料、医药废弃物、油污等。

2018 年,西班牙的 Vela 和 Navarro 团队以中试规模研究了两种不同的商业 TiO$_2$（Degussa P25 和 Kronos vlp 7000）在自然光照下光催化降解含有六种杀虫剂废水的效果（图 2-7）（Vela et al.，2018）。实验结果表明,虽然 P25 对可见光的响应能力（带隙为 3.2 eV）要远低于碳掺杂的二氧化钛 vlp 7000（带隙为 2.4 eV）,但太阳光照下其光催化降解六种杀虫剂的效果要明显好于 vlp 7000,这可能是由 P25 中金红石相与锐钛矿相形成的同质结使得体系光生电荷具有较高的分离效率所引起的。此外,在反应体系中加入适量的过硫酸钠也可以促进杀虫剂的降解。一方面,过硫酸钠作为电子捕获剂可以有效抑制体系中光生电子和空穴的复合,使得更多空穴能参与杀虫剂的氧化;另一方面,过硫酸钠与电子反应产生的具有超强氧化能力的活性自由基可以直接将杀虫剂氧化。考虑到光催化降解有机物过程中的超氧自由基是反应活性物种,因此在反应过程中还使用了空气压缩泵向体系中泵入空气以促进超氧自由基的生成。对体系中的溶解有机碳（dissolved organic carbon，DOC）含量测试发现,使用 P25 的光催化体系对有机物的降解能力相比不加催化材料的光解体系有显著提升。2019 年,该团队进一步研究了中试规模下含有 12 种杀虫剂的农业废水的光催化降解情况（Kushniarou et al.，2019）。研究发现同样的降解反应在夏天的反应速率是冬天的三倍左右,这主要是由光照强度差异所引起。而利用超滤膜式过滤器后,体系中90%的 TiO$_2$ 可以被回收再利用,但在循环使用的过程中,体系的光催化降解活性出现了一定程度的下降（从 98%降到 75%）,这可能是因为反应体系中的部分反应副产物吸附到了 TiO$_2$ 上,从而使其反应活性位点数减少。除了用于处理含有杀虫剂的农业废水,研究者也将光催化技术应用到了家禽养殖废水和乳业废水的处理中（Afsharnia et al.，2018；Samsudin et al.，2019）。

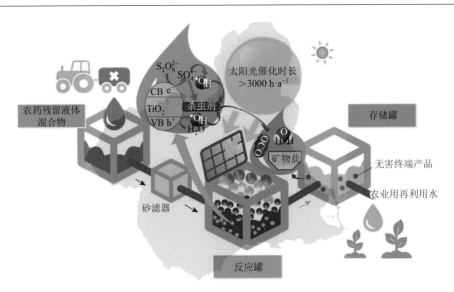

图 2-7　在自然光照下使用商业 TiO$_2$ 处理含有杀虫剂的农业废水的示意图（Kushniarou et al.，2019）

除了农药和医药废水等，光催化还可以有效降解含有机染料的废水。常见的有机染料包括罗丹明 B（rhodamine B，RhB）、甲基蓝（methyl blue，MB）、曙红、酸性橙（acid orange 7，AO7）、茜素红（alizarin red，AR）和孔雀石绿（malachite green，MG）等。日本东京大学的 Watanabe 等（1977）报道了 CdS 作为光催化材料可降解罗丹明 B。在该催化体系中，他们通过 CdS 和罗丹明 B 共同对可见光的吸收作用，经由半导体光催化和染料的光敏化作用实现了有机物的降解。2010 年，赵进才院士团队对光催化降解有机染料的反应机理进行了系统阐述（Chen et al.，2010）：当半导体光催化材料受光激发后，位于价带的光生空穴不仅可以与催化材料表面的水分子反应生成羟基自由基，还可以直接将有机染料氧化，产生有机自由基；在有氧条件下，位于导带的光生电子则可以将氧气还原为超氧自由基。自由基在反应中是活性物种，可诱导后续反应的进行，而有机染料降解的反应势垒大多较低，甚至没有反应势垒，因此反应十分容易发生。

笔者团队就光催化降解罗丹明 B 也进行了相关研究（Zhang X J et al.，2017）。2017 年，笔者团队发现相比单独的钨酸铋（Bi$_2$WO$_6$），Bi$_2$WO$_6$ 与单质 Bi 的复合材料在可见光下对罗丹明 B 的降解能力有显著提升。机理研究表明，单独的 Bi$_2$WO$_6$ 降解罗丹明 B 的反应路径主要是苯环的断裂，单质 Bi 的引入使得 Bi$_2$WO$_6$ 表面吸附氧的主要存在形式由超氧自由基变为羟基自由基，进而使得罗丹明 B 中苯环的断裂与叔胺的脱乙基过程可以同时发生，其降解反应路径因此增多；此外，单质 Bi 的引入还能明显促进体系的光生电荷分离过程，上述多种作用相互协同使得复合物的光催化活性得到显著提高。

2.2.4　光催化技术用于大气污染物的处理

能源在消耗过程中所产生的大量废气和烟尘物质被排入大气，严重影响了大气环境质量。近年来大气污染问题受到了越来越多的关注，其在人口稠密的城市和工业区域显得十分突出。下面以氮氧化物（NO$_x$）为例，简单介绍光催化技术在治理大气污染物中的应用。

NO$_x$ 是一类重要的大气污染物，包括一氧化氮（NO）和二氧化氮（NO$_2$）等无机小分子氮氧化物。大部分 NO$_x$ 来自化石燃料的不完全燃烧，常见于汽车和飞机等交通运输工具运行产生的尾气中。尽管从热力学上来说 NO$_x$ 本身不稳定，但是由于反应活化能较高，NO$_x$ 在大气中并不能自行降解为 N$_2$ 和 O$_2$（Schreck and Niederberger，2019）。通过光催化技术可以在室温环境下将 NO$_x$ 彻底氧化为硝酸，后者是农业上生产氮肥时的重要原料。光催化降解 NO$_x$ 主要依靠反应活性物种（光生电子、超氧自由基和羟基自由基等）对 NO$_x$ 的氧化，氧化反应可以直接将 NO 氧化为硝酸根，也可以分步进行（如 NO 首先被氧化为 NO$_2$，NO$_2$ 再被氧化为硝酸根）。需要强调的是，在这一过程中一定要保证 NO$_2$ 被进一步氧化为硝酸根，因为 NO$_2$ 的毒副作用比 NO 更大。

在光催化降解 NO 领域，笔者团队有针对性地设计开发了一系列铋基材料，如将 Bi$_2$WO$_6$ 与石墨烯复合后，其光催化氧化能力显著增强，可使得 NO 被彻底氧化为硝酸根。与此同时，石墨烯有助于促进体系中光生载流子的分离过程，从而使得 NO 的去除率显著提高（Zhou et al.，2014）。此外，笔者团队还率先开发了半金属单质铋用作光催化材料降解 NO，并发现单质铋具有良好的循环催化性能（Zhang et al.，2014）。理论计算表明在 Bi 表面将 NO 氧化为 NO$_2$ 所需克服的能垒甚至比 Au 团簇还要低，这反映了 Bi 在光催化降解 NO 中的良好前景（Zhou et al.，2017）。2017 年，笔者团队又将石墨烯量子点（graphene quantum dots，GQDs）和氮掺杂碳酸氧铋（N-Bi$_2$O$_2$CO$_3$）形成的复合材料用于光催化降解 NO（Liu et al.，2017）。GQDs 的引入不仅使得体系中 NO 的去除率得到了提升，还使得反应体系的中间毒副产物 NO$_2$ 的生成率明显下降，其中超氧自由基是反应体系的主要活性物种。相比可见光照射，紫外光照射下反应产物更容易从催化材料表面脱落，故光催化材料在紫外光照射下的循环催化性能要明显高于可见光照射下。利用水洗可有效去除光催化材料表面的反应产物，从而使得光催化材料的绝大部分活性位点得以恢复。进一步地，笔者团队设计合成了氯氧化铋（BiOCl）和聚吡咯（polypyrrole，PPy）高分子复合材料用于降解 NO。PPy 的存在可显著提高 BiOCl 中氧空位的含量并进一步促进活性物种超氧自由基的生成，从而使得体系对 NO 的去除率显著增加，且毒副产物 NO$_2$ 的生成也完全受到了抑制（Zhao Z Y et al.，2019）。

笔者团队还开发了基于 g-C$_3$N$_4$ 和石墨烯氧化物（graphene oxide，GO）复合材料的整体式气凝胶，相比单独的 g-C$_3$N$_4$ 或 GO，无论是 NO 的去除率还是 NO$_2$ 的生成率，复合材料都表现出更优异的性能，且其在实验室环境中放置三个月后仍保持了原有的催化活性（Wan et al.，2016）。其中，光生空穴和超氧自由基是体系中主要的反应活性物种。这种整体式气凝胶材料相比传统的粉末材料具有宏观形貌易调控、反应比表面积大、易回收再利用等特点（图 2-8），在光催化领域具有良好的应用前景。类似地，笔者团队也将 g-C$_3$N$_4$ 与 α-Ni(OH)$_2$ 微米球复合在一起用于去除 NO。

图 2-8　形状可任意调整的用于光催化降解 NO 的 g-C$_3$N$_4$/GO 整体式催化材料（Wan et al.，2016）

图中字样为西南石油大学英文缩写

一方面，α-Ni(OH)$_2$可以提升催化材料对可见光的响应能力和促进光生载流子的有效分离；另一方面，α-Ni(OH)$_2$上的氢原子还可以促进催化材料对氧气分子和氧原子的吸附与活化，进而促进 NO 和 NO$_2$彻底转化为硝酸根（NO$_3^-$），极大程度地抑制体系中毒副产物 NO$_2$的生成（Zhang et al.，2020）。

事实上，大气污染物处理领域是目前光催化技术应用最为成熟的领域。早在 20 世纪 90 年代中叶，日本就开始将基于光催化材料 TiO$_2$的涂层用于净化空气和自清洁领域。一些建筑物的玻璃窗户、建筑和桥梁的混凝土以及交通基础设施表面都涂覆有 TiO$_2$自清洁涂层。纳米结构的 TiO$_2$产品目前已经商业化，并已被应用在多种产品上，如 TOTO 品牌的部分瓷砖和松下集团所生产的部分塑料薄膜。一些实地测试结果也表明这一类产品的确具有良好的光催化性能。图 2-9 展示了在越南河内内排国际机场部分洗手间中安装的负载有商业化 TiO$_2$光催化材料的薄膜和瓷砖。长达一个月的抗菌和除臭（减少瓷砖上的氨）监测表明，即使在室内环境中，有 TiO$_2$涂层的薄膜和瓷砖也表现出出色的抗菌和除臭能力，细菌和氨气含量降低了 90%以上（Miyauchi et al.，2016）。

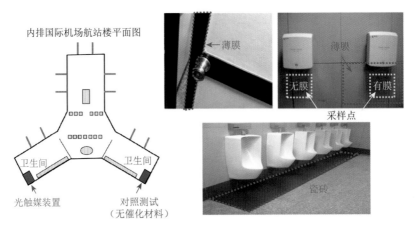

图 2-9　越南河内内排国际机场洗手间内含有 TiO$_2$涂层的薄膜和瓷砖的光催化活性测试
（Miyauchi et al.，2016）

2.2.5　光催化全解水

光催化全解水能通过来源广泛的水将光能直接以氢能这一清洁能源的形式储存，其反应意义重大，是研究者最希望开发应用的光催化反应之一。美国能源部的技术经济分析表明在光催化全解水过程中，如果太阳能-氢能转化（solar-to-hydrogen，STH）效率达到了 10%，则氢气的生产成本可降低至 2~4 美元·kg^{-1}，完全可能实现商业化。

2016 年，日本科学家堂免一成（Kazunari Domen）等将 La 和 Rh 共掺杂的 SrTiO$_3$（SrTiO$_3$：La, Rh）和 Mo 掺杂的 BiVO$_4$（BiVO$_4$：Mo）粉末（两种材料表面分别负载有 Ru 和 RuO$_x$，用于催化产氢和产氧）嵌入金层中，制备了光催化全解水的光催化片（Wang et al.，2016）。该材料的外量子效率（419 nm）达到了 30%，STH 效率达到了 1.1%（331 K，10 kPa）。在该光催化片中，SrTiO$_3$中的光生电子用于产氢，BiVO$_4$中的光生空穴用于产氧，两者在一起组成了 Z 型结构，$SrTiO_3$ 中的光生空穴和 $BiVO_4$ 中的光生电子则通过贵金属 Au 发生了湮灭。但随着全解水反应的进行，体系中也会发生氢气和氧气反应生成水的逆反应，从而导致光催化体系的效率降低。通过在催化片表面负载一层 Cr_2O_3 和无定型的 TiO_2，逆反应过程可以被有效抑制。进一步地，Domen 团队还将 $SrTiO_3$、$BiVO_4$ 和 Au 溶胶混合在一起制备成墨汁并通过丝网印刷制备成膜，该材料也能实现光催化全解水（图 2-10）。随后，Domen 团队对该全解水反应体系进行了调整，将成本较高的 Au 膜换成了碳膜（Wang Q et al.，2017），在接近实际操作的条件下（331 K，91 kPa），纯水中的光催化反应 STH 效率达到了 0.7%。在该反应体系中，Domen 团队还系统地考察了温度和压力对反应的影响，以及不同的光催化材料固定方式对体系全解水效率的影响。2019 年，该团队又开发了 $Y_2Ti_2O_5S_2$ 这一类窄带隙（1.9 eV）的半导体光催化材料，该材料在分别负载了 Cr_2O_3/Rh 产氢催化材料和 IrO_2 产氧催化材料的情况下，在弱碱性（pH 为 8.5）条件下和 600 nm 波长处能实现同时产氢和产氧，且反应体系具有较好的稳定性（Wang et al.，2019）。

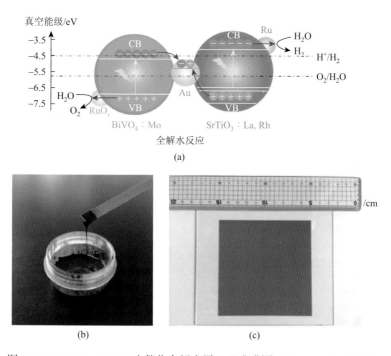

图 2-10　$SrTiO_3$、$BiVO_4$ 光催化全解水原理及成膜图（Wang et al.，2016）

（a）$Ru/SrTiO_3$：La，$Rh/Au/BiVO_4$：Mo/RuO_x 用于光催化全解水的具体反应机理；（b）使用该催化材料制备得到的用于丝网印刷的墨汁；（c）通过丝网印刷得到的薄膜

　　2021 年，Domen 团队基于改良的铝掺杂钛酸锶（$SrTiO_3$：Al）光催化材料搭建了太阳光分解水制氢系统（图 2-11）（Nishiyama et al.，2021）。该系统完全由太阳光驱动，整体性能稳定，能大规模地实现光催化全解水制氢。同时，该系统还配备了利用商用聚酰亚胺膜制备的气体分离系统，能有效地分离氢气和水蒸气，从而得到较为干燥的氢气。该应

用示范系统的最高 STH 效率可达 0.76%，证明了光催化技术在全解水制取氢气方面的应用前景。

图 2-11　太阳光全解水制氢系统示意图（Nishiyama et al.，2021）

（a）、（b）100 m² 光催化全解水反应器单元与阵列；（c）光催化制氢过程实景图

考虑到光催化全解水需要克服的反应能垒较大，为了促进反应过程的发生，研究者们又将水的全解反应拆分为两个半反应，即光解水产氢和光解水产氧。在这两个反应中，体系除了需要水和光催化材料外，还需要加入牺牲剂以促使半反应进行。以光解水产氢为例，反应过程中质子得到电子被还原产生氢气，但体系中又不涉及产氧这一空穴消耗过程，因此需要加入空穴捕获剂（也称电子牺牲剂）以完成整个光催化过程。与此类似，光解水产氧反应中则需要加入电子捕获剂（也称空穴牺牲剂）以促进反应的进行。在这些体系中，由于牺牲剂的引入，光催化的总反应发生了变化，体系的吉布斯自由能变化值会小很多，即发生这些反应的难度在热力学上比发生全解水反应容易很多。以光催化产氢中常见的空穴牺牲剂异丙醇为例，体系中发生的还原反应为产氢，而氧化反应则为异丙醇氧化为丙酮，故实际发生的反应为异丙醇脱氢生成丙酮（$CH_3CHOHCH_3 \longrightarrow CH_3COCH_3 + H_2$），该反应的吉布斯自由能变化值为 13.9 kJ·mol⁻¹，还不到全解水反应的十分之一。

2018 年，笔者团队在国际上率先将 InP 量子点和 InP/ZnS 量子点引入光催化产氢体系。相比 CdS 量子点，InP 量子点的毒性更小，且其对可见光具有良好的响应。使用抗坏血酸作为电子牺牲剂时，InP 量子点的产氢效率可以与 CdSe 量子点相媲美。另外，利用量子点的表面配体可改变量子点整体的电子和化学性质这一特点，笔者团队还从表面配体这一角度对 InP/ZnS 量子点的产氢体系进行了优化，发现 S^{2-} 修饰的量子点具有较快的空穴转移速度，有利于光催化产氢过程的发生（Yu et al.，2018）。

2.2.6　光催化还原二氧化碳

光催化还原二氧化碳（CO_2）可通过绿色的方式将温室气体 CO_2 转变为 CO（合成气的重要组成成分）、CH_3OH（液体燃料），以及 CH_4（气体燃料）和 C_{2+} 化合物等高附加值产物，并伴随着太阳能向化学能的转换，具有十分重要的环境和经济效益。相比光催化还原产氢反应产物单一（H_2）的特点，光催化还原 CO_2 的产物种类则十分复杂，包括一氧化碳（CO）、甲醛（HCHO）、甲酸（HCOOH）和甲烷（CH_4）等。因此，在研究 CO_2 还原过程中除了要考虑光催化反应的活性外，还要考虑反应产物的选择性。

2017 年，俞书宏院士团队报道了碳膜包裹的 In_2O_3 纳米带在以三乙醇胺为电子牺牲剂、Pt 纳米颗粒为助催化材料的条件下，可在水中将 CO_2 光催化还原为 CO 和 CH_4（Pan et al.，2017）。材料表面的碳膜可提高体系对光的响应能力，并促进光生载流子的分离。更重要的是，碳膜可促进光催化材料在水中对 CO_2 的吸附，并且能够降低 CO_2 还原过程的反应活化能，从而使得反应过程中质子还原产氢这一副反应被抑制，光生电子可有效地用于 CO_2 的还原。

笔者团队以负载 Au 的 CdS 为模型催化材料，发现催化材料表面不同的电子密度分布将显著影响光催化还原 CO_2 的性能（Cao et al.，2021）。通过在 CdS 中引入 Cd 空位，电子将富集在 Cd 空位而非常见的 Au 位点上，这为后续 CO_2 在催化材料表面的吸附提供了良好条件：电子富集在 Cd 空位的表面倾向与 CO_2 形成化学吸附，而电子富集在 Au 位点的表面则倾向与 CO_2 形成物理吸附，前者使得 CO_2 被有效活化，从而促进 CO_2 还原过程的发生。与此同时，当所负载的 Au 尺寸从纳米团簇减小到单原子后，Au 5d 轨道和 S 2p 轨道会发生杂化，促进光生电子向材料表面转移，使得可参与 CO_2 还原的电子数增加。通过对催化材料表面电子云分布的定向调控，Au/CdS 材料光催化还原 CO_2 制取 CO 反应的活性相比 CdS 提升了 113 倍。

另外，笔者团队还开发了一种通过热解诱导硝酸钴气化在石墨相氮化碳纳米片表面负载超高密度钴单原子的方法，并将其应用于光催化还原 CO_2（Ma et al.，2022）。石墨相氮化碳纳米片作为基底材料可以为锚定钴单原子提供充足的位点。钴单原子在氮化碳基底上的配位构型主要是 Co-N_2C，其可以作为光生电子局域中心，促进光生电子和光生空穴的分离。超高密度的 Co-N_2C 活性中心还可以提高材料对 CO_2 的吸附和活化能力。当钴单原子质量分数高达 24.6%时，其在 4 h 内的 CH_3OH 生成量达到最大（941.9 $\mu mol·g^{-1}$），为石墨相氮化碳（70.3 $\mu mol·g^{-1}$）的 13.4 倍。在连续 12 次循环实验（约 48 h）中，体系还原 CO_2 为 CH_3OH 的性能仍能保持稳定。

近年来，笔者团队以铼金属复合物/共价有机框架材料为研究对象，通过将飞秒到微秒时间尺度下的时间分辨光谱和理论计算相结合，研究了光催化还原 CO_2 过程中不同入射光能量下催化材料内部的光生电荷转移过程，并揭示了不同光生电荷转移路径对光催化还原 CO_2 的双电子反应过程的影响（Pan et al.，2022）。这一方法为研究 CO_2 还原中复杂的多电子反应过程提供了理论参考，对于后续制备具有良好光催化还原 CO_2 性能的催化材料具有重要的指导意义。

2.2.7 光催化固氮反应

氨是重要的化工产品，是用来生产农业氮肥和复合肥料的重要原料。光催化固氮反应过程中，1 个 N_2 分子需要得到 6 个电子和 6 个质子才能生成 2 个 NH_3 分子，过程中涉及氮氮三键的断裂，从热力学和动力学上来说反应难度均较大。

2017 年，叶金花团队报道了超细的 Bi_5O_7Br 纳米管用于纯水中光催化还原 N_2 为 NH_3 的研究（Wang S Y et al.，2017）。Bi_5O_7Br 中氧含量较高，在光照过程中其表面的氧容易脱去形成氧空位，氧空位提供了富电子的环境，有助于吸附 N_2 分子并将其活化，活化后

的 N_2 分子与水反应生成氨气和氧气，而氧空位反应位点重新暴露在环境中，随后捕获水分子中的氧原子填补氧空位，使 Bi_5O_7Br 光催化材料恢复到光照前的状态，完成一个催化循环。整个反应过程为 $2N_2 + 6H_2O \longrightarrow 4NH_3 + 3O_2$，水既是溶剂也是 NH_3 中质子的来源，不需要加入额外的电子供体或质子供体。另外，通过对不同波长处反应体系的外量子效率和 Bi_5O_7Br 的漫反射紫外可见光谱图进行对比，证实了该体系反应过程确实是光驱动催化过程，其在 420 nm 处的外量子效率可达到 2.3%，证明了可见光驱动固氮反应的有效性。

与此同时，张铁锐团队开发了层状双氢氧化合物（layered double hydroxides，LDH）材料用于光催化固氮（Zhao et al.，2017），在多种 LDH 材料中，超薄的 CuCr-LDH 纳米片光催化活性最高。与 Bi_5O_7Br 光催化材料的研究类似，该研究也发现氧空位的存在有助于催化材料吸附 N_2 分子。CuCr-LDH 材料中的 Cu^{2+} 具有较强的姜-泰勒（Jahn-Teller）效应，有助于缺陷和氧空位的引入，Cr^{3+} 则对整个可见光区有着良好的光响应能力，而降低反应水溶液的 pH 使得催化材料表面吸附的质子数目增多，有助于体系中 NH_3 的生成。此外，体系中的反应产物不包括 N_2H_4 和 H_2 等副产物。之后，该团队进一步开发了含有氧空位的 TiO_2 超薄纳米片材料（Zhao Y X et al.，2019），利用 Cu^{2+} 的姜-泰勒效应能使 TiO_2 结构产生扭曲这一特点，通过 Cu 掺杂在 TiO_2 中引入氧空位，以促进 N_2 的吸附、解离，降低反应过程的活化能。该 TiO_2 纳米片对可见光具有明显的响应，甚至在 700 nm 处还有一定的光催化活性。

2.2.8 光催化其他反应

光催化技术除了可应用于前面介绍的典型反应外，还可应用于其他多种反应，如光催化甲烷（CH_4）转化为甲醇（CH_3OH）。2019 年，叶金花团队报道了在温和条件下负载 Au 纳米颗粒的 ZnO 将 CH_4 转化为液体燃料的反应体系（Song et al.，2019）。该研究使用环境中的氧气作为氧化剂，在室温条件下的水溶液中进行反应，生成液体燃料的选择性高达 95%。此外，在该反应体系中，ZnO 的表面活性氧原子可以有效活化 CH_4 中的 C—H 键生成 •CH_3，Au 则可以有效活化氧分子，生成 •OOH。该研究证明了利用光催化技术将甲烷转化为高附加值的液体燃料具有良好的应用前景。

笔者团队研究了在 CH_4 氧化为 CH_3OH 这一反应中，氧空位在提升 BiOCl 材料催化活性方面的重要作用（Chen et al.，2021），发现氧空位不仅可以增加 Bi 原子的电子浓度，促进 CH_4 的活化，还可以促进其邻近氧气活化形成 •O_2^-，后者可以迅速进攻活化后的 CH_4，进而生成 CH_3OH。此外，BiOCl 表面对 CH_3OH 的吸附能力较低，使得 CH_3OH 较易从材料表面脱落，避免了其被过度氧化为 CO_2 或 CO 等。笔者团队还以不同贵金属单原子（Rh、Pd、Ag、Ir、Pt 和 Au）锚定的六方相氮化硼纳米片为模型材料（$M_{SA}/B_{1-x}N$）进行了研究，发现贵金属自旋状态会显著影响 CH_4 直接转化为 CH_3OH 的过程（Cao et al.，2022）。具有较高自旋磁矩的贵金属有利于形成用于电子转移的自旋通道，从而促进 CH_4 解离以及加剧 CH_3OH 的过氧化。通过引入 —OH 调节贵金属的自旋状态，可实现 CH_4 选择性脱氢后直接转化为 CH_3OH。其中在 $Ag_{SA}/B_{1-x}N$ 催化 CH_4 直接转化为 CH_3OH 的过程中，—OH 可以动态调节 Ag 单原子的自旋状态，使得其表现出最佳催化性能。一方面，—OH 的引入会增加 Ag 单原子的自旋磁矩，进而显著降低 C—H 键解离的能垒；另一方面，在后续 CH₃OH 过氧化的过程中，—OH 的引入使得 Ag 单原子的自旋磁矩几乎降低为零，从而使得吸附的 CH₃OH 和反应位点之间电子转移的自旋通道被破坏，最终抑制了 CH₃OH 过氧化。通过调整局部电子结构的自旋状态，该研究为设计选择性脱氢催化材料开辟了一条新途径。

2020 年，王峰团队以负载 Pt 的 TiO₂ 为光催化材料，实现了生物质中常见的长链脂肪酸（$C_nH_{2n+1}COOH$）的脱羧反应（图 2-12），并高选择性地生成了长链烷烃（$C_{n-1}H_{2n}$），后者是柴油的重要组成原料（Huang et al.，2020）。在光催化过程中，Pt/TiO₂ 材料表面吸附有大量氢原子，这些氢原子可与脂肪酸氧化后脱羧生成的烷基自由基有效结合，避免烷基自由基之间的 C—C 耦合反应生成反应副产物。这种光催化方法不仅反应条件温和，而且催化效果与苛刻环境下的热催化反应效果相当，说明光催化技术在基于生物质转化利用的有机反应中具有巨大的应用前景。光催化反应还可用于高难度的纯碳氢化合物中 C(sp³)—H 键的活化。由于原子的经济性和分子来源的广泛性，该反应在有机合成中广受关注。2019 年，龚磊团队使用有机分子 5, 7, 12, 14-戊烯酮作为光敏剂，Cu 或 Co 的手性配合物为催化材料，在 N-磺酰亚胺存在的条件下利用可见光实现了苄基、烯丙基烃和未活化烷烃的 C(sp³)—H 键的高选择性官能化（Li et al.，2019）。整个反应表现出高收率（100%）、高区域选择性（>50∶1）以及极高的立体选择性（99.5%）。

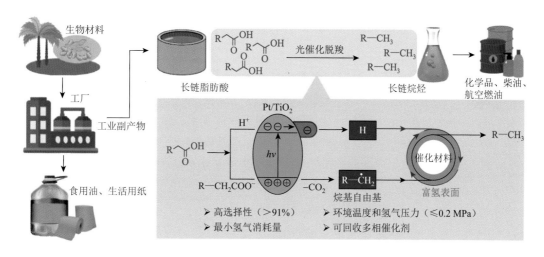

图 2-12 利用光催化技术将生物质转化为柴油等的反应过程示意图（Huang et al.，2020）

此外，光催化技术还可用于一系列涉及氢原子转移的氧化与还原反应。2018 年，中科合成油技术有限公司的 Su 等报道了 $Bi_{24}O_{31}Br_{10}(OH)_\delta$ 半导体用于光催化促进质子转移相关的有机合成反应，包括硝基苯转化为偶氮/乙氧基苯、醌转化为喹诺醇、硫酮转化为硫醇和醇转化为酮等一系列氧化或还原反应（Dai et al.，2018）。该催化材料表面的碱性位点（—OH 和低配位数的 O 原子）能有效捕获醇中的氢原子，使其形成中间态的吸附氢原子，光照条件下这些被吸附的氢原子再被受体所捕获，进而完成整个催化反应。因此，在涉及有机氧化反应时，若使用氧气作为氢原子受体，即可在可见光照射的温和条件下实现醇的氧化；而在涉及有机还原反应时，向体系中加入醇类作为氢原子给体，反应底物作为氢原子受体，则可使得反应底物在光照条件下发生加氢还原反应。在他们探索的一系列氧化和还原反应中，反应底物的转化率和产物选择率都在99%左右。

由上可知，光催化技术可被广泛应用于多种反应。事实上，上述大部分反应不仅可以通过光催化技术实现，还可以通过太阳能驱动的其他催化方法完成。

2.3　光热催化技术的原理及应用

虽然直接利用太阳能驱动化学反应发生的光催化技术在近年来取得了较大进展，但其光催化反应活性相对较低。基于此，研究者开始尝试将光催化技术与其他催化技术进行耦合，由此发展出了一些新兴的技术，如光催化与热催化耦合的光热催化、光催化与电催化耦合的光电催化等。这些技术糅合了光催化与其他催化的优势，受到了人们越来越多的重视。

2.3.1　光热催化的原理

光热催化是一种光能和热能共同参与的催化过程，其中可能既涉及光催化，也涉及热催化。1911 年，Eibner 首次使用光催化技术实现了普鲁士蓝的降解，而早在 19 世纪初热催化技术就已经开始引起研究者的关注（图 2-13）。直到 20 世纪 90 年代，研究者才开始将光和热耦合起来用于催化研究。当时的研究主要聚焦于利用会聚太阳光产生的热能来提升反应体系温度，进而促进热催化过程的发生。2011 年，Linic 等报道在光

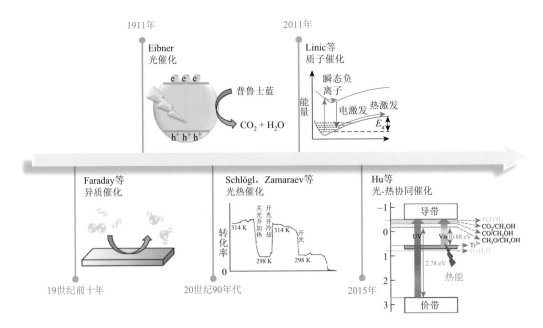

图 2-13　光热催化技术的发展里程碑（Fang and Hu，2022）

照作用下，Ag 纳米颗粒产生的局域表面等离子体共振（localized surface plasmon resonance，LSPR）效应可以产生大量热电子（hot electron），这些热电子可以有效活化氧分子，进而显著降低一系列传统热催化氧化反应的反应温度（Christopher et al.，2011）。2015 年，Hu 等则发现在光催化过程中引入热能可以有效解决可见光照射下光催化分解水反应动力学驱动力不足的问题，从而使得可见光照射下的光催化活性与全光谱照射下的活性相当（Fang and Hu，2022）。此后，光热催化反应开始受到越来越多的关注。

　　一般而言，可将光热催化分为三类：热辅助的光催化、光辅助的热催化和光热共催化。热辅助的光催化以光催化为主，热能的引入可以增强反应物的动力学驱动力、调节反应物的氧化还原电位、促进载流子的迁移、加速传质过程、促进反应物解离、调整催化材料的结构等，从而促进光催化反应过程的发生。光辅助的热催化以热催化为主，光能的引入可以通过光热效应局部加热、形成温度梯度差、光生载流子参与反应、表面等离子体共振产生热电子、直接激发反应底物、动态控制基元反应活化能、修饰反应活性位点等提升催化活性。光热共催化则是指热能与光能分别驱动的热催化和光催化相互协同，其催化活性显著高于单独的热催化和光催化的活性之和。光热共催化涉及的反应机理较为复杂，可能同时包含热辅助的光催化和光辅助的热催化所涉及的各种过程。

2.3.2　光热催化的应用

　　目前，光热催化已被应用于众多化学过程，如二氧化碳还原、甲烷氧化/转换、制氢、合成氨、污染物降解和有机合成等。2014 年，叶金花团队以 Al_2O_3 为基底负载了一系列Ⅷ族金属（包括 Ru、Rh、Ni、Co、Pd、Pt、Ir 和 Fe），并以此为光热催化材料在氙灯光照下实现了光热催化 CO_2 加氢还原过程（Meng et al.，2014）。与传统的光催化相比，这些金属对光的响应可覆盖从紫外光到红外光（2500 nm）的整个太阳光谱。光被吸收后能迅速转化为热能，所有复合材料的表面温度在 300 W 氙灯光照 10 min 内均能达到 300 ℃以上，而单独的 Al_2O_3 载体在长时间光照条件下表面温度也仅为 150 ℃左右。参比实验证实了体系的反应活性主要来源于由光引起的热效应：无论是光照加热还是传统热源加热，在相同的反应温度下，体系的 CH_4 生成率几乎完全一样。通过此类光热催化，CO_2 的转化率可比传统光催化高 2～3 个数量级。

　　除了金属纳米颗粒可以将光能转化为热能，一些半导体也可以将太阳能转化为热能。以苯的降解为例，Li 等在 2015 年报道了基于 TiO_2/CeO_2 复合材料的光热催化体系（图 2-14）。在该反应体系中，既有传统的 TiO_2 光催化过程，也有将光能转化为热能的 CeO_2 热催化过程，还有由 TiO_2 吸收光子促进 CeO_2 热催化发生的光热共催化过程（Zeng et al.，2015）。CeO_2 是热催化过程中的催化中心，但其本身作为一种半导体材料可以吸收一部分紫外光和可见光区的太阳光，此外照明光源氙灯产生的红外辐射也对样品有加热的作用，两者共同作用使得样品表面的温度可升高到 200 ℃左右，在该温度下已经完全可以实现苯分子在 CeO_2 上的热催化降解，这便是典型的光能转化为热能促进热催化过程发生的例子。除了 CeO_2，体系中还含有光催化材料 TiO_2，因此体系中还伴随有传

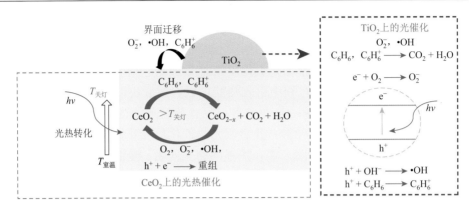

图 2-14　TiO_2/CeO_2 复合材料光热催化氧化分解苯的反应机理（Zeng et al.，2015）

统光催化降解苯的过程发生。此外，光催化与热催化之间还存在明显的协同作用，实验表明 TiO_2/CeO_2 复合材料在光照下降解苯生成 CO_2 的速率比单独的光催化和热催化的反应速率之和还要高 1.9 倍。光催化材料 TiO_2 受光照射后产生的活性物种（如超氧自由基、羟基自由基和苯基离子等）能有效促进 CeO_2 的还原和氧化过程，从而加速热催化反应过程。

在金属纳米粒子中，表面电子受原子核的静电吸引力会绕其平衡位置做有规律的振动，当入射光的频率与表面电子的振动频率一致时，可引起价电子的集体振荡，这便是局域表面等离子体共振（LSPR）效应。这一现象会使得纳米粒子对入射光产生显著的吸收，纳米粒子表面附近的电磁场强度显著增加。LSPR 效应的消退过程可能以辐射或者非辐射的形式进行，其中非辐射过程可以释放出热电子。与传统光激发半导体产生的光生电子相比，这些热电子处于热力学不平衡状态，且具有很高的能量，在转移至纳米颗粒表面吸附物的过程中，可能会促进某些键的活化，或者改变反应中间产物的转化路径等，从而达到改变反应选择性和反应收率的目的。

以金属 Rh 负载在 Al_2O_3 上催化 CO_2 加氢反应为例，常压下金属催化 CO_2 加氢过程主要由两大竞争反应组成：①CO_2 甲烷化（$CO_2 + 4H_2 \longrightarrow CH_4 + 2H_2O$）；②逆水汽反应（$CO_2 + H_2 \longrightarrow CO + H_2O$）。2017 年，Liu 等报道了在中等强度光照下 Rh 的 LSPR 效应使 CO_2 加氢过程的活化能下降了 35%，且体系更倾向于生成 CH_4 而非 CO（Zhang X et al.，2017）。在低强度的蓝光或者紫外光光照下，金属 Rh 对产物中 CH_4 的选择性分别达到了 86% 和 98%，且在低强度的蓝光光照下对应的反应速率是热催化（350 ℃）下的两倍。整个光催化过程和热催化过程有着显著区别：密度泛函理论计算结果表明 Rh 在 LSPR 效应下产生的热电子分布与 CO_2 甲烷化关键中间反应产物—CHO 的反键轨道有较好的匹配，故热电子能转移到反键轨道上并有效削弱 C—O 化学键，从而使得该反应过程的活化能降低，这相当于活化了该反应，反应最后生成的 CH_4 比例显著提高。而在热催化过程中，声子活化 Rh—CO 键和—CHO 中的 C—O 键的速率相近，从而使得最终产物中 CO 和 CH_4 的生成量相当。

笔者团队通过光的引入使 Ni/Ga_2O_3 上甲烷干重整产物 H_2 与 CO 的比值从 0.55 提高到 0.94（Rao et al.，2021）。甲烷干重整过程中 CH_4 与 CO_2 反应生成 H_2 和 CO，但同时会发生逆水汽反应，即 H_2 与 CO_2 反应生成 CO，使 H_2 与 CO 的比值小于 1。通过光的引入可以使 Ga_2O_3 中的电子转移到 Ni 原子上形成 Ni^0，Ni^0 可产生丰富的热电子以加速 CH_4 脱氢，从而产生更多可能会参与后续反应的 H^*，体系的催化活性因此得到了提升。与此同时，热电子的聚集形成了富电子环境，吸附的 H 原子可以从富电子环境中获得更多的电子，使得 H^* 生成 H_2 的势垒大幅度降低，H^* 与 CO_2 生成 CO 的竞争反应受到抑制，从而使得 H_2 与 CO 的比值大幅提高。

笔者团队还首次将原位高能量分辨荧光检测 X 射线吸收近边结构（high energy-resolution fluorescence detected X-ray absorption near edge structure，HERFD-XANES）谱技术和 X 射线发射光谱（X-ray emission spectroscopy，XES）技术结合应用于 Pt/TiO_2 光热催化 CO 氧化反应的机理研究（Zhou et al.，2018）。实验结果表明，45 ℃时光照条件下 CO 的转化率相比无光照条件提高了 20 倍。反应体系活性的提升一部分来自光转化的热效应，另一部分则是由于光照条件下氧气被活化，活化后的氧气氧化了 Pt 表面所吸附的 CO，进而促进了催化反应的发生。之后，笔者团队以 Pt/Al_2O_3 为光热催化材料研究了 CO_2 的加氢反应（Zhao et al.，2020）。光的引入使得不同反应温度下体系中 CO_2 的转化率和 CO 产率都得到了明显的提升，其中 80 ℃时可将 CO_2 的转化率提高 8 倍左右。反应过程中，产物 CO 在 Pt 表面（包括晶体中的台阶处或平台处）的脱附对反应过程具有十分重要的影响。在没有光照的情况下，台阶处的 CO 与 Pt 的结合作用较强，CO 难以从台阶处脱附；而光照有助于 CO 从 Pt 表面的台阶处迁移至平台处并发生脱附，从而使得 Pt 表面暴露更多活性位点，反应的活性得以提升。

从上述研究可以看出，光热催化可有效集成光催化和传统热催化的优势，未来必将得到研究者的重点关注。但在光热催化过程中，因同时涉及光效应和热效应，具体反应过程的研究较为困难，这也给研究者提出了巨大的挑战。

2.4　光电催化技术的原理及应用

从光催化早期的研究可以看出，很多光催化过程都是在电化学池的基础上对半导体工作电极进行光照来实现的。因此光催化过程中还可以向半导体电极施加适当的电压以促进反应过程的发生，这便是光电催化。

2.4.1　光电催化的原理

光电催化通常在光电化学池中发生。一般而言，光电化学池由工作电极、对电极、电解液和外电路组成，文献研究中的光电化学池通常还含有参比电极，用于考察体系的反应电位。其中，工作电极主要由能够有效吸光的半导体组成，又称为光电极，根据半导体属于 p 型还是 n 型，工作电极可以分为光阴极或者光阳极；对电极则不一定需要对光响应。当能量高于工作电极半导体禁带宽度的光子照射工作电极时，半导体受光激发产生电子-空穴对，如果是光阳极（n 型半导体），光生电子会通过外电路迁移至对电极，在对电极表面发生还原反应；光生空穴则直接迁移至光阳极表面参与电解液中的氧化反应，反应过程中外电路产生正向光电流（图 2-15）。与之相反，如果是光阴极（p 型半导体），则光生电子直接迁移至光阴极表面发生还原反应，光生空穴则通过外电路迁移至对电极表面发生氧化反应，反应过程中外电路产生反向光电流。此外，在反应过程中，由于光生电子和空穴的费米能级存在差异，因此还伴有光电压的产生。

与单独的光催化相比，在整个光电催化反应过程中，一部分光能转化为化学能，而在外电路存在的情况下，还有一部分光能可以电能的形式向外输出。同时，光电催化过程中可以通过外电路从外界向反应体系中额外输入电能以提高催化过程的反应驱动力，使得光能和电能一起转化为化学能。

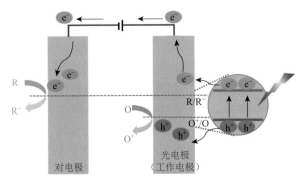

图 2-15　光电催化原理示意图

2.4.2　光电催化的应用

在光电化学池中，传统的 TiO_2 材料对可见光的响应能力差，因此为了提高电池对太阳光的利用率，需要对 TiO_2 进行改性修饰。2009 年，Mallouk 等以传统的介孔 TiO_2 作为光阳极，以三联吡啶钌配合物作为可见光吸光单元，以水合二氧化铱（$IrO_2·nH_2O$）作为产氧催化材料，以 Pt 作为对电极和产氢催化材料，构建了对可见光响应的全解水光电化学池［图 2-16（a）］（Youngblood et al.，2009）。在向体系施加较小的外加偏压后，即可同时检测到氧气和氢气的产生。相比传统的半导体材料体系，分子体系的好处在于其更容易进行官能团修饰，如该体系中通过在三联吡啶钌配合物合成过程中引入磷酸根基团和羟基基团，可使得催化单元、吸光单元和 TiO_2 通过化学键紧密结合在一起，进而促进体系中电荷转移过程的发生。除了对 TiO_2 光阳极进行修饰，还可以直接开发能有效吸收太阳光的光阳极材料，如钒酸铋（$BiVO_4$）、三氧化钨（WO_3）和氧化铁（Fe_3O_4）等。2011 年，郭烈锦院士团队报道了基于 $WO_3/BiVO_4$ 异质结纳米棒阵列的光阳极体系用于全解水的研究（Kolpak and Grossman，2011），该体系对 500 nm 以下的太阳光均可产生响应。这种规整的纳米棒阵列结构有利于体系的光生电子迁移至对电极，从而提高体系的入射光子-电流转换效率（incident photon-to-current conversion efficiency，IPCE）。

除了基于光阳极的光电化学池，近年来也有不少光阴极的相关研究。2011 年，Grätzel 团队报道了以 Cu_2O 为光阴极的光电化学池用于全解水的研究（Paracchino et al.，2011）。

Cu$_2$O 是一种常见的 p 型半导体，对可见光有明显的响应，但在与电解液接触的过程中，Cu$_2$O 容易被光生电子还原生成单质 Cu，稳定性较差。而利用原子层沉积技术在 Cu$_2$O 膜表面先后沉积 ZnO/Al$_2$O$_3$ 和 TiO$_2$ 薄膜，再负载产氢的催化材料 Pt，可以使得体系的法拉第效率达到 100%，体系的稳定性也得到显著提高。2018 年，Grätzel 团队进一步将 Cu$_2$O 光阴极进行了优化，在其表面先后负载了 Ga$_2$O$_3$ 和 TiO$_2$，并将产氢的催化材料调整为 RuO$_x$ 或者 NiFe 合金（Pan et al.，2018）。与此同时，他们还在光电化学池中引入了 Mo 掺杂的 BiVO$_4$ 光阳极，构建了阴极和阳极均对光响应的双工作电极光电化学池。在具有双工作电极的体系中，BiVO$_4$ 的带隙（2.4 eV）要宽于 Cu$_2$O（2.0 eV），故在光照过程中，应该首先让光通过 BiVO$_4$，而且 BiVO$_4$ 吸光层的厚度要适当，这样才能保证 Cu$_2$O 和 BiVO$_4$ 两者都能够对太阳光产生有效吸收，且各自产生的光电流大小比较匹配，从而使得体系的工作效率达到最高。在不额外施加偏压的情况下，光照下该体系即可实现全解水，对应的太阳能-化学能转化（solar-to-chemical，STC）效率可以达到 3%［图 2-16（b）］。

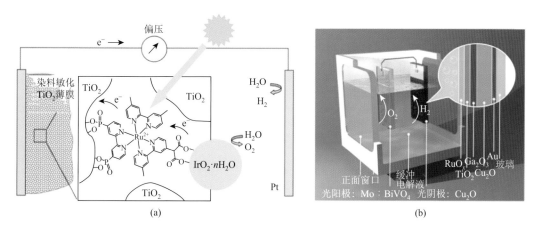

图 2-16　光电化学池全解水原理及装置结构示意图

（a）以介孔 TiO$_2$ 为光阳极、IrO$_2$·nH$_2$O 作为产氧催化材料、Pt 作为对电极的全解水光电化学池的工作原理（Youngblood et al.，2009）；（b）由 Mo 掺杂 BiVO$_4$ 光阳极和 Cu$_2$O 光阴极组成的串联全解水光电化学池的结构示意图（Pan et al.，2018）

光电化学池不仅可应用于分解水，还可用于合成重要工业原料合成气（CO + H$_2$）。生产不同化学品所需要的合成气中 CO 和 H$_2$ 比例不同，如甲醛、甲醇和甲烷所需的 CO 和 H$_2$ 对应的比例分别为 1∶1、1∶2 和 1∶3，因此调节反应产物中 CO 和 H$_2$ 的比例十分重要。2018 年，Mi 等构建了基于 p-n 结硅的光电化学池用于还原 CO$_2$（Chu et al.，2018）。在该反应体系中，具体使用了 Pt-TiO$_2$/GaN/n$^+$-p Si 光阴极制备合成气，Pt-TiO$_2$ 复合结构催化材料的使用可以促进体系发生 CO$_2$ 还原反应，GaN 纳米管阵列则可以促进体系中电子向阴极表面的迁移。反应过程中通过调节外界向体系施加的偏压，反应产物 CO 和 H$_2$ 的比例可从 4∶1 调整至 1∶6，且体系的总法拉第效率始终接近 100%。优化条件下，体系的 STC 效率可以达到 0.87%。

2016 年，Misawa 等构筑了选择性还原 N$_2$ 为 NH$_3$ 的光电化学池（Oshikiri et al.，2016）。该化学池直接以 Nb-SrTiO$_3$ 为电极，其正面负载 Au 纳米颗粒用于吸收太阳光，同时正面发生水的氧化反应生成氧气，其背面负载金属 Zr 的薄膜作为 N_2 还原的催化材料；水的氧化和 N_2 的还原在两个反应室里分别进行，电子则通过 Nb-SrTiO$_3$ 从 Au 到达 Zr 薄膜层。该光电化学池在可见光下工作，反应过程中无须额外添加电子牺牲剂即可按化学计量比（4∶3）产生 NH_3 和 O_2［图 2-17（a）］。与此同时，澳大利亚的 MacFarlane 团队也报道了类似结构的光电化学池用于还原 N_2（Ali et al.，2016）。该电池在经刻蚀处理的商业 p 型硅（黑硅，bSi）正面负载 Au 纳米颗粒，背面负载 Cr 薄膜。p 型硅和 Au 可以同时吸收太阳光，此时 Au 侧的电池表面发生 N_2 的还原反应，Cr 层表面则发生电子牺牲剂亚硫酸根的氧化反应，最终体系可生成硫酸铵［图 2-17（b）］。

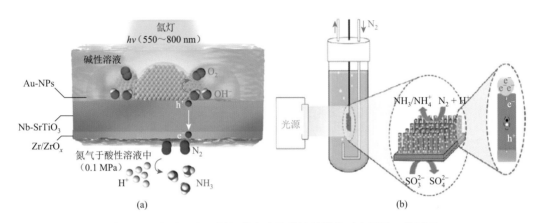

图 2-17　用于还原 N_2 制氨的光电化学池的结构示意图及工作原理

（a）Au-NPs/Nb-SrTiO$_3$/Zr/ZrO$_x$ 电池（Oshikiri et al.，2016）；（b）Au-NPs/bSi/Cr 电池（Ali et al.，2016），两个电池虽然结构类似，但是前者 Au 侧发生氧化反应，后者 Au 侧发生还原反应

　　光电化学池也可以用于催化有机合成反应。2015 年，美国的 Choi 等利用以 BiVO$_4$ 为光阳极的光电化学池实现了 5-羟甲基糠醛（5-hydroxymethylfurfural，HMF）向 2, 5-呋喃二甲酸（2, 5-furandicarboxylicacid，FDCA）的转换（Cha and Choi，2015）。为了促进反应过程的发生，体系使用 2, 2, 6, 6-四甲基哌啶-1-氧基（2, 2, 6, 6-tetramethyl-l-piperidinyloxy，TEMPO）-TEMPO$^+$ 作为氧化还原对。HMF 是生物质转化过程中的重要中间产物，FDCA 则是聚合物中十分重要的聚合单体。在 HMF 被氧化为 FDCA 的同时，反应体系中的质子被还原为氢气。

　　由上可知，相比单独的光催化，光电催化过程可以通过电场的引入实现对反应效率和选择性的调控。然而光电催化体系的构建往往较为复杂，如何有效匹配反应体系中涉及的各种材料是未来光电催化研究领域的重点工作之一。

2.5　光伏-电催化耦合技术的原理及应用

　　在光电催化中，吸光单元和催化单元往往集成为一体，导致材料的可选择性较低。因此，研究者进一步提出了光伏-电催化耦合（photovoltaic-electrocatalysis，PV-EC）技术，即先通过光伏技术将光转换为电进行储存，然后利用电催化技术驱动目标反应进行。光伏-电催化耦合技术将太阳光吸收过程和催化过程分离开来，故可分别选择吸光材料和催化材料，这使得后者对材料的选择范围更广。本节将首先简要介绍光伏-电催化耦合技术的原理，然后对光伏-电催化耦合技术的应用进行示例说明。

2.5.1　光伏-电催化耦合技术的原理

光伏技术无须借助热机等辅助设备即可直接将太阳能转化为电能（图 2-18）。以最为常见的晶硅太阳能电池为例，其核心构造主要由 p 型硅和 n 型硅组成，其中 p 型硅富含空穴，而 n 型硅富含电子，两者在界面处可形成 p-n 结，进而产生内建电场。在太阳光照射下，晶硅半导体材料能选择性地吸收部分太阳光，并在材料内部产生大量光生电子-空穴对，即光伏效应。在电池内建电场的驱动下，光生电子和空穴分别向外电路移动，并产生电流。光伏电池将太阳能转化为电能后，电池两端的输出电压如果足够大，便可有效驱动一些化学反应的发生，从而使得电能进一步被存储为化学能，完成整个太阳能—电能—化学能转化过程。太阳能向电能转化的效率越高，越有助于提升太阳能向化学能转化的效率。挪威科学家 Polman 等于 2016 年详细总结了 16 种最常见的半导体光伏电池的发展现状，涉及的半导体材料包括单晶硅、多晶硅、砷化镓和钙钛矿材料等。考虑一部分能量过低的太阳光不能被半导体材料吸收、一部分能量过高的太阳光被半导体吸收后其部分能量会以热能形式耗散、半导体不能吸收所有太阳光以及暗电流的损失等不可避免的因素，计算得到部分 p-n 结太阳能电池的极限效率，即光伏电池中通常会涉及的肖克利-奎伊瑟（Shockley-Queisser，S-Q）极限效率。图 2-19 表明基于半导体材料的太阳能电池的 S-Q 极限效率与半导体的带隙大小有显著关联：当半导体的带隙为 1.34 eV 时，S-Q 极限效率达到最大值 33.7%。截至 2015 年，已有单晶硅（c-Si）、GaAs 和 GaInP 的最大光电转化效率达到了 S-Q 极限效率的 75%以上，多晶硅（mc-Si）、InP、铜铟镓硒（CIGS）和 CdTe 太阳能薄膜电池等的最大光电转化效率达到了 S-Q 极限效率的 50%～75%，而 $Cu(Zn,Sn)(S,Se)_2$（CZTS）和染料敏化（Dye/TiO$_2$）电池、纳晶硅（nc-Si）、非晶硅（a-Si：H）等体系的最大光电转化效率还不足 S-Q 极限效率的 50%。

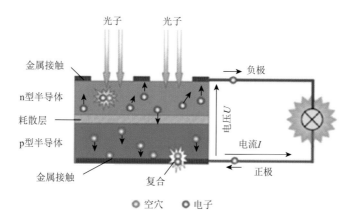

图 2-18　常见光伏（太阳能）电池的工作原理

图片来源：https://www.electrical4u.com/working-principle-of-photovoltaic-cell-or-solar-cell

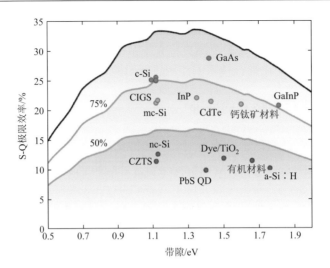

图 2-19　太阳能电池的 S-Q 极限效率随半导体材料带隙的变化（Polman et al.，2016）

黑线为理论 S-Q 极限效率，灰线分别为 S-Q 极限效率的 75%和 50%，图中各点分别为基于不同半导体材料的光伏电池的光电转化效率最大值（2015 年）

　　在具体的光伏-电催化耦合技术中，根据光伏电池与电解池电极的耦合情况，可将该类催化反应体系装置分为三类（Li，2017）：一体式反应池、局部一体式反应池和分离式反应池（图 2-20）。在一体式反应池中，电解池的阴极和阳极直接与光伏电池紧密结合在一起，体系不需要外加导线传输电子；在局部一体式反应池中，光伏电池和电解池的某一极耦合在一起，然后电解池的阴极和阳极通过外加导线传输电子；在分离式反应池中，光伏电池则和电解池从结构上完全分离开来，仅通过导线连接在一起以传输电子。与光电化学池类似的是，氧化反应和还原反应仍然在电解池的两极（阳极和阴极）分别发生；不同的是，对入射光响应的主要是光伏电池，具体参与反应的两个电极不再需要对光响应。因此，从材料的选择上来说，反应的两极材料不再局限于半导体，选择范围更广；光伏电池则既可以选择市售商品，也可以选择实验室开发的效率较高的产品。

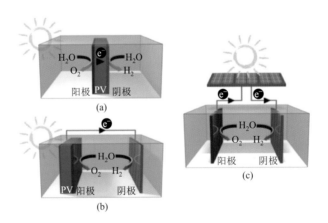

图 2-20　光伏-电催化耦合技术的原理及不同反应装置示意图（Bonke et al.，2015）

（a）一体式反应池；（b）局部一体式反应池；（c）分离式反应池

2.5.2　光伏-电催化耦合技术的应用

以光解水为例，在此简单介绍几例典型的光伏-电化学池。1998 年，Turner 等报道了电化学池和光伏电池耦合在一起的局部一体式光伏-光电化学池（Khaselev and Turner，1998），其中使用的阴极包括由 p-GaInP$_2$ 电池和 p-n 结 GaAs 电池组成的串联光伏电池，正极则为 Pt 电极。在模拟太阳光照下，GaInP$_2$ 表面的电子还原质子生成氢气，Pt 电极产生满足化学计量比的氧气。虽然单独的 p-GaInP$_2$ 电池（带隙为 1.83 eV）或 p-n 结 GaAs 电池（带隙为 1.42 eV）所产生的光电压有限，但是当两者串联后，体系便拥有足够大的电压驱动力来直接分解水，而且体系能够有效利用太阳光，得到体系的 STC 效率可以达到 12.4%。

2011 年，Nocera 等分别构建了由电化学池阳极和光伏电池耦合在一起的局部一体式和一体式光伏-电化学池（Reece et al.，2011）。在两种电池中，光伏部分均由三结非晶硅光伏电池串联在一起组成，阳极部分均由铟锡氧化物（indium tin oxide，ITO）电极表面负载产氧催化材料（Co 的氧化物）组成，阴极部分则由负载有 NiMoZn 合金的镍网组成[图 2-21（a）]。在模拟太阳光照下，当光伏电池的光电转化效率分别为 7.7% 和 6.2% 时，局部一体式和一体式光伏-电化学池的 STC 效率分别为 4.7% 和 2.5%。对于局部一体式光伏-电化学池，电能向化学能转化的效率达到了 60%。他们推测在一体式光伏-电化学池的产氢过程中，质子需要迁移较远的距离后才能到达阳极背面的阴极以发生还原反应，从而使得其总体的效率低于局部一体式光伏-电化学池。

2014 年，Grätzel 团队报道了基于钙钛矿材料 CH$_3$NH$_3$PbI$_3$ 的光伏电池和 NiFe-LDH 为电极化学反应催化材料的分离式光伏-电化学池（Luo et al.，2014）。在该体系中，两个 CH$_3$NH$_3$PbI$_3$ 光伏电池串联在一起为分解水提供驱动力，光伏电池本身的光电转化效率为 15.7%，开路电压达到了 2.0 V，体系的 STC 效率最大值则达到了 12.3%[图 2-21（b）]。

近年来也有学者将光电极和光伏电池组合在一起。以 CO$_2$ 在水中还原生成 CO 和 H$_2$ 为例，2016 年，Lee 等将光阴极和钙钛矿电池串联在一起，实现了无外加偏压条件下光照过程中的 CO$_2$ 向 CO 高选择性（＞80%）转化（Jang et al.，2016）。其中光阴极具体由 ZnO、ZnTe、CdTe 三层结构组成，且其表面负载有 Au 颗粒用于催化 CO$_2$ 的还原，阳极则由负载碳酸氢钴的镍网组成，主要发生水的氧化反应[图 2-22（a）]。光伏电池和光电化学池的耦合方式为分离式，即钙钛矿电池的两侧通过导线分别连接阳极和光阴极。若只考虑体系中 CO$_2$ 向 CO 的转换，则体系的 STC 效率为 0.35%，结合体系中产生的少量氢气，STC 效率可增加至 0.43%。在串联体系中，光阴极吸光材料 ZnTe 的带隙为 2.14 eV，钙钛矿电池核心材料 CH$_3$NH$_3$PbI$_3$ 的带隙为 1.5 eV，为保证光阴极能有效捕获太阳光，太阳光应从光阴极这一面照射，这样光阴极可以有效吸收可见光，光伏电池则能有效捕获剩下的低能量红外光，两者共同作用可实现对太阳光的充分利用。

2020 年，Reisner 团队进一步构建了局部一体式的光电化学池和光伏串联电池（Andrei

et al.，2020）。其中光阳极材料由 BiVO$_4$ 组成，其表面负载有钴基产氧催化材料，光伏电池则使用 CH$_3$NH$_3$/Cs/Pb/I/Br 复合钙钛矿材料作为核心工作材料，阴极所使用的电极材料为负载有钴卟啉类配合物分子催化材料的碳纳米管，光伏电池和阴极紧密结合在一起 [图 2-22（b）]。实际的反应器件还需要引入很多额外的组分，包括 NiO$_x$ 空穴传输层、富勒烯电子传输层、聚乙烯亚胺阴极界面修饰层、Ag 接触层和用于去除杂散光的毛玻璃等。虽然光伏电池产生的开路电压可以达到 0.99 V，光电转化效率可以达到 12.8%，但是该电池总的 STC 效率仍很低，没有偏压时还不到 0.1%。此外，CO$_2$ 还原生成的 CO 与 H$_2$ 的比例会随光照强度的改变发生明显的变化。产物中 CO 与 H$_2$ 的比例还可以通过额外施加的偏压来调节。

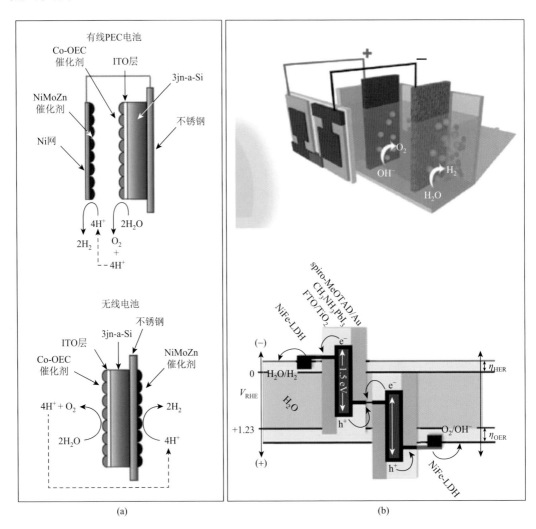

(a)　　　　　　　　　　　　　　(b)

图 2-21　光伏-光电化学池原理及不同反应装置示意图

（a）以三结非晶硅光伏电池、Co 氧化物为产氧催化材料，NiMoZn 合金为产氢催化材料的局部一体式和一体式光伏-光电化学池的结构示意图及工作原理（Reece et al.，2011）；（b）CH$_3$NH$_3$PbI$_3$ 光伏电池和 NiFe-LDH 为电极化学反应催化材料的分离式光伏-电化学池的结构示意图及其详细的结构组成和能级分布情况（Luo et al.，2014）

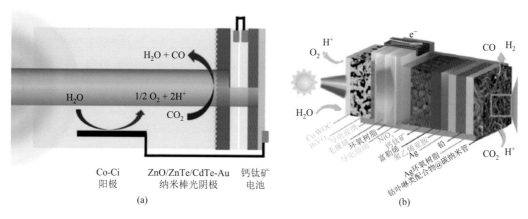

图 2-22　光电极-光伏电池原理及组合示意图

（a）由 ZnO/ZnTe/CdTe-Au 纳米棒光阴极、Co-Ci 阳极与 $CH_3NH_3PbI_3$ 钙钛矿电池组成的分离式串联光电化学池-光伏电池结
构示意图（Jang et al.，2016）；（b）局部一体式钙钛矿-$BiVO_4$ 光阳极串联电池的结构示意图（Andrei et al.，2020）

2.6　小　　结

　　本章对太阳能的基本特性、分布情况以及各种涉及太阳能驱动的催化技术进行了介绍。太阳能是理想的清洁能源，如何对其进行高效捕集利用对当下以及未来的工业发展都有十分重要的意义。围绕太阳能向化学能转化这一过程，目前已经发展出了包括光催化、光热催化、光电催化以及光伏-电催化耦合在内的多种技术，这些技术受到了科学家们的极大关注，已被广泛应用于分解水和还原 CO_2 等各种化学反应。

　　结合太阳能的资源优势和太阳能驱动的催化技术的发展现状，通过太阳能来驱动实现硫化氢的清洁高值利用具有巨大的应用前景。尤其是在"双碳"背景下，利用太阳能相关技术捕获硫化氢中的氢资源和硫资源是最为理想的硫化氢高值利用技术之一。在后续章节中，本书将分别从光催化、光热催化、光电催化和光伏-电催化耦合技术入手，阐述其在硫化氢清洁高值利用中的应用情况。

参　考　文　献

Afsharnia M，Kianmehr M，Biglari H，et al.，2018. Disinfection of dairy wastewater effluent through solar photocatalysis processes[J].
　　Water Science and Engineering，11（3）：214-219.

Ali M，Zhou F L，Chen K，et al.，2016. Nanostructured photoelectrochemical solar cell for nitrogen reduction using plasmon-
　　enhanced black silicon[J]. Nature Communications，7（1）：11335.

Andrei V，Reuillard B，Reisner E，2020. Bias-free solar syngas production by integrating a molecular cobalt catalyst with
　　perovskite-$BiVO_4$ tandems[J]. Nature Materials，19（2）：189-194.

Bonke S A，Wiechen M，MacFarlane D R，et al.，2015. Renewable fuels from concentrated solar power：towards practical artificial
　　photosynthesis[J]. Energy & Environmental Science，8（9）：2791-2796.

Cao Y H，Guo L，Dan M，et al.，2021. Modulating electron density of vacancy site by single Au atom for effective CO_2
　　photoreduction[J]. Nature Communications，12（1）：1675.

Cao Y H，Yang Y T，Yu W，et al.，2022. Regulating the spin state of single noble metal atoms by hydroxyl for selective dehydrogenation of CH_4 direct conversion to CH_3OH[J]. ACS Applied Materials & Interfaces，14（11）：13344-13351.

Cha H G，Choi K S，2015. Combined biomass valorization and hydrogen production in a photoelectrochemical cell[J]. Nature Chemistry，7（4）：328-333.

Chen C C，Ma W H，Zhao J C，2010. Semiconductor-mediated photodegradation of pollutants under visible-light irradiation[J]. Chemical Society Reviews，39（11）：4206-4219.

Chen Y，Wang F，Huang Z A，et al.，2021. Dual-function reaction center for simultaneous activation of CH_4 and O_2 via oxygen vacancies during direct selective oxidation of CH_4 into CH_3OH[J]. ACS Applied Materials & Interfaces，13（39）：46694-46702.

Christopher P，Xin H L，Linic S，2011. Visible-light-enhanced catalytic oxidation reactions on plasmonic silver nanostructures[J]. Nature Chemistry，3（6）：467-472.

Chu S，Ou P F，Ghamari P，et al.，2018. Photoelectrochemical CO_2 reduction into syngas with the metal/oxide interface[J]. Journal of the American Chemical Society，140（25）：7869-7877.

Ciamician G，1912. The photochemistry of the future[J]. Science，36（926）：385-394.

Crabtree G W，Lewis N S，2007. Solar energy conversion[J]. Physics Today，60（3）：37-42.

Dai Y T，Li C，Shen Y B，et al.，2018. Efficient solar-driven hydrogen transfer by bismuth-based photocatalyst with engineered basic sites[J]. Journal of the American Chemical Society，140（48）：16711-16719.

Ellis A B，Kaiser S W，Wrighton M S，1976. Visible light to electrical energy conversion. Stable cadmium sulfide and cadmium selenide photoelectrodes in aqueous electrolytes[J]. Journal of the American Chemical Society，98（6）：1635-1637.

Fang S Y，Hu Y H，2022. Thermo-photo catalysis：a whole greater than the sum of its parts[J]. Chemical Society Reviews，51（9）：3609-3647.

Fujishima A，Honda K，1972. Electrochemical photolysis of water at a semiconductor electrode[J]. Nature，238（5358）：37-38.

Hayat M B，Ali D，Monyake K C，et al.，2019. Solar energy-a look into power generation，challenges，and a solar-powered future[J]. International Journal of Energy Research，43（3）：1049-1067.

Huang Z P，Zhao Z T，Zhang C F，et al.，2020. Enhanced photocatalytic alkane production from fatty acid decarboxylation via inhibition of radical oligomerization[J]. Nature Catalysis，3（2）：170-178.

Inoue T，Fujishima A，Konishi S，et al.，1979. Photoelectrocatalytic reduction of carbon dioxide in aqueous suspensions of semiconductor powders[J]. Nature，277（5698）：637-638.

Jang Y J，Jeong I，Lee J，et al.，2016. Unbiased sunlight-driven artificial photosynthesis of carbon monoxide from CO_2 using a ZnTe-based photocathode and a perovskite solar cell in tandem[J]. ACS Nano，10（7）：6980-6987.

Khaselev O，Turner J A，1998. A monolithic photovoltaic-photoelectrochemical device for hydrogen production via water splitting[J]. Science，280（5362）：425-427.

Kolpak A M，Grossman J C，2011. Azobenzene-functionalized carbon nanotubes as high-energy density solar thermal fuels[J]. Nano Letters，11（8）：3156-3162.

Kushniarou A，Garrido I，Fenoll J，et al.，2019. Solar photocatalytic reclamation of agro-waste water polluted with twelve pesticides for agricultural reuse[J]. Chemosphere，214：839-845.

Li R G，2017. Latest progress in hydrogen production from solar water splitting via photocatalysis，photoelectrochemical，and photovoltaic-photoelectrochemical solutions[J]. Chinese Journal of Catalysis，38（1）：5-12.

Li Y J，Lei M，Gong L，2019. Photocatalytic regio- and stereoselective $C(sp^3)$-H functionalization of benzylic and allylic hydrocarbons as well as unactivated alkanes[J]. Nature Catalysis，2（11）：1016-1026.

Liu Y，Yu S，Zhao Z Y，et al.，2017. N-doped $Bi_2O_2CO_3$/graphene quantum dot composite photocatalyst：enhanced visible-light photocatalytic NO oxidation and in situ DRIFTS studies[J]. The Journal of Physical Chemistry C，121（22）：12168-12177.

Luo J S，Im J H，Mayer M T，et al.，2014. Water photolysis at 12.3% efficiency via perovskite photovoltaics and Earth-abundant catalysts[J]. Science，345（6204）：1593-1596.

Ma M Z，Huang Z A，Doronkin D E，et al.，2022. Ultrahigh surface density of Co-N_2C single-atom-sites for boosting photocatalytic CO_2 reduction to methanol[J]. Applied Catalysis B：Environmental，300：120695.

Meng X G，Wang T，Liu L Q，et al.，2014. Photothermal conversion of CO_2 into CH_4 with H_2 over group VIII nanocatalysts：an alternative approach for solar fuel production[J]. Angewandte Chemie International Edition，53（43）：11478-11482.

Miyauchi M，Irie H，Liu M，et al.，2016. Visible-light-sensitive photocatalysts：nanocluster-grafted titanium dioxide for indoor environmental remediation[J]. The Journal of Physical Chemistry Letters，7（1）：75-84.

Nishiyama H，Yamada T，Nakabayashi M，et al.，2021. Photocatalytic solar hydrogen production from water on a 100 m^2 scale[J]. Nature，598（7880）：304-307.

Nozik A J，1977. Photochemical diodes[J]. Applied Physics Letters，30（11）：567-569.

Oshikiri T，Ueno K，Misawa H，2016. Selective dinitrogen conversion to ammonia using water and visible light through plasmon-induced charge separation[J]. Angewandte Chemie International Edition，55（12）：3942-3946.

Pan L F，Kim J H，Mayer M T，et al.，2018. Boosting the performance of Cu_2O photocathodes for unassisted solar water splitting devices[J]. Nature Catalysis，1（6）：412-420.

Pan Q Y，Abdellah M，Cao Y H，et al.，2022. Ultrafast charge transfer dynamics in 2D covalent organic frameworks/Re-complex hybrid photocatalyst[J]. Nature Communications，13（1）：845.

Pan Y X，You Y，Xin S，et al.，2017. Photocatalytic CO_2 reduction by carbon-coated indium-oxide nanobelts[J]. Journal of the American Chemical Society，139（11）：4123-4129.

Paracchino A，Laporte V，Sivula K，et al.，2011. Highly active oxide photocathode for photoelectrochemical water reduction[J]. Nature Materials，10（6）：456-461.

Polman A，Knight M，Garnett E C，et al.，2016. Photovoltaic materials：present efficiencies and future challenges[J]. Science，352（6283）：4424.

Rao Z Q，Cao Y H，Huang Z A，et al.，2021. Insights into the nonthermal effects of light in dry reforming of methane to enhance the H_2/CO ratio near unity over Ni/Ga_2O_3[J]. ACS Catalysis，11（8）：4730-4738.

Reece S Y，Hamel J A，Sung K，et al.，2011. Wireless solar water splitting using silicon-based semiconductors and earth-abundant catalysts[J]. Science，334（6056）：645-648.

Samsudin M F R，Jayabalan P J，Ong W J，et al.，2019. Photocatalytic degradation of real industrial poultry wastewater via platinum decorated $BiVO_4$/g-C_3N_4 photocatalyst under solar light irradiation[J]. Journal of Photochemistry and Photobiology A：Chemistry，378：46-56.

Schrauzer G N，Guth T D，1977. Photolysis of water and photoreduction of nitrogen on titanium dioxide[J]. Journal of the American Chemical Society，99（22）：7189-7193.

Schreck M，Niederberger M，2019. Photocatalytic gas phase reactions[J]. Chemistry of Materials，31（3）：597-618.

Song H，Meng X G，Wang S Y，et al.，2019. Direct and selective photocatalytic oxidation of CH_4 to oxygenates with O_2 on cocatalysts/ZnO at room temperature in water[J]. Journal of the American Chemical Society，141（51）：20507-20515.

Vela N，Calín M，Yáñez-Gascón M J，et al.，2018. Photocatalytic oxidation of six pesticides listed as endocrine disruptor chemicals from wastewater using two different TiO_2 samples at pilot plant scale under sunlight irradiation[J]. Journal of Photochemistry and Photobiology A：Chemistry，353：271-278.

Wan W C，Yu S，Dong F，et al.，2016. Efficient C_3N_4/graphene oxide macroscopic aerogel visible-light photocatalyst[J]. Journal of Materials Chemistry A，4（20）：7823-7829.

Wang Q，Hisatomi T，Jia Q X，et al.，2016. Scalable water splitting on particulate photocatalyst sheets with a solar-to-hydrogen energy conversion efficiency exceeding 1%[J]. Nature Materials，15（6）：611-615.

Wang Q，Hisatomi T，Suzuki Y，et al.，2017. Particulate photocatalyst sheets based on carbon conductor layer for efficient Z-scheme pure-water splitting at ambient pressure[J]. Journal of the American Chemical Society，139（4）：1675-1683.

Wang Q，Nakabayashi M，Hisatomi T，et al.，2019. Oxysulfide photocatalyst for visible-light-driven overall water splitting[J]. Nature Materials，18（8）：827-832.

Wang S Y，Hai X，Ding X，et al.，2017. Light-switchable oxygen vacancies in ultrafine Bi_5O_7Br nanotubes for boosting solar-driven nitrogen fixation in pure water[J]. Advanced Materials，29（31）：1701774.

Watanabe T, Takizawa T, Honda K, 1977. Photocatalysis through excitation of adsorbates. 1. Highly efficient *N*-deethylation of rhodamine B adsorbed to cadmium sulfide[J]. The Journal of Physical Chemistry, 81 (19): 1845-1851.

Yang M Q, Gao M M, Hong M H, et al., 2018. Visible-to-NIR photon harvesting: progressive engineering of catalysts for solar-powered environmental purification and fuel production[J]. Advanced Materials, 30 (47): 1802894.

Youngblood W J, Lee S H A, Kobayashi Y, et al., 2009. Photoassisted overall water splitting in a visible light-absorbing dye-sensitized photoelectrochemical cell[J]. Journal of the American Chemical Society, 131 (3): 926-927.

Yu S, Fan X B, Wang X, et al., 2018. Efficient photocatalytic hydrogen evolution with ligand engineered all-inorganic InP and InP/ZnS colloidal quantum dots[J]. Nature Communications, 9 (1): 4009.

Zeng M, Li Y Z, Mao M Y, et al., 2015. Synergetic effect between photocatalysis on TiO_2 and thermocatalysis on CeO_2 for gas-phase oxidation of benzene on TiO_2/CeO_2 nanocomposites[J]. ACS Catalysis, 5 (6): 3278-3286.

Zhang Q, Zhou Y, Wang F, et al., 2014. From semiconductors to semimetals: bismuth as a photocatalyst for NO oxidation in air[J]. Journal of Materials Chemistry A, 2 (29): 11065-11072.

Zhang R Y, Ran T, Cao Y H, et al., 2020. Oxygen activation of noble-metal-free g-C_3N_4/α-Ni(OH)$_2$ to control the toxic byproduct of photocatalytic nitric oxide removal[J]. Chemical Engineering Journal, 382: 123029.

Zhang X, Li X Q, Zhang D, et al., 2017. Product selectivity in plasmonic photocatalysis for carbon dioxide hydrogenation[J]. Nature Communications, 8 (1): 14542.

Zhang X J, Yu S, Liu Y, et al., 2017. Photoreduction of non-noble metal Bi on the surface of Bi_2WO_6 for enhanced visible light photocatalysis[J]. Applied Surface Science, 396: 652-658.

Zhao Y F, Zhao Y X, Waterhouse G I N, et al., 2017. Layered-double-hydroxide nanosheets as efficient visible-light-driven photocatalysts for dinitrogen fixation[J]. Advanced Materials, 29 (42): 1703828.

Zhao Y X, Zhao Y F, Shi R, et al., 2019. Tuning oxygen vacancies in ultrathin TiO_2 nanosheets to boost photocatalytic nitrogen fixation up to 700 nm[J]. Advanced Materials, 31 (16): 1806482.

Zhao Z Y, Cao Y H, Dong F, et al., 2019. The activation of oxygen through oxygen vacancies in BiOCl/PPy to inhibit toxic intermediates and enhance the activity of photocatalytic nitric oxide removal[J]. Nanoscale, 11 (13): 6360-6367.

Zhao Z Y, Doronkin D E, Ye Y H, et al., 2020. Visible light-enhanced photothermal CO_2 hydrogenation over Pt/Al_2O_3 catalyst[J]. Chinese Journal of Catalysis, 41 (2): 286-293.

Zhou Y, Zhang X J, Zhang Q, et al., 2014. Role of graphene on the band structure and interfacial interaction of Bi_2WO_6/graphene composites with enhanced photocatalytic oxidation of NO[J]. Journal of Materials Chemistry A, 2 (39): 16623-16631.

Zhou Y, Li W, Zhang Q, et al., 2017. Non-noble metal plasmonic photocatalysis in semimetal bismuth films for photocatalytic NO oxidation[J]. Physical Chemistry Chemical Physics, 19 (37): 25610-25616.

Zhou Y, Doronkin D E, Zhao Z Y, et al., 2018. Photothermal catalysis over nonplasmonic Pt/TiO_2 studied by operando HERFD-XANES, resonant XES, and DRIFTS[J]. ACS Catalysis, 8 (12): 11398-11406.

Zhu S S, Wang D W, 2017. Photocatalysis: basic principles, diverse forms of implementations and emerging scientific opportunities[J]. Advanced Energy Materials, 7 (23): 1700841.

第3章　光催化技术在硫化氢资源化利用中的应用研究

3.1　光催化分解硫化氢原理

1972 年，光催化分解水被首次报道（Fujishima and Honda，1972），由于其以太阳光为主要驱动力且不需要消耗额外的化石能源，引起了国内外学者的广泛关注。近年来，研究者对光催化分解水进行了大量的研究，包括催化材料设计、光催化机制研究及效率提升策略等，并在多个关键科学问题上取得了一定的突破（Yu et al.，2024）。H_2S 和 H_2O 同为第六主族氢化物，理论上 H_2S 和 H_2O 一样，都能在太阳光驱动下通过半导体光催化材料进行分解，并获得 H_2 与对应的氧化产物。但在热力学上，H_2S 的分解过程（在 298 K 下 $\Delta G^{\ominus} = 33.3\ kJ \cdot mol^{-1}$）的吉布斯自由能变化值远小于 H_2O 分解（在 298 K 下 $\Delta G^{\ominus} = 237.2\ kJ \cdot mol^{-1}$），在相同条件下反应的耗能更低（Ma et al.，2016）。光催化分解 H_2S 的机理如图 3-1 所示（Dan et al.，2020），其中过程①表示当半导体被能量大于其带隙（E_g）的光子照射时，其价带（valence band，VB）上的电子会受激发跃迁至导带（conduction band，CB），并在价带产生相应的空穴[式（3-1）]。过程②表示生成的光生电子和光生空穴由于具有一定的氧化还原能力迅速迁移至催化材料表面。过程③表示当半导体的导带位置比 H_2 生成电位更负（H^+/H_2，0 V vs. NHE）、价带位置比 S 生成电位更正（S/H_2S，0.14 V vs. NHE）时，H^+ 与 S^{2-} 可分别与电子和空穴反应生成 H_2[式（3-2）]和 S[式（3-3）]（Petrov et al.，2011）。

$$光催化材料 + h\nu \longrightarrow h_{VB}^+ + e_{CB}^- \tag{3-1}$$

$$2H^+ + 2e_{CB}^- \longrightarrow H_2，\ \Delta E^{\ominus} = 0\ V \tag{3-2}$$

$$H_2S + 2h_{VB}^+ \longrightarrow 2H^+ + S，\ \Delta E^{\ominus} = 0.14\ V \tag{3-3}$$

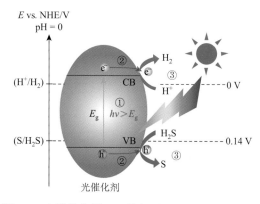

图 3-1　光催化分解 H_2S 的机理（Dan et al.，2020）

Borgarello 等（1982）首次报道了硫化镉（CdS）等光催化材料用于光催化分解 H_2S 的研究，并系统探索了除 CdS 外的多种半导体材料光催化分解 H_2S 的制氢性能，验证了光催化分解 H_2S 实验的可行性。和其他的光催化过程一样，光催化分解 H_2S 过程主要包含三个步骤（Ran et al.，2014）：①材料对光的吸收；②光生电荷的分离与迁移；③催化材料的表面反应（表面还原和氧化反应）。光催化总转化效率由这三个步骤的效率共同决定，可以表示为（Ran et al.，2014）

$$\eta_c = \eta_{abs} \times \eta_{cst} \times \eta_{cu} \tag{3-4}$$

式中，η_c 表示光催化总转化效率；η_{abs} 表示光的吸收效率；η_{cst} 表示电荷分离和迁移的效率；η_{cu} 表示光催化反应的表面反应电荷利用效率。任何一个步骤效率的降低都会降低光催化分解 H_2S 的总效率。在光催化分解 H_2S 中，η_{abs} 和 η_{cst} 主要取决于光催化材料本身；η_{cu} 则主要受表面反应动力学的影响，而表面反应动力学既受材料表面的反应活性位点制约，又受材料所处环境的影响。基于此，为了提升光催化分解 H_2S 的效率，研究者结合光催化技术的工作原理对光催化材料进行了一系列优化，下面将对这些材料的优化策略及光催化分解 H_2S 反应的介质进行简单阐述。

3.2　光催化分解硫化氢材料设计策略

合适的光催化材料对高效光催化分解 H_2S 体系至关重要。从热力学角度出发，热力学驱动力越大，反应发生的可能性越大。光催化 H_2S 分解的热力学驱动力取决于半导体光催化材料的带边位置。如图 3-2 所示，如果半导体具有足够负的导带电位（<0 V vs. NHE）和足够正的价带电位（>0.14 V vs. NHE），则理论上可以实现光催化分解 H_2S 获得 H_2 和 S。

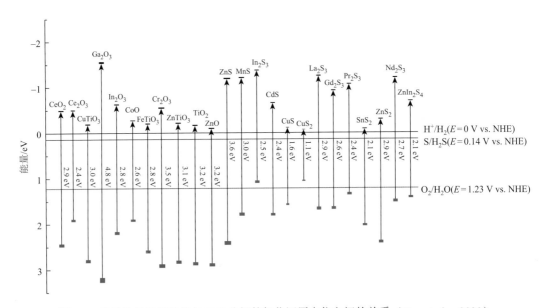

图 3-2　半导体的能带结构与 H_2S 分解的氧化还原电位之间的关系（Dan et al.，2020）

半导体导带边越负，质子还原的驱动力就越大；价带边越正，H_2S 氧化的驱动力就越大。然而，较负的导带和较正的价带位置通常会导致半导体具有较宽的带隙，进而显著降低半导体对太阳光谱中低能量波长区域的吸收，使得材料对太阳光的吸收效率降低（Kudo and Miseki，2009）。因此，催化材料的选择必须平衡氧化还原能力（由导带和价带的具体位置决定）和太阳光吸收能力（由带隙决定）之间的关系。目前，光催化分解 H_2S 的研究主要集中于部分金属氧化物[如 TiO_2（Bhirud et al.，2015；Zhang et al.，2020）]和金属硫化物[如 CdS（Ma et al.，2008a）]材料体系，这类材料的导带和价带位置基本都能满足 H_2S 分解的热力学条件。

在过去几十年中，为提升光催化材料的性能，研究者提出了带隙工程、界面工程和晶面工程等一系列光催化材料的设计构建策略。这些策略也适用于光催化分解 H_2S 的材料设计，以下对一些常见策略进行简单介绍。

3.2.1　带隙工程

光催化材料的带隙结构可以通过各种策略进行调控，如缺陷调控（Serpone and Emeline，2012）和固溶体构建（Torimoto et al.，2007）等。这些策略不仅可以通过对能带结构的调控使得光催化材料具有更加优异的太阳光响应能力，还可以通过对光生载流子（包括载流子浓度、迁移率和寿命等）进行的行为，提高光生电荷的利用效率。

1. 缺陷调控

自然界中没有完美的晶体存在，因此，任何材料中都存在一定的缺陷。这些缺陷主要包括点缺陷、线缺陷、面缺陷和体缺陷四大类，其中点缺陷可调控性强，对光催化材料的吸光、载流子分离和表面反应都具有显著的影响，因而被广泛地研究和报道。杂质原子和空位是两类典型的点缺陷。

在光催化材料中掺杂杂质原子可有效提高催化活性。杂质原子的存在会在禁带之间形成施主、受主或中间能级，这些能级的形成可以有效减小半导体的禁带宽度，进而增强半导体对太阳光的吸收。杂质原子还可以产生缺陷，缺陷能作为载流子的捕获阱有效延长载流子寿命。此外，杂质原子与本征原子的尺寸差异引起的无机半导体晶体结构畸变也可以提高光生电子-空穴对的分离效率（Serpone and Emeline，2012）。

光催化材料中的空位通常包括金属空位和非金属空位两大类。金属空位和非金属空位可在价带或导带附近形成捕获态，这些捕获态的存在会对半导体材料的固有性质（如微观结构、电子结构、原子配位数、载流子浓度或电导率等）产生较大影响（Li G W et al.，2017），进而为对半导体吸光能力、载流子行为与表面反应（活性位点）进行精准调控。

2. 固溶体构建

通过改变固溶体中窄带隙和宽带隙半导体的比例，可以有效调节固溶体的导带和价带位置，进而调控材料的吸光性能（主要取决于禁带宽度）和氧化还原能力（主要取决于导价带位置），最终实现材料光催化性能的提升。如 Tsuji 等（2005a）通过调节

$(CuIn)_xZn_{2(1-x)}S_2$ 固溶体的组成，成功实现了对半导体能带结构的有效调控，使得其在整个可见光和近红外光区都有较好的吸收。与此类似，研究者还构建了其他一系列固溶体催化材料，如 $(CuIn)_xCd_{2(1-x)}S_2$、$Cd_{0.1}Sn_xZn_{0.9-2x}S$、$Cd_xZn_{1-x}In_2S_4$、$(Zn_{0.95}Cu_{0.05})_{1-x}Cd_xS$ 和 $Cd_xCu_yZn_{1-x-y}S$ 等（Tsuji et al.，2005a；Zhang et al.，2008；Kimi et al.，2011；Liu et al.，2011；Zhang and Guo，2013）。

3.2.2 界面工程

界面工程的关键是构建界面结以形成有效的界面电场，进而促进光生电子和空穴的分离与转移。典型的界面结构材料可分别通过助催化单元负载和半导体耦合来制备（Walter et al.，2010）。

1. 助催化单元负载

助催化单元按照其捕获的载流子的类型可以分为还原型和氧化型两大类。一些金属（如贵金属和过渡金属）由于其相对于传统的无机半导体拥有更高的费米能级，因此与半导体接触时可形成肖特基结。肖特基结的存在可以实现光生电子的定向转移，进而显著提高光生载流子的分离效率（Ding et al.，2017），因此，这些金属可作为还原型助催化材料捕获电子。而一些金属氧化物或硫化物助催化材料则多为氧化型，可以捕获空穴，促进一些氧化过程的发生（Li et al.，2011）。

2. 半导体耦合

异质结和同质结是两类利用半导体耦合策略建立起来的材料体系（Wang X et al.，2012）。不同半导体之间形成的异质结可以同时提高材料光生电子-空穴对的分离效率和对太阳光的捕获能力。目前已被报道的异质结主要包括四种：Ⅰ型、Ⅱ型、Ⅲ型和 Z 型异质结（图 3-3）（Ong et al.，2016）。其中，Ⅱ型和 Z 型异质结由于在增强光催化性能方面优势突出而被广泛关注。而同质结则由具有相同化学组成的两类材料构成，虽然这两类材料具有相同的化学组成，但是其晶体结构不同，能带结构也因此会有区别，从而会在界面处产生耦合。已商业化的 P25（由锐钛矿相 TiO_2 和金红石相 TiO_2 组成）就是一种典型的同质结材料，其光催化性能显著优于单独的锐钛矿相 TiO_2 或金红石相 TiO_2（Li et al.，2015）。

3.2.3 晶面工程

一方面，半导体晶体中不同晶面的原子排列方式和配位环境不同，会使得光催化反应底物/产物分子的吸脱附行为产生差异，进而对整个光催化过程产生影响（Yu et al.，2014；Yu et al.，2016）。因此，合理设计并暴露半导体的高活性晶面可有效提升光催化材料的活性。Yang 等（2008）通过水热法成功合成了高能晶面占比达 47%的锐钛矿相 TiO_2，其较高的活性晶面暴露比使得 TiO_2 的光催化活性显著提升。

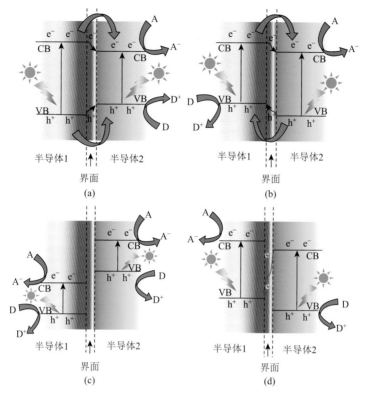

图 3-3 不同类型异质结的光催化机理图（Ong et al.，2016；Pan et al.，2016）

（a）Ⅰ型异质结；（b）Ⅱ型异质结；（c）Ⅲ型异质结；（d）Z 型异质结

另一方面，半导体晶体中不同晶面的原子排列形式不同，其对应的电荷分布也会有所差别，因此，光催化反应过程中产生的电子和空穴可能会转移到同一半导体的不同晶面，进而起到提高光生载流子分离效率的作用。Li 等（2013）指出 $BiVO_4$ 中不同的晶面可选择性地提取光生电子和空穴，进而实现光生载流子在空间上的分离。光沉积实验发现，光照下 Pt 会被光还原沉积到 $BiVO_4$ 的(010)晶面上，同时 MnO_x 则被光氧化沉积到 $BiVO_4$ 的(110)晶面上，从而实现电子和空穴的有效分离（图 3-4），对应的催化材料光解水产氧活性也因此得到了明显的提升。

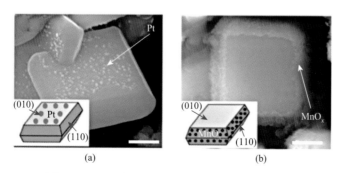

图 3-4 $BiVO_4$ 的微观结构表征（Li et al.，2013）

（a）Pt 沉积在(010)晶面的 SEM 图；（b）MnO_x 沉积在(110)晶面的 SEM 图

3.3　气相条件下光催化分解硫化氢

H₂S 在常温下以气体形式存在，因此相比于无光催化材料的体系，早期的光催化分解 H₂S 体系大多都是在气相反应条件下进行的。Naman 等（1992）指出 TiO_2 的引入可以使 H₂S 分解的活化能降低 50% 以上，H₂S 向 H₂ 的转化率提高 45%。通常光催化分解 H₂S 的气相反应是在有氧条件下进行的，可以生成 SO_2 和 SO_4^{2-} 等高价态硫物种。一般情况下，气相 H₂S 分子吸附在光催化材料表面后，被光生载流子直接氧化还原生成单质 S 和 H_2［式（3-5）和式（3-6）］，然后 S 与 O_2 反应生成 SO_2 气体［式（3-7）］（Portela et al.，2008）。

$$H_2S_{gas} \longrightarrow H_2S_{ads} \tag{3-5}$$

$$H_2S_{ads} + 2h^+ \longrightarrow S_{ads} + H_2 \tag{3-6}$$

$$S_{ads} + O_2 \longrightarrow SO_{2ads} \tag{3-7}$$

而对于表面富含—OH 的催化材料（如 TiO_2 基催化材料），—OH 可以被光生空穴氧化为 •OH［式（3-8）］，接着 •OH 将 H₂S 分子直接氧化为 SO_2［式（3-9）］（Wang Z et al.，2012；Liu et al.，2015）。

$$—OH + h^+ \longrightarrow •OH \tag{3-8}$$

$$H_2S_{ads} + 4•OH \longrightarrow SO_{2ads} + 2H^+ + 2H_2O_{ads} \tag{3-9}$$

此外，Canela 等（1998）和 Kato 等（2005）提出了在潮湿条件下 H₂S 被氧化为硫酸盐的机理［式（3-10）～式（3-14）］。SO_4^{2-} 可以通过两种不同的途径产生，即通过 H₂S 被 •OH 氧化［式（3-10）～式（3-12）］，或被 H_2O_2 氧化得到［式（3-13）和式（3-14）］。

$$h^+ + H_2O \longrightarrow •OH + H^+ \tag{3-10}$$

$$h^+ + OH^- \longrightarrow •OH \tag{3-11}$$

$$H_2S + 8•OH \longrightarrow SO_4^{2-} + 2H^+ + 4H_2O \tag{3-12}$$

$$O_2 + 2e^- + 2H^+ \longrightarrow H_2O_2 \tag{3-13}$$

$$H_2S + 4H_2O_2 \longrightarrow SO_4^{2-} + 2H^+ + 4H_2O \tag{3-14}$$

Canela 等（1998）指出在氧气存在时 TiO_2 可以有效分解低浓度的 H₂S（250 ppm），光照 30 min 后，H₂S 的降解率可达 99%，但当 H₂S 的初始浓度增加至 600 ppm 时，产物 SO_4^{2-} 会在 TiO_2 表面聚集，从而使 TiO_2 失活。Kataoka 等则认为单质 S 的沉积是 TiO_2 失活的主要原因，并且发现在无 H₂S 的条件下对失活的 TiO_2 进行光照可以恢复其活性（Kataoka et al.，2005）。Kato 等（2005）将纳米银颗粒沉积在 TiO_2 薄膜（质量分数为 0.67%）上，使 H₂S 转化为 SO_4^{2-} 的速度提升了 7 倍，其中银在该体系中主要起助催化材料的作用。

Portela 等（2007）以聚对苯二甲酸乙二醇酯（polyethylene terephthalate，PET）、醋酸纤维素（cellulose acetate，CA）和硼硅酸盐玻璃作为 TiO_2 的载体，探索了其对光催化分解 H₂S 过程的影响。体系中的氧化产物主要有 SO_4^{2-} 和 SO_2，其中 SO_2 大量出现可能是由于 TiO_2 上的强吸附位点达到吸附饱和后，TiO_2 与 SO_2 的相互作用减弱，导致 SO_2 从 TiO_2 表面脱落后进入气相。通过用 H_2O 和 KOH 溶液处理反应后的光催化材料，可以使得光催化材料恢复光催化活性（Portela et al.，2008；Portela et al.，2010）。

Alonso-Tellez 等（2012）系统地研究了光催化材料 TiO_2 的用量、气体流速、环境相对湿度、温度和光照强度对光催化分解 H_2S 过程的影响，证明了 Ti^{4+} 是 H_2S 氧化时的活性位点，巯基（HS•）或羟基（•OH）是主要的反应活性物种，H_2S 转化率随相对湿度降低而降低，且经长时间光照后，TiO_2 表面吸附的饱和硫酸盐产物可能会与光生空穴反应并转化为 SO_2。此外，Sopyan（2007）研究发现金红石相 TiO_2 可更好地吸附 H_2S，但锐钛矿相 TiO_2 光催化分解 H_2S 的效率比金红石相 TiO_2 高。

除 TiO_2 外，李灿院士团队还系统地研究了其他一系列光催化材料在气相条件下催化分解 H_2S 的性能，包括 ZnO、CdS、ZnS 和 $ZnIn_2S_4$。他们利用自主设计的多通道反应器，有效地增加了 H_2S 气体与光催化材料的接触时间，从而促进了 H_2S 的分解（图 3-5）（Ma et al.，2008b）。在无氧环境（Ar 中含 5% H_2S）下，ZnS 催化分解 H_2S 制氢性能优于其他光催化材料。如果再在 ZnS 中掺入 Cu，H_2S 的分解速率可以进一步提升至 80 $\mu mol \cdot g^{-1} \cdot h^{-1}$。此外，一些天然含铁材料也被应用于光催化分解 H_2S 过程，如蒙脱石铁（FeMM）在紫外光和太阳光照射下可光催化分解高浓度的 H_2S，且催化活性与 Fe 的含量直接相关（Zakarina et al.，2013）。

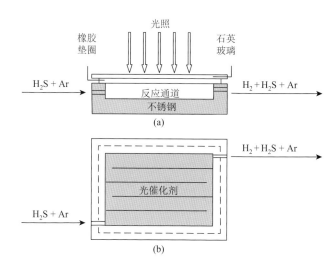

图 3-5　气相光催化分解 H_2S 多通道反应器（Ma et al.，2008b）

（a）侧视图；（b）俯视图

3.4　液相条件下光催化分解硫化氢

相比气相条件下光催化分解 H_2S，近年来液相条件下光催化分解 H_2S 受到了越来越多的关注，这主要是由于：①溶液通过对 H_2S 的吸附可使其浓度达到 $mmol \cdot mL^{-1}$ 级别，高于气相反应浓度，有利于反应的进行；②溶液中光催化材料在搅拌下以悬浮物的形式存在，材料和反应底物的接触更加充分，从而可以促进反应过程的进行；③光催化分解 H_2S 在溶液中进行，一些毒副氧化产物可以在一定程度上脱附并溶于溶液中，从而减缓光催化材料的失活。根据液相反应中不同的溶液类型，光催化分解 H_2S 的反应介质可以分为醇胺、氢氧化物和亚硫酸盐体系。

3.4.1　醇胺体系中的光催化分解硫化氢反应

在工业应用中，由于醇胺〔一乙醇胺（monoethanolamine，MEA）、二乙醇胺（diethanolamine，DEA）、三乙醇胺（triethanolamine，TEA）〕具有较低的使用成本，同时对 H_2S 具有良好的化学吸附能力，因此常被用作 H_2S 的吸收液（Morris et al.，2019）。Naman 等（1995）在 20%醇胺水溶液中以 TiO_2、CdS、CdSe 为光催化材料，探究了不同种类的醇胺溶液和温度对光催化分解 H_2S 制氢性能的影响。他们发现，常温下 DEA 反应体系的制氢性能最好。随着温度的升高，反应体系的制氢速率逐步增加。当温度达到 60 ℃时，MEA 表现出比 DEA 更加优异的制氢性能。

2008 年，李灿院士团队以贵金属 Pt 修饰的 CdS 为可见光响应光催化材料，在醇胺溶液中研究了其光催化分解 H_2S 制氢的性能及机理（Ma et al.，2008a）。图 3-6 表明 Pt/CdS 在纯 DEA 体系中的平均制氢速率为 1116 $\mu mol \cdot g^{-1} \cdot h^{-1}$，远高于纯的 MEA 和 TEA 体系。此外，通过对照实验，他们证明了反应体系中生成氢气的质子主要来源于 H_2S 而非醇胺。

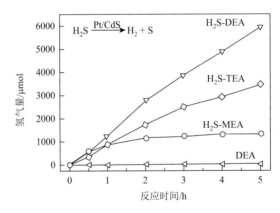

图 3-6　Pt/CdS 在不同类型醇胺溶液中的光催化分解 H_2S 制氢图（Ma et al.，2008a）

催化剂用量为 0.025g

李灿院士团队还详细研究了 DEA 反应体系中可能存在的硫物种。如图 3-7（a）所示，拉曼光谱测试结果表明 DEA 在 350 cm^{-1}、380 cm^{-1}、450 cm^{-1} 和 530 cm^{-1} 处有明显的吸收峰。通入 H_2S 后，其吸收峰没有明显变化。光催化反应后溶液在 390 cm^{-1} 和 440 cm^{-1} 处出现了新增的吸收峰，推测其为反应生成的单质 S 与 H_2S 生成的多硫化物物种（S_6^{2-} 和 S_4^{2-}）。为证实这一设想，他们测试了 H_2S-DEA 溶液中加入单质 S 前后的拉曼光谱，发现其在 400 cm^{-1} 和 440 cm^{-1} 处也会出现吸收峰，且峰强随着 S 与 H_2S 比值的增大而显著增加〔图 3-7（b）〕。该体系具有与 H_2S-DEA 溶液光催化反应后高度相似的拉曼光谱，这充分说明了光催化反应后生成的产物主要为单质 S。为了收集光催化反应后 H_2S-DEA 溶液中产生的单质 S，李灿院士团队在反应溶液中加入了盐酸以调节体系 pH 至 6 以下，并收集了溶液中析出的淡黄色粉末。X 射线衍射（X-ray diffraction，XRD）测试结果表明，该粉末主要为正交相的结晶硫。通过对产物进行定量分析，他们证明了室温下以醇胺作为 H_2S 反应吸收液时，在可见光照射下 Pt/CdS 光催化材料可以实现 H_2S 化学计量比分解。

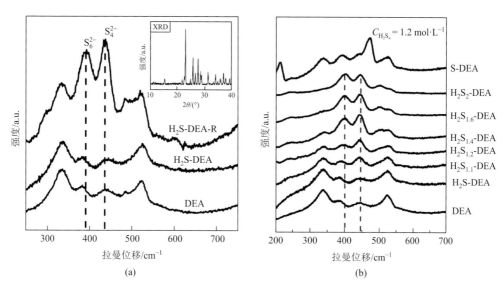

图 3-7　DEA 反应体系溶液的拉曼光谱（Ma et al.，2008a）

（a）纯 DEA 光催化分解 H_2S 反应前后的拉曼光谱；（b）H_2S-DEA 溶液加入硫单质前后的拉曼光谱（$\lambda > 420\,nm$）

为了进一步研究 H_2S-DEA 反应过程的速控步，李灿院士团队以 Pt/CdS 为光催化材料，通过分别引入 H_2SO_4 和 Na_2S 局部增加 H^+ 和 S^{2-} 浓度，并研究了其对光催化活性的影响。表 3-1 表明通过 H_2SO_4 增加 H^+ 浓度并不能显著提升体系的制氢速率，但通过 Na_2S 提升 S^{2-} 浓度可以提升制氢速率，且提升效果与增加等物质的量的 H_2S 效果相当，由此说明涉及 S^{2-} 的氧化过程为 H_2S 分解反应的速控步。整个 S^{2-} 的氧化过程可以分为三步：①S^{2-} 从本体溶液扩散到 CdS 表面；②S^{2-} 被 CdS 表面的光生空穴氧化，生成单质 S；③单质 S 从 CdS 表面扩散到反应介质中。在相同的反应条件下，通过在 Pt/CdS 光催化材料上进一步负载 PdS 助催化单元可加速 S^{2-} 的氧化过程，使得体系光催化分解 H_2S 制氢速率从 1190 $\mu mol \cdot h^{-1}$ 提升至 1460 $\mu mol \cdot h^{-1}$。

表 3-1　Pt/CdS 在不同介质中的光催化制氢速率（Ma et al.，2008a）

溶液组成	平均氢气生成量/($\mu mol \cdot h^{-1}$)
0.3 $mol \cdot L^{-1}$ H_2S	1190
0.3 $mol \cdot L^{-1}$ H_2S + 0.20 $mol \cdot L^{-1}$ H_2SO_4	1200
0.3 $mol \cdot L^{-1}$ H_2S + 0.20 $mol \cdot L^{-1}$ Na_2S	1410
0.5 $mol \cdot L^{-1}$ H_2S	1480

注：催化剂用量为 0.025g。

3.4.2　氢氧化物体系中的光催化分解硫化氢反应

虽然醇胺溶液是良好的 H_2S 吸收剂，但在光催化分解 H_2S 中，醇胺溶液作为反应溶液仍存在一些不足。首先，醇胺溶液具有相对较高的黏度，这会严重影响光催化反应产物在催化材料表面的脱附，从而导致反应效率降低。其次，在光照条件下，醇胺溶液自身可能会发生氧化降解反应，使得真正能够参与光催化过程的 H_2S 分子数减少。

为避免上述问题，部分学者采用氢氧化物（KOH 或 NaOH）溶液吸收 H_2S 并进行光催化分解 H_2S 测试，包括基于 TiO_2、CdS、Bi_2S_3、$ZnIn_2S_4$ 等一系列光催化材料所构筑的反应体系。但后续的研究发现，氢氧化物溶液对光催化反应体系的稳定性也会产生负面影响。李灿院士团队选择 Pt/CdS 作为模型光催化材料对比了醇胺体系（H_2S-DEA）和氢氧化物体系（Na_2S-NaOH）中 H_2S 催化分解反应的差异（Ma et al.，2008a）。对比结果表明 Na_2S-NaOH 体系第 1 h 制氢速率为 490 $\mu mol \cdot h^{-1}$，随着时间的推移制氢速率逐渐降低，第 6 h 降至 50 $\mu mol \cdot h^{-1}$，而 H_2S-DEA 体系在光照 6 h 后制氢速率只从 1250 $\mu mol \cdot h^{-1}$ 减小到 1010 $\mu mol \cdot h^{-1}$。由此可见，NaOH 作为 H_2S 吸收剂的催化制氢活性和稳定性均低于 DEA 为反应介质的体系。

李灿院士团队进一步采用电化学线性电势扫描法（linear sweep voltammetry，LSV）研究了两种溶液中 Pt 电极上的质子还原过程。图 3-8（a）和图 3-8（b）分别展示了在有无 H_2S 的氧化产物（S_n^{2-}）的情况下溶液的还原电位。对比结果表明 H_2S-DEA 溶液的析氢电位比 Na_2S-NaOH 溶液高约 0.2 V，说明质子在 DEA 介质中比在 Na_2S-NaOH 溶液中更容易被还原。I-V 曲线测试结果表明在相同电压条件下，S_n^{2-} 的加入大大增加了 Na_2S-NaOH 溶液的电流强度，但对 H_2S-DEA 溶液的电流强度没有明显影响。这是因为在 Na_2S-NaOH 溶液中 S_n^{2-} 可以在 Pt 电极上被还原，从而提高了电化学还原电流强度，

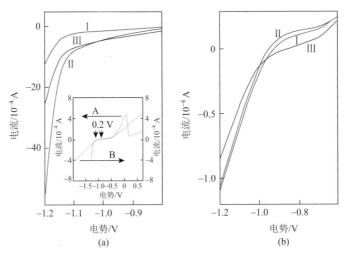

图 3-8　不同反应介质中的电化学线性电势扫描结果（Ma et al.，2008a）

（a）0.3 $mol \cdot L^{-1}$ Na_2S + 1 $mol \cdot L^{-1}$ NaOH 溶液（A）的 I-V 曲线；（b）0.3 $mol \cdot L^{-1}$ H_2S-DEA 溶液（B）的 I-V 曲线。测试条件：室温；扫描速率为 50 mV/s；工作电极和对电极为铂电极；参比电极为饱和甘汞电极。其中，Ⅰ 表示未经处理的原始溶液；Ⅱ表示原始溶液经过原位生长 S_n^{2-}；Ⅲ表示原始溶液光催化反应

但 S_n^{2-} 消耗了光催化材料中产生的电子，减少了参与还原制氢反应的电子数量，使得 Na_2S-NaOH 体系制氢活性下降，反应稳定性变差。而在 H_2S-DEA 反应体系中，该过程没有发生，故其光催化制氢活性和稳定性相对较高。表 3-2 总结了在 Na_2S-NaOH 和 H_2S-DEA 溶液中光催化分解 H_2S 的过程。

表 3-2　在 Na_2S-NaOH 和 H_2S-DEA 溶液中光催化分解 H_2S 的过程（Ma et al.，2008a）

Na_2S-NaOH	H_2S-DEA
$H_2S + OH^- \longrightarrow HS^- + H_2O$	$H_2S + DEA \longrightarrow HS^- + HDEA^+$
$2e^- + 2H_2O \longrightarrow H_2 + 2OH^-$	$2e^- + 2HDEA^+ \longrightarrow H_2 + 2DEA$
$2(n-1)h^+ + nHS^- \longrightarrow S_n^{2-} + nH^+$	$2(n-1)h^+ + nHS^- \longrightarrow S_n^{2-} + nH^+$
$2e^- + S_n^{2-} \longrightarrow S^{2-} + S_{n-1}^{2-}$	$2e^- + S_n^{2-} \longrightarrow S^{2-} + S_{n-1}^{2-}$　（该反应不发生）

3.4.3　亚硫酸盐体系中的光催化分解硫化氢反应

由上述内容可知，虽然氢氧化物溶液可吸收 H_2S 并实现光催化制氢，但在反应过程中会产生大量 S_n^{2-}。S_n^{2-} 在溶液中呈黄绿色，对光有很强的吸收作用，从而会抑制材料的光催化活性。此外，氢氧化物溶液中的 S_n^{2-} 会抢夺用于质子还原的光生电子，使得能够参与制氢的电子数显著减少 $[S_n^{2-} + 2e^- \longrightarrow S^{2-} + S_{n-1}^{2-}]$。因此，迫切需要开发一些新的反应介质体系用于光催化分解 H_2S 研究。

近年来，亚硫酸钠（Na_2SO_3）作为牺牲剂被广泛用于光解水制氢，其既可以促进载流子的分离，还可以提高光催化材料的稳定性（抑制光腐蚀）。值得注意的是，Na_2SO_3 溶液的强碱性（pH>13）环境为 H_2S 的吸收提供了可能。笔者团队以 Ca-CdS 纳米晶为光催化材料（Yu et al.，2020a），对比了 KOH、Na_2SO_3、Na_2SO_3/Na_2S 等反应介质下体系的光催化 H_2S 制氢性能（图 3-9）。在没有碱溶液存在的情况下，体系中只有微量的 H_2 产生，这是因为纯水溶液对 H_2S 的吸收能力相对较弱。当以 0.1 mol·L^{-1} Na_2S 溶液作为反应介质时，体系的光催化活性略微提升，5 h 的平均制氢速率达到 15.5 mmol·g^{-1}·h^{-1}；当以 0.5 mol·L^{-1} KOH 溶液作为反应介质时，5 h 的平均制氢速率达到 46.4 mmol·g^{-1}·h^{-1}；当以 0.6 mol·L^{-1} Na_2SO_3 溶液作为反应介质时，5 h 的平均制氢速率进一步提升至 56.0 mmol·g^{-1}·h^{-1}。将 Na_2SO_3 浓度增加至 1.2 mol·L^{-1} 后，虽然第 1 h 的产氢速率很高，但是从第 2 h 开始制氢速率明显降低。如果同时加入 0.6 mol·L^{-1} Na_2SO_3 和 0.1 mol·L^{-1} Na_2S，5 h 的平均制氢速率反而出现了下降（35.4 mmol·g^{-1}·h^{-1}）。总体而言，0.6 mol·L^{-1} Na_2SO_3 是相对较好的反应介质。

为了探究不同反应介质下影响光催化分解 H_2S 制氢性能的关键因素，对各个反应体系的溶液在吸收 H_2S 前后，以及光催化反应过程中的 pH 和 H_2S 浓度进行了监测。表 3-3 表明虽然各溶液在吸收 H_2S 之前都表现出不同的 pH，但是吸收 H_2S 后不同反应介质的 pH（7.55~7.65）几乎一致，说明 pH 不是影响光催化分解 H_2S 制氢性能的主要因素。另外，从表 3-3 中可以看出 H_2S 浓度实测值与理论值（3 mol·L^{-1}）具有较大差距，这是因为溶液本身的化学性质导致 H_2S 不能被完全吸收所致。所测试的三种反应介质中，0.6 mol·L^{-1} Na_2SO_3

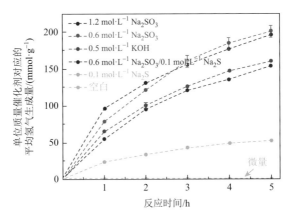

图 3-9　不同的反应介质下体系光催化分解 H₂S 制氢性能比较（Yu et al.，2020a）

的初始 pH 为 10.60，吸收饱和后的 H₂S 浓度为 0.24 mol·L⁻¹；而 0.6 mol·L⁻¹ Na₂SO₃/0.1 mol·L⁻¹ Na₂S 和 0.5 mol·L⁻¹ KOH 的初始 pH 较为接近（13.35 和 13.34），其吸收的 H₂S 量相对较多，吸收饱和后的 H₂S 浓度分别为 0.42 mol·L⁻¹ 和 0.30 mol·L⁻¹。后两者在相同 pH 下的 H₂S 饱和浓度不同，说明 H₂S 的吸收不仅与溶液 pH 有关，也与溶质本身的性质有关。

表 3-3　不同反应阶段不同介质中的 pH 和 H₂S 浓度变化情况（Yu et al.，2020a）

介质	pH（通 H₂S 气体前）	pH（0 h）	H₂S 浓度/(mol·L⁻¹)
0.6 mol·L⁻¹ Na₂SO₃	10.60	7.55	0.24
0.6 mol·L⁻¹ Na₂SO₃/0.1 mol·L⁻¹ Na₂S	13.35	7.60	0.42
0.5 mol·L⁻¹ KOH	13.34	7.65	0.30

测试条件：光源为 LED 灯蓝光（$\lambda = 460$ nm）；反应时间：5 h；催化材料：Ca-CdS 纳米晶 1 mg。

　　在不同的反应介质体系中，光催化分解 H₂S 反应的动力学和热力学过程会有所不同。如图 3-10（a）所示，Na₂SO₃-H₂S 体系的初始析氢电位（−0.86 V）比 Na₂S/Na₂SO₃-H₂S 体系（−0.91 V）正 0.05 V，说明 Na₂SO₃-H₂S 体系中驱动质子发生还原所需的能量更低。在相同电压下，Na₂SO₃-H₂S 体系的电流明显大于 Na₂S/Na₂SO₃-H₂S 体系下测得的电流，说明 Na₂SO₃-H₂S 体系的析氢动力学特性要优于 Na₂S/Na₂SO₃-H₂S 体系。因此，以 Na₂SO₃ 为反应介质的体系在光催化分解 H₂S 制氢中表现出较高的活性。之后，笔者团队进一步从动力学和热力学角度探究了反应产物（单质 S）的生成对溶液体系中质子还原的影响。如图 3-10（b）所示，相对于 Na₂S/Na₂SO₃-H₂S 体系，单质 S 的加入对 Na₂SO₃-H₂S 体系产氢热力学和动力学行为的负面影响较小，其析氢电位的变化（0.01 V）明显小于 Na₂S/Na₂SO₃-H₂S 体系（0.08 V），表明产物（单质 S）对 Na₂SO₃-H₂S 溶液本身的制氢能力影响较弱，使得其具有更好的制氢性能。

　　在前述内容中，笔者主要基于催化原理和反应介质等影响因素对目前光催化分解 H₂S 的体系进行了简单概述。后续将依据光催化材料的类型对目前光催化分解 H₂S 研究所取得的相关进展进行系统介绍，其中又以液相光催化体系为主。

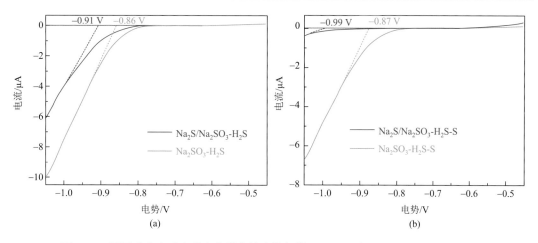

图 3-10　不同反应介质中的电化学线性电势扫描（LSV）结果（Yu et al.，2020a）

（a）Na$_2$S/Na$_2$SO$_3$-H$_2$S 和 Na$_2$SO$_3$-H$_2$S 原始溶液的 LSV 结果；（b）加单质 S 处理后的 LSV 结果。所有测试均在室温下以 50 mV·s^{-1} 的扫描速率进行，以铂片作为工作电极和对电极，饱和甘汞电极（saturated calomel electrode，SCE）作为参比电极

3.5　金属氧化物光催化分解硫化氢

金属氧化物目前被广泛应用于无机功能材料的开发，包括半导体材料、发光材料、磁性材料等。其中，TiO$_2$ 作为典型的半导体材料，由于具有合适的能带结构和较好的稳定性，被广泛应用于光催化制氢、光催化降解污染物等领域。TiO$_2$ 常见的晶型有三种（图 3-11），分别为金红石相（rutile）、锐钛矿相（anatase）和板钛矿相（brookite）（Carey et al.，1976）。三种晶型皆以八面体结构为基本结构单元，而八面体不同的堆垛次序及畸变程度决定了不同晶型的组成。对于锐钛矿相，每个八面体与周围八个八面体相连，呈锯齿状排列；金红石相中，八面体沿轴共边连接成链状，链间通过顶角的氧原子连接成三维网状结构；板钛矿相中，八面体晶格畸变严重，同时存在共边和共顶角的连接形式，属于斜方晶系（解英娟等，2014）。其中，金红石相和锐钛矿相 TiO$_2$ 由于结构相对稳定，因此多用于与光催化相关的研究。

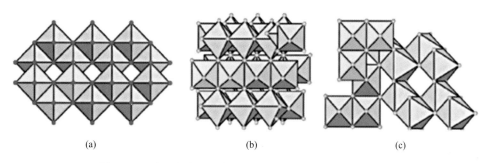

图 3-11　不同晶型 TiO$_2$ 的晶体结构图（解英娟等，2014）

（a）锐钛矿相 TiO$_2$；（b）金红石相 TiO$_2$；（c）板钛矿相 TiO$_2$

TiO$_2$ 的带隙较宽（3.0～3.2 eV），吸光范围窄（Robert，2007；Wen et al.，2015；Yuan et al.，2015），因此对太阳光的利用率较低。另外，TiO$_2$ 中光生载流子的复合率较高，使得其光催化活性不够理想。针对上述不足，研究者们提出了不同的改性方法，如通过掺杂改性提升 TiO$_2$ 对光的吸收率，通过构建异质结、相结或形成肖特基势垒等来减少载流子的复合。下面通过一些实例来进行介绍。

3.5.1 空位修饰 TiO$_2$ 光催化分解硫化氢

笔者团队利用第一性原理计算研究了不同氧空位浓度（θ）对金红石相 TiO$_2$ 光催化分解 H$_2$S 制氢活性的影响（卫诗倩等，2018）。研究结果表明，随着 TiO$_2$ 晶体中氧空位浓度的增大，氧空位的形成能升高；在 TiO$_2$ 晶体中引入氧空位后，体系为维持电荷平衡，会产生多余的电子，而随着氧空位浓度的升高，体系中的电子会越来越多，进而增强氧空位之间的相互作用，造成氧空位的形成越来越难（侯清玉等，2013）。笔者团队首先计算了不同氧空位浓度下金红石相 TiO$_2$ 的能带结构，发现与不含氧空位的 TiO$_2$ 相比，引入氧空位后 TiO$_2$ 的带隙均不同程度地减小，这一现象说明氧空位的引入能使电子跃迁所需的能量降低，进而有利于 TiO$_{2-x}$ 对可见光的吸收（Zuo et al.，2010）。通过观察能带结构的变化规律可以进一步发现，在氧空位浓度从 0% 上升至 25% 的过程中，TiO$_{2-x}$ 的带隙总体呈现出先减小后增大的趋势（图 3-12）。因此，为了最大化 TiO$_{2-x}$ 的吸光范围，TiO$_{2-x}$ 中的氧空位浓度不宜过高。

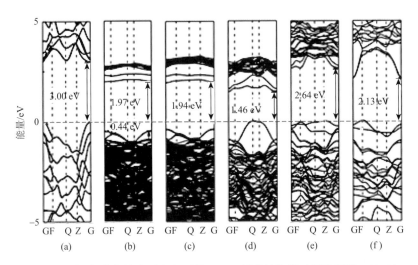

图 3-12　不同氧空位浓度下金红石相 TiO$_{2-x}$ 能带结构图（卫诗倩等，2018）

（a）$\theta = 0\%$；（b）$\theta = 1.39\%$；（c）$\theta = 3.13\%$；（d）$\theta = 6.25\%$；（e）$\theta = 12.5\%$；（f）$\theta = 25\%$

由马利肯布电荷分布（Mulliken charge population）情况和分波态密度（partial density of states，PDOS）计算可以进一步了解氧空位浓度对 TiO$_{2-x}$ 电子性质的影响。将氧空位引入 TiO$_{2-x}$ 晶体中后，随着氧原子的缺失，体系内会产生孤对电子，这些电子将被限制在氧空位周围的原子上，使 TiO_{2-x} 晶体内的电子重新排布。氧空位周围 Ti、O 原子电荷转移量的绝对值分别为 0.10～0.17 e 和 0.01～0.15 e，而随着氧空位浓度上升，电荷转移量呈现上升趋势。

电子结构改变是 TiO_{2-x} 的能级结构发生改变的主要原因。如图 3-13 所示，TiO_2 的价带和导带分别由 O 2p 和 Ti 3d 轨道构成，引入氧空位后，TiO_{2-x} 的禁带间出现了由 Ti 3d 和 O 2p 构成的缺陷能级。当氧空位浓度为 1.39%时，大多数电子局域在 Ti 原子上，在 TiO_{2-x} 的导带底处形成了由 Ti 3d 轨道构成的缺陷能级，使得 TiO_{2-x} 的带隙从 3.00 eV 减小到 1.97 eV；当氧空位浓度增大到 3.13%时，价带顶处由 O 2p 构成的缺陷能级与价带相连，使得 TiO_{2-x} 的带隙进一步减小到 1.94 eV；当氧空位浓度继续增大至 6.25%时，分别由 O 2p 和 Ti 3d 构成的缺陷能级与 TiO_{2-x} 的价带和导带相连,此时 TiO_{2-x} 的禁带宽度最小（1.46 eV）。当氧空位浓度升高到 12.5%和 25%后，导带底的 Ti 3d 缺陷态消失，而在价带顶出现了由 Ti 3d 和 O 2p 构成的缺陷能级。

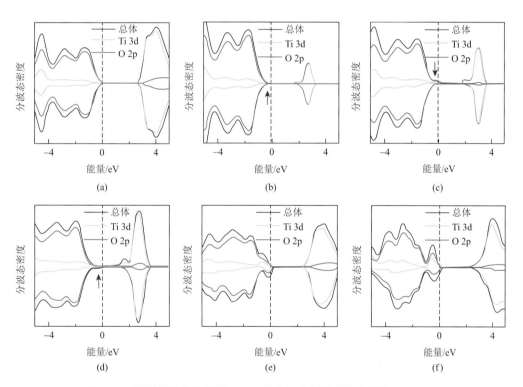

图 3-13　不同氧空位浓度下 TiO_{2-x} 的分波态密度（卫诗倩等，2018）

（a）$\theta = 0\%$；（b）$\theta = 1.39\%$；（c）$\theta = 3.13\%$；（d）$\theta = 6.25\%$；（e）$\theta = 12.5\%$；（f）$\theta = 25\%$

除了金红石相 TiO_2，笔者团队还研究了锐钛矿相 TiO_2(001)晶面上的氧空位对光催化分解 H_2S 制氢的影响（Cai et al.，2020a）。如图 3-14（a）所示，无氧空位的(001)晶面带隙约为 2.32 eV，价带位置为–1.08 eV，主要由 O 2p 轨道构成；导带位置为 1.244 eV，主要由 Ti 3d 轨道构成。当表面出现一个氧空位后，便留下了多余电子，这些电子会转移到邻近的 Ti 原子上，使 Ti 3d 轨道上的空轨道被电子占据，导带位置下移，带隙缩小为

2.04 eV。同时，在禁带中形成的缺陷能级可捕获光生电荷，有利于光生载流子的分离。

在此基础上，笔者团队进一步对 H_2S 及其过渡物种 HS-H、H-S-H 和 H_2-S 在锐钛矿相 TiO_2(001)晶面上的吸附行为[图 3-14(b)]进行了研究。研究结果表明 H_2S、HS-H、H-S-H 和 H_2-S 在有氧空位表面的吸附能（E_{ad}）分别为–0.82 eV、–2.44 eV、–1.58 eV 和–2.85 eV，而在完整表面则分别为–0.41 eV、–0.90 eV、–0.83 eV 和 0.24 eV，说明氧空位有利于 H_2S 的吸附。与此同时，吸附的 H_2S 与缺陷表面之间的距离比与完整表面的短 1 Å，表明氧空位可以充当 H_2S 的捕获中心。通过计算整个分解反应路径的能垒（ΔE_a）可以发现[图 3-14（c）]，缺陷表面上所有的 ΔE_a 均明显降低，特别是对于 H_2 形成的最后一步，相比无氧空位的完整表面，缺陷表面的 ΔE_a 减小了 1.58 eV，表明氧空位能够促进 H_2 的形成。

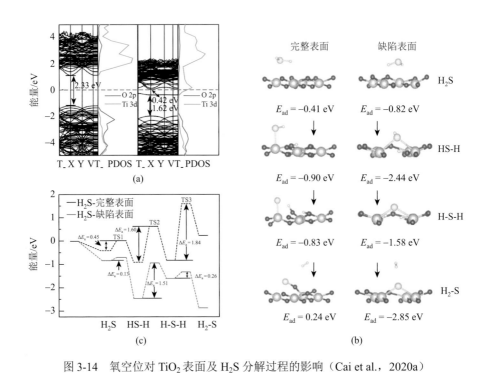

图 3-14　氧空位对 TiO_2 表面及 H_2S 分解过程的影响（Cai et al.，2020a）

（a）TiO_2 完整表面及缺陷表面分波态密度图；（b）、（c）H_2S 及其分解中间体在 TiO_2 完整表面及缺陷表面上的活性能（E_a）的变化情况

由上述理论计算结果可知，氧空位能有效提升锐钛矿相 TiO_2 光催化分解 H_2S 制氢活性，而这一理论计算的结果也在实验研究层面得到了证实。由图 3-15（a）、图 3-15（b）可以看出，相比未引入氧空位的锐钛矿相 TiO_2（TO），拥有氧空位（TOV_x，x 反映氧空位的浓度大小）的样品光催化分解 H_2S 制氢活性均有所提升。其中 TOV_3 的 5 h 平均制氢速率达到 95.25 $\mu mol\cdot g^{-1}\cdot h^{-1}$，是 TO（21.44 $\mu mol\cdot g^{-1}\cdot h^{-1}$）的 4.4 倍。长时间活性测试[图 3-15（c）]表明，含有氧空位的 TiO_2 在 H_2S 氛围中的制氢性能较为稳定。循环活性测试[图 3-15（d）]则表明在第 2 次循环测试开始时 TOV_3 制氢速率有所下降，这可能是因为材料表面的氧空位在循环收集过程中被氧化填补造成的。

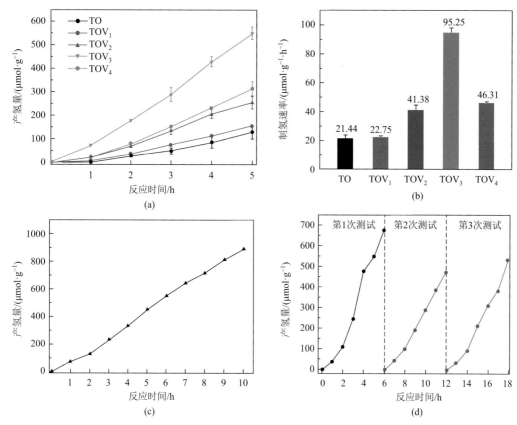

图 3-15　不含氧空位的 $TiO_2(001)$ 晶面（TO）与含氧空位的 $TiO_2(001)$ 晶面（TOV_x）光催化分解 H_2S
制氢性能表征（Cai et al.，2020a）

（a）TO 和一系列 TOV 的光催化制氢累积图；（b）TO 和一系列 TOV 的光催化制氢速率图；（c）TOV_3 的光催化制氢长时间
活性测试图；（d）TOV_3 的光催化制氢循环活性测试图

除了通过氧空位引入缺陷提升 TiO_2 的光催化分解 H_2S 制氢活性外，元素掺杂也被证实是
一种有效的方法。Kale 团队研究了 N 掺杂及 TiO_2 的形貌对催化活性的影响，他们利用低温
溶剂热法，通过调控反应时间制备了纳米球状与万寿菊状的 N-TiO_2，合成路线如图 3-16（a）

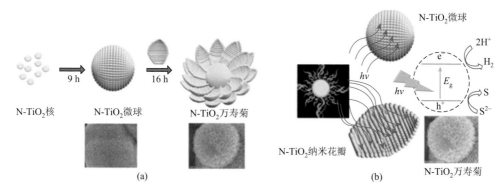

图 3-16　不同形状 TiO_2 样品的制备过程以及光催化分解 H_2S 制氢机理（Chaudhari et al.，2013）

（a）制备过程；（b）制氢机理

所示（Chaudhari et al.，2013）。光催化测试结果表明，球状和万寿菊状 N-TiO$_2$ 的制氢速率分别达到了 6.9 mmol·g^{-1}·h^{-1} 和 8.8 mmol·g^{-1}·h^{-1}，相比于没有 N 掺杂的 TiO$_2$，其制氢活性均有所提升。一方面，N 掺杂引入的缺陷能级使得 TiO$_2$ 带隙减小，促进材料的吸光范围向可见光区转移；另一方面，万寿菊状 N-TiO$_2$ 的比表面积（224 m^2·g^{-1}）比球状 N-TiO$_2$（185 m^2·g^{-1}）大，可以暴露出更多的活性位点，从而有更高的催化活性。

3.5.2 TiO$_2$ 基异质结构建及光催化分解硫化氢

虽然空位构建和元素掺杂可以有效地提高材料的光催化制氢活性，但是单组分的 TiO$_2$ 光催化分解 H$_2$S 制氢效率依旧较低。因此，研究者开发了一系列多组分的 TiO$_2$ 异质结光催化材料用于分解 H$_2$S 制氢，常用于制备 TiO$_2$ 异质结的材料有金属硫化物（MoS$_2$、Cu$_2$S 等）和二维层状材料（石墨烯和氮化碳等）。

Shankar 团队成功制备了 Cu$_2$S@TiO$_2$ 核壳光催化材料，并实现了光催化分解 H$_2$S 制氢（Navakoteswara et al.，2019）。随着异质结的形成，材料的吸光性能发生了明显的变化，从图 3-17（a）中可以看出，在紫外光区和可见光区，材料分别拥有一个独立的吸收峰，对应于异质结中的 TiO$_2$ 与 Cu$_2$S（Khan et al.，2012；Riha et al.，2013）的光吸收。这一现象说明两相的复合并不影响彼此独立的光吸收，这对于构建异质结材料而言是十分重要的。而从后续的光催化活性测试 [图 3-17（b）] 也可以看出，复合材料的吸光性能要明显高于单独的 TiO$_2$ 与 Cu$_2$S，究其原因，一方面是由于 TiO$_2$ 与 Cu$_2$S 都有独立吸光能力，另一方面则是由于 TiO$_2$ 与 Cu$_2$S 之间形成的异质结可供载流子进行传递，在延长载流子传输路径的同时降低了载流子复合的概率。

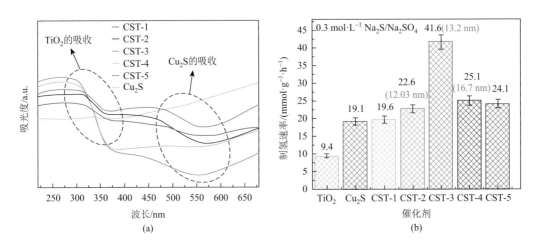

图 3-17　Cu$_2$S@TiO$_2$ 核壳光催化材料的光学性质及活性测试（Navakoteswara et al.，2019）

（a）Cu$_2$S 和 Cu$_2$S@TiO$_2$ 核壳光催化材料的紫外-可见吸收光谱；（b）紫外-可见光照射下 Cu$_2$S@TiO$_2$ 核壳光催化材料的光催化活性

Bhirud 等（2015）构建了 N 掺杂 TiO$_2$（N-TiO$_2$）与氧化石墨烯复合的异质结材料，并用于光催化分解 H$_2$S 制氢。研究发现，氧化石墨烯作为二维层状材料，具有较大的比表面积，能为反应提供较多的活性位点，而其较窄的带隙则有利于光生载流子的产生，促进反应的进行。从表 3-4 中可以看出，氧化石墨烯的引入使得材料暴露的活性位点增加，促进了光催化反应。

表 3-4　样品中氧化石墨烯含量和 7 h 平均制氢速率（Bhirud et al.，2015）

样品	氧化石墨烯的理论质量分数/%	平均氢气生成量/(μmol·h^{-1})
T1	—	1910
T2	—	4219
T3	2	2543
T4	0.5	5520
T5	1	5645
T6	2	5941

注：T1 代表在 300 ℃退火 3 h 的 TiO$_2$；T2 代表在 300 ℃退火 3 h 的 N-TiO$_2$；T3 代表在 300 ℃退火 3 h 的 2% TiO$_2$/Gr 复合物；T4、T5、T6 分别代表在 300 ℃退火 3 h 的 0.5%、1%、2%氧化石墨烯负载量的 N-TiO$_2$/Gr 复合物。催化剂用量为 0.2g。

　　笔者团队则通过理论模拟技术，构建了 g-C$_3$N$_4$ 与金红石相 TiO$_2$（r-TiO$_2$）复合的异质结材料（Wei et al.，2019）。通过计算异质结材料的电子性质可以发现，g-C$_3$N$_4$ 的引入明显地改变了原有 TiO$_2$［(110)晶面］的能带结构，使得整体的带隙变窄。单相 TiO$_2$［(110)晶面］原有的带隙为 3.33 eV，当引入 g-C$_3$N$_4$ 后，材料整体的带隙缩小至 2.40 eV，如图 3-18 所示。这种明显的带隙改变可直接影响材料整体的吸光性质，同时有利于电子的跃迁。异质结结构除了有利于光的利用，还能促进活性反应物（H$_2$S）在材料表面的吸附，以及产物（H$_2$+S）在材料表面的脱附，对维持材料的稳定性有十分显著的效果。

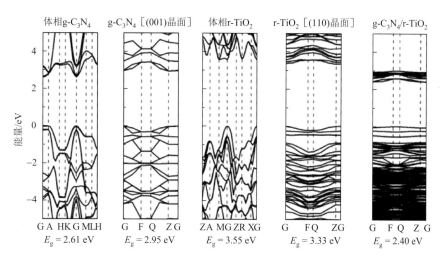

图 3-18　体相 g-C$_3$N$_4$、g-C$_3$N$_4$［(001)晶面］、体相 r-TiO$_2$、r-TiO$_2$［(110)晶面］和 g-C$_3$N$_4$/r-TiO$_2$ 的能带结构图（Wei et al.，2019）

　　在此基础上，笔者团队还合成了 TiO$_2$/MoS$_2$（TM）复合物，用于光催化分解 H$_2$S 制氢（Cai et al.，2020b）。如图 3-19 所示，在该材料中，层状的 MoS$_2$ 覆盖在 TiO$_2$ 表面，形成了二维结构，该结构在调节载流子复合效率上功效显著，5 h 平均制氢速率最高可达 201.84 μmol·g^{-1}·h^{-1}，远高于单相的 TiO$_2$（21.44 μmol·g^{-1}·h^{-1}）。通过理论分析可以发现，MoS$_2$ 与 TiO$_2$ 复合后二者的界面处会形成一个内建电场，这个电场使得光生电子只能在两相间单相导通，建立 Z 型机制［图 3-19（c）］。还原反应会更多地发生在导带更负的 TiO$_2$ 上，氧化反应则发生在价带更正的 MoS$_2$ 上，由此最大限度地保留了材料的氧化还原能力。

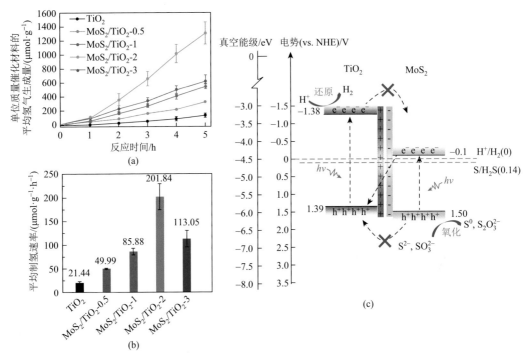

图 3-19　TiO$_2$/MoS$_2$ 材料光催化分解 H$_2$S（Cai et al.，2020b）

（a）制氢累积图；（b）平均制氢速率图；（c）制氢机理图

3.5.3　其他金属氧化物光催化分解硫化氢

ZnO 也是一种较为常见的半导体光催化材料，其禁带宽度约为 3.2 eV。在波长低于 387 nm 的紫外光照射下，ZnO 可产生光生电子和空穴，并发生催化反应。Kale 团队利用湿化学法并调控退火温度制备了具有不同导电类型的 N 掺杂 ZnO 纳米光催化材料［N-ZnO，图 3-20（a）］（Bhirud et al.，2012），同时对样品的光催化分解 H$_2$S 制氢性能进行了测试，结果如图 3-20（b）及表 3-5 所示。样品 S1（未掺杂 ZnO）在光催化活性测试中表现出中等的平均氢气生成量（1874 μmol·h^{-1}），而 N 掺杂的 ZnO 样品 S2、S3、S4 和 S5 的制氢速率分别为 3957 μmol·h^{-1}、3480 μmol·h^{-1}、2875 μmol·h^{-1} 和 2448 μmol·h^{-1}。由此可见，与 TiO$_2$ 类似，N 掺杂可显著提升 ZnO 的光催化分解 H$_2$S 制氢活性。此外，也可以通过异质结的构建提升 ZnO 的制氢活性，白雪峰团队通过溶胶凝胶-沉淀法制备了 CdS/ZnO 异质结光催化材料，并将其应用于光催化分解 H$_2$S 制氢（张灵灵等，2008）。

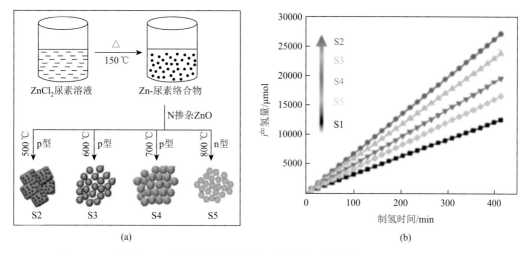

图 3-20　N 掺杂 ZnO 样品的制备过程以及光催化活性测试（Bhirud et al.，2012）

（a）N 掺杂 ZnO 样品合成路线；（b）未掺杂及 N 掺杂 ZnO 样品的光催化分解 H$_2$S 制氢时间-产氢量关系图；催化剂用量为 0.2g

表 3-5　ZnO 与 N 掺杂 ZnO 样品的光催化分解 H$_2$S 制氢性能（Bhirud et al.，2012）

样品	S1	S2	S3	S4	S5
平均氢气生成量/(μmol·h^{-1})	1874	3957	3480	2875	2448

注：S1、S2、S3、S4 及 S5 分别表示在 800 ℃下退火 3 h 但未进行 N 掺杂的 ZnO 以及在 500 ℃、600 ℃、700 ℃和 800 ℃下退火 3 h 的 N-ZnO。催化剂用量为 0.2g。

此外，在一些含有 d^0（In^{3+}、Nb^{5+}、Ta^{5+}等）和 d^{10}（Cu^{2+}、Ga^{3+}、Ge^{4+}、Sn^{4+}、Sb^{5+}等）金属的半导体催化材料中，金属的 d 电子轨道可以和 O 2p 轨道进行杂化，从而抬高半导体催化材料的价带位置，降低材料的带隙（李英宣，2010）。这些半导体材料也被应用于与光催化相关的研究，包括尖晶石结构的金属氧化物［如 CuGa$_2$O$_4$ 和 CuGa$_{1-x}$In$_x$O$_2$（Gurunathan et al.，2008）、CuGa$_{2-x}$Fe$_x$O$_4$（Preethi and Kanmani，2012）及 CuAlGaO$_4$（Biswas et al.，2011）］、钙钛矿结构的金属氧化物［如 CdBi$_2$Nb$_2$O$_9$（Kulkarni et al.，2017）、Pb$_2$Ga$_2$Nb$_2$O$_{10}$ 及 RbPb$_2$Nb$_2$O$_7$（Kanade et al.，2008）］及其他类型的氧化物［如 ZnAg$_3$SbO$_4$（Mahapure et al.，2013）、ZnIn$_2$V$_2$O$_9$（Mahapure et al.，2011）］等。

3.6　硫化镉及其复合物光催化分解硫化氢

前述介绍的金属氧化物光催化材料带隙相对较宽，对太阳光的利用率有限，且其在 H$_2$S 作用下易发生硫化而出现化学组成的变化。相比之下，金属硫化物带隙较窄，且在 H$_2$S 存在时化学组成较为稳定，因此在光催化分解 H$_2$S 中是重点研究的材料。在各种金属硫化物光催化材料中，围绕硫化镉（CdS）进行的研究相对较多。

CdS 是一种 n 型半导体，属于 II～VI 族化合物，也是最早被发现的半导体材料之一（Zhai et al.，2010）。CdS 禁带宽度约为 2.42 eV，具有直接跃迁型能带结构，且电荷传输能力优异，故在光催化领域被广泛应用（谢立娟，2010）。CdS 的晶体结构有两种，分别为立方相闪锌矿结构和六方相纤锌矿结构（Zhang and Guo，2013），在这两种晶相中 Cd 和 S 均为四面体配位。而不同的温度下两种晶相的稳定性不同，在一定条件下立方相和六方相可以相互转化。针对 CdS 用于光催化分解 H_2S 的研究，研究者开展了一系列材料设计工作用以优化材料性能，包括缺陷修饰、金属负载、固溶体构建等。

3.6.1　含不同空位 CdS 光催化分解硫化氢

近年来，缺陷工程已被广泛证明是提升过渡金属硫化物光催化性能最为有效的方法之一（Li G W et al.，2017）。大量研究证明，硫空位（V_S）的 CdS 可以在一定程度上提升 CdS 的光催化分解 H_2S 制氢性能，因为 S 空位可以作为光生电子的捕获阱，抑制光生电子与空穴的复合。然而，金属镉空位（V_{Cd}）对光催化分解 H_2S 制氢影响的研究仍相对较少。基于此，笔者团队利用简单的水热法，通过控制前驱体比例成功构建了一系列含不同类型空位的 CdS 光催化材料，并探索了其光催化分解 H_2S 制氢的性能（淡猛，2020）。

不同 CdS 样品（CdSx，x 为前驱体中 S/Cd 比值[①]）的物相结构如图 3-21（a）所示，所有样品的 XRD 衍射峰都可以与六方相 CdS（JCPDS 65-3414）相对应。随着前驱体中 S 含量的增加，衍射峰的相对强度也有所变化，这可能是前驱体含量的变化影响了晶体在某些方向上的生长。对比发现，样品 CdS0.5 和 CdS1 具有相似的 ESR 信号 [图 3-21（b）]，对应的 g 值大约为 2.05，其可归因于晶体结构中存在大量 S 空位缺陷（Huang et al.，2018；Zhang et al.，2018）；样品 CdS2 展现出最强的 ESR 信号，其对应的 g 值为 2.24，可以归因于 Cd 空位缺陷，证明了 CdS2 中存在大量的 Cd 空位。而随着前驱体 Na$_2$S 的进一步增加，缺陷浓度开始明显降低。

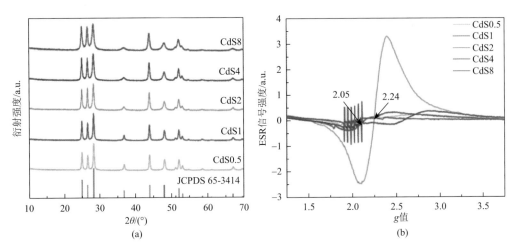

图 3-21　不同空位浓度 CdS 的微观结构以及表面结构的表征（淡猛，2020）

（a）XP.D 测试；（b）电子自旋共振（electron spin resonance，ESR）测试

---

① 此处比值指物质的量之比。

可见光下光催化分解 H_2S 制氢性能测试结果如图 3-22（a）、图 3-22（b）所示。随着 S/Cd 比值的逐渐增加，CdS 样品的光催化活性先增强后减弱，样品 CdS2 具有最好的可见光分解 H_2S 制氢活性（制氢速率为 55.61 $mmol \cdot g^{-1} \cdot h^{-1}$）。该结果证明 Cd 空位的形成可以显著地提升 CdS 的光催化性能，但随着前驱体中 S 含量的进一步增加，CdS 光催化性能受到明显的抑制，这可能是因为过多的 S 前驱体会抑制金属空位的生长。CdS0.5 和 CdS2 的长时间光催化分解 H_2S 性能研究结果如图 3-22（c）、图 3-22（d）所示，当反应时间超过 6 h 后，两种样品的光催化性能都开始下降。这归因于两个方面：①CdS 自身发生光腐蚀；②反应体系中 Na_2SO_3 的消耗。在反应 8 h 后，向体系中补充 Na_2SO_3，CdS2 的光催化性能得到了恢复，而样品 CdS0.5 的光催化性能没有提升。该结果证明含 Cd 空位的 CdS 相比于含 S 空位的 CdS 具有更强的抗光腐蚀能力。笔者团队还基于紫外-可见漫反射光谱研究了不同 CdS 样品的吸光性能。研究结果表明，所有样品都具有优异的可见光吸收性能，对应的吸收范围均大于 500 nm，且随着 S 含量的增加，吸光性能先增强后减弱。其中 CdS2 具有最好的太阳光响应性能（551 nm），这与其具有优异的可见光光催化性能相对应。与此同时，在开路电位下，瞬态光电流测试表明 CdS2 具有最强、最稳定的光电流响应，这与其高效稳定的光催化分解 H_2S 性能直接相关。

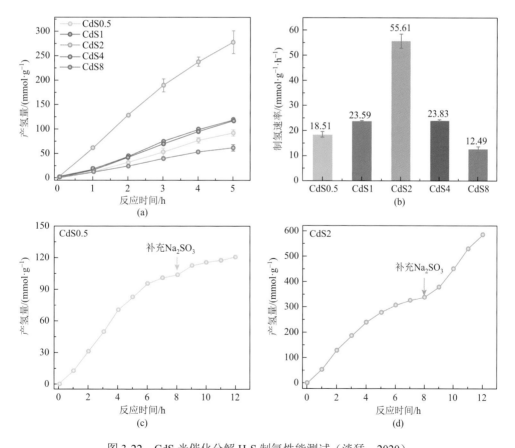

图 3-22　CdS 光催化分解 H_2S 制氢性能测试（淡猛，2020）

（a）制氢累积图；（b）平均制氢速率图；（c）、（d）CdS0.5 与 CdS2 的长时间活性测试图

3.6.2　金属修饰的 CdS 光催化分解硫化氢

负载贵金属（Au、Pt、Ru 等）助催化单元是常见的半导体修饰改性手段，通过对 CdS 进行贵金属负载，可以有效提高光生载流子的分离与迁移能力，进而提升 CdS 的光催化效率。Rufus 等（1995）利用第Ⅷ族金属和贵金属硫化物对 CdS 进行了修饰，并研究了材料分解含硫溶液制氢的性能。研究结果表明，负载 Rh 的 CdS 光催化制氢速率可以达到 185.3 $\mu mol \cdot g^{-1} \cdot h^{-1}$，是无负载 CdS 的 13 倍。而 De 等则将负载了 Ag$_2$S（质量分数为 1.5%）和 Pt（质量分数为 1.5%）的 CdS 与 ZnS 按 1.5：1 的比例混合制成光催化材料（Rufus et al.，1990），实现了在 Na$_2$S 与 Na$_2$SO$_3$ 混合溶液中利用太阳光高效制氢（16 h 的平均制氢速率为 683.0 $\mu mol \cdot g^{-1} \cdot h^{-1}$）。结合以上研究可以看出，与单相 CdS 相比，贵金属助催化材料修饰的 CdS 光催化性能有明显的改善，这是因为贵金属一方面可以协助半导体传递载流子，减少活性物种在催化材料表面的堆积，从而提高材料的稳定性；另一方面，贵金属可作为还原反应的活性位点，加快反应速率，抑制光生电子与空穴的直接复合，提升光催化反应的效率。

而对于富含 H$_2$S 的光催化体系，贵金属负载依旧适用。李灿院士团队探索了醇胺溶液中 CdS 光催化分解 H$_2$S 制氢的性能及机理（Ma et al.，2008a）。李灿院士团队发现双助催化单元 Pt-PdS（Pt 和 PdS 的质量分数均为 0.1%）修饰的 CdS 在相同条件下的制氢速率为 1460 $\mu mol \cdot h^{-1}$，高于单独的 Pt（质量分数为 0.1%，1190 $\mu mol \cdot h^{-1}$）或 PdS（质量分数为 0.1%，620 $\mu mol \cdot h^{-1}$）修饰的 CdS。其中，Pt 主要作为还原型助催化单元提升 CdS 还原制氢的能力，而 PdS 则被认为是有效的氧化型助催化单元，可促进氧化反应的发生，这说明双助催化单元在一定程度上可以共同承担分离和转移光生载流子的任务，且能在很大程度上改善主催化材料的光催化性能。

虽然贵金属的引入可以实现制氢性能的有效提升，但是贵金属成本较高，这限制了其走向实际应用。因此，研究发展低成本的非贵金属体系对于提升 CdS 的光催化分解 H$_2$S 制氢性能具有重要的意义。中国科学技术大学高琛团队研究发现，碱土金属钙（Ca）对光催化材料活性的提升具有一定的促进作用。该团队在 2013 年报道了一种 CaIn$_2$S$_4$ 单相纳米结构光催化材料（Ding et al.，2013），在可见光照射下，该光催化材料可以在没有任何牺牲剂或助催化单元存在的情况下，从纯水中释放出 H$_2$，其最高的制氢速率达到 30.92 $mmol \cdot g^{-1} \cdot h^{-1}$。更重要的是，CaIn$_2S_4$ 可以连续 32 h 在纯水中稳定地产生 H$_2$ 而不失活，这为可见光下的光催化长效稳定制氢提供了参考。

笔者团队参考相关工作，通过热注入法制备了富含 S^{2-} 配体的 CdS 纳米晶材料，然后在体系中引入 Ca^{2+}，制成 Ca^{2+} 表面修饰的 CdS 纳米晶材料（Ca-CdS），以研究其光催化分解 H$_2$S 制氢性能（Yu et al.，2020a）。XRD 测试结果表明两者的衍射峰都较宽，说明所合成的样品具有较小的尺寸，并且样品的 XRD 衍射峰与立方相 CdS 标准卡片（JCPDS 06-0518）相对应。在 Ca-CdS 的 XRD 测试结果中并未看到有明显的峰位置移动，也没有观察到 CaS 的衍射峰。事实上，Ca^{2+} 较难进入 CdS 晶格内，这主要是由于 CdS 为正四面体配位，而 CaS 为正八面体配位，所以 Ca^{2+} 很难在 CdS 晶格内稳定存在（Nag et al.，2012）。

XPS 全谱测试结果表明 Ca-CdS 主要由 Cd、Ca、S、C、O 组成，进一步说明 Ca^{2+} 被成功引入 CdS 材料中（图 3-23）。Ca 2p 精细谱中峰间距为 3.6 eV 的双峰（350.6eV 和 347.0 eV）对应于 Ca^{2+} 的特征峰（Ding et al.，2013）。在 S 2p 的精细谱中，CdS 纳米晶在 162.9 eV 和 161.7 eV 处的峰分别对应 S $2p_{1/2}$ 和 S $2p_{3/2}$，加入 Ca^{2+} 后 CdS 纳米晶的 S 2p 结合能向小结合能处偏移 0.4 eV，说明 Ca^{2+} 的加入对 CdS 表面 S 2p 的化学环境产生了较大的影响。Cd 3d 精细谱中 411.6 eV 和 404.8 eV 处的峰分别对应 Cd $3d_{3/2}$ 和 Cd $3d_{5/2}$，可检索为 CdS 中的 Cd^{2+}。S 2p 和 Cd 3d 均向小结合能方向移动，说明 Ca^{2+} 与 CdS 表面有较强的键合能力，而不是简单的物理混合（Fang et al.，2018）。

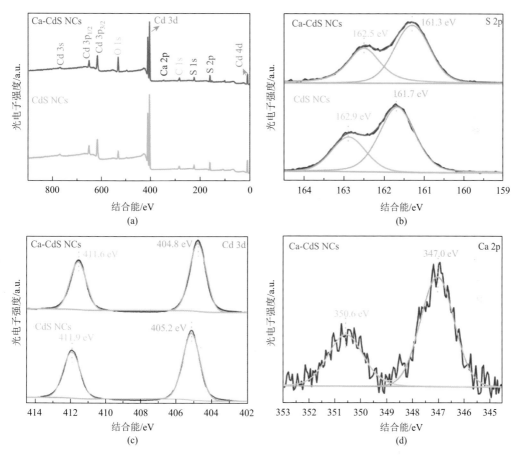

图 3-23　CdS 纳米晶和 Ca-CdS 纳米晶的 X 射线光电子能谱测试（Yu et al.，2020a）

（a）XPS 全谱；（b）～（d）S 2p、Cd 3d、Ca 2p 的 XPS 精细谱

笔者团队以 0.6 mol·L^{-1} Na_2SO_3 溶液作为反应介质，探究 Ca^{2+} 的不同加入量（0.125 mmol、0.25 mmol、0.5 mmol、0.75 mmol）对材料光催化分解 H_2S 制氢性能的影响。如图 3-24（a）、图 3-24（b）所示，在材料的合成过程中加入 0.25 mmol 的 Ca^{2+} 后材料制氢性能达到最佳。相对于纯 CdS 纳米晶材料而言，加入 0.25 mmol 的 Ca^{2+} 进行表面修饰后 CdS 纳米晶材料光催化分解 H_2S 的 5 h 平均制氢速率达到 55.98 mmol·g^{-1}·h^{-1}。与此同时，长时间

活性测试实验表明 Ca-CdS 具有 10 h 的长时间制氢活性，说明 Ca-CdS 不仅具有优异的光催化分解 H₂S 制氢能力，而且具有相对较好的稳定性。

通过瞬态光电流和电化学阻抗测试表征 CdS NCs 与 Ca-CdS NCs 的光生载流子分离与迁移能力，测试结果如图 3-24（c）、图 3-24（d）所示。加入 Ca²⁺后，Ca-CdS NCs 的光电流明显增大，说明光照后产生的载流子分离效率较高；电化学阻抗测试结果也表明 Ca-CdS NCs 的阻抗更小，有利于载流子的迁移。上述结果说明加入 Ca²⁺后，材料的光生载流子分离和迁移能力有较大的提升，证明了 Ca²⁺修饰 CdS 的有效性。

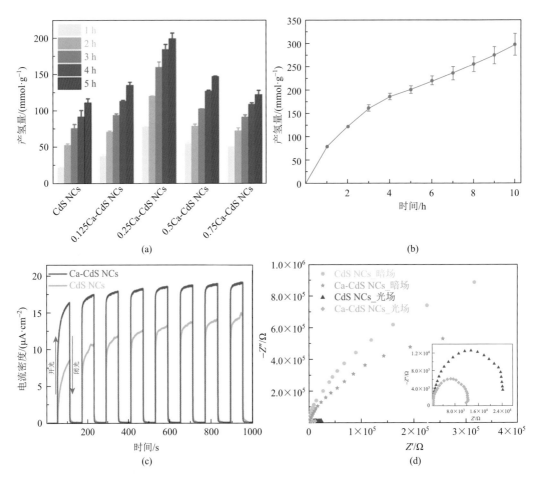

图 3-24　CdS NCs 与 Ca-CdS NCs 的光催化制氢测试（Yu et al.，2020a）

（a）不同 Ca²⁺加入量下 Ca-CdS NCs 的光催化制氢累积图；（b）Ca-CdS NCs 的光催化制氢长时间活性测试结果；（c）瞬态光电流测试结果；（d）电化学阻抗测试结果

3.6.3 CdₓIn₁₋ₓS 固溶体光催化分解硫化氢

构建固溶体也可显著提升材料的整体性能。与单组分相比，固溶体的能带结构、电子分布、载流子迁移方向等都会有一定程度的改变，因此部分研究者通过优化固溶体的组分与比例来达到定向调控性能的目的。例如，Xie 等（2012）通过两步法成功构建了一种 $Zn_xCd_{1-x}S@ZnO$ 纳米棒材料，并将其运用于光催化甲基橙降解测试，这种材料可保持极高的稳定性，且至少能循环使用 5 次。这主要归结于 $Zn_xCd_{1-x}S$ 固溶体独特的能带结构，其带隙介于 ZnS 和 CdS 之间，电子可以由 CdS 转移到 ZnS 纳米棒上，从而实现光生载流子的有效分离并使得 $Zn_xCd_{1-x}S$ 固溶体的整体稳定性得到提升。此外，通过形成固溶体可以优化 CdS 的能带结构，还可以起到保护 CdS 不受光腐蚀的作用。Kale 等（2006）分别在水和甲醇溶剂中合成了纳米管状和万寿菊状的 $CdIn_2S_4$ 光催化材料，两种结构的 $CdIn_2S_4$ 材料都展现出了较高的制氢活性和稳定性。随后，他们分别研究了聚乙烯吡咯烷酮（polyvinyl pyrrolidone，PVP）和十六烷基三甲基溴化铵（cetyltrimethylammonium bromide，CTAB）对 $CdIn_2S_4$ 形貌的影响。相对于万寿菊状纳米结构的 $CdIn_2S_4$，在水热合成过程中加入 CTAB 时，会形成薄而透明的 $CdIn_2S_4$ 纳米花瓣状材料；而加入 PVP 时，由于空间位阻效应，形成了双锥形的 $CdIn_2S_4$，这种双锥形 $CdIn_2S_4$ 光催化分解 H_2S 制氢速率为 $6.48\ mmol\cdot g^{-1}\cdot h^{-1}$，其性能明显高于其他形貌的 $CdIn_2S_4$ 光催化材料。然而这些研究只讨论了形貌对 $CdIn_2S_4$ 光催化分解 H_2S 制氢性能的影响，并没有深入分析材料的晶体结构以及电子结构对材料的影响。基于此，为提升 CdS 的光催化活性与长效稳定性，笔者团队利用溶剂热法，通过调节 In 的前驱体含量在有机溶剂中合成了 $Cd_xIn_{1-x}S$ 固溶体，并探究了 In 对 CdS 的晶体结构、电子结构以及光催化性能的影响（Dan et al.，2019a）。样品分别用符号 CdS、CIX（X = 30、40、60、70、75、80、85）和 β-In_2S_3 表示，其中 CIX 表示在合成过程中既加入 Cd 前驱体又加入 In 前驱体，X% 为 Cd 前驱体所占的物质的量的分数。通过 XRD 测试（图 3-25）可以看出，在没有 $InCl_3$ 前驱体的情况（a，CdS）下，样品的衍射峰非常尖锐，表明其具有良好的结晶度。当 $X \geqslant 70$ 时，XRD 中没有检测到含 In 的物种或杂质的峰，所有样品的衍射峰都与立方相 CdS 衍射峰相匹配（b~e，CI85~CI70）。随着 $InCl_3$ 前驱体含量的增加，催化材料的衍射峰移至较高角度，形成了立方相 $Cd_xIn_{1-x}S$ 固溶体。如果继续提高前驱体中 $InCl_3$ 的含量，则材料中会出现六方相的 CdS（f~h，CI60~CI30）。当前驱体中只加入 $InCl_3$ 时，则材料只有 β-In_2S_4（i）。

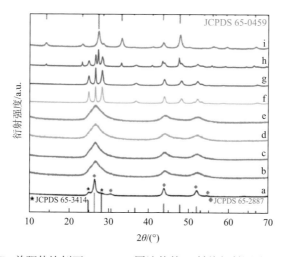

图 3-25　不同 Cd/In 前驱体比例下 $Cd_xIn_{1-x}S$ 固溶体的 X 射线衍射测试（Dan et al.，2019a）

为分析 $Cd_xIn_{1-x}S$ 的微观结构，笔者团队利用密度泛函理论（density functional theory，DFT）计算了 $CdS\text{-}In_x$ 的形成能，其中 x 表示 In 原子取代 Cd 原子的数量。为了保证原子序数（24 个原子）的一致性，针对立方相 CdS 晶体和六方相 CdS 晶体在计算中都构建了 $3\times2\times1$ 的超胞。如图 3-26 所示，立方相 $CdS\text{-}In_1$ 和六方相 $CdS\text{-}In_1$ 的形成能（E_f）分别为 0.56 eV 和 7.86 eV，表明低浓度的 $InCl_3$ 前驱体更有利于形成立方相 $Cd_xIn_{1-x}S$ 固溶体。进一步增加 CdS 中 In 的含量，立方相 $CdS\text{-}In_6$ 和六方相 $CdS\text{-}In_6$ 的 E_f 分别为 3.14 eV 和 -2.29 eV，表明当 $InCl_3$ 前驱体的含量等于或高于 $CdCl_2$ 前驱体的含量时，六方相 $Cd_xIn_{1-x}S$ 固溶体比立方相 $Cd_xIn_{1-x}S$ 固溶体在热力学上稳定得多。这个结果从理论上证明了通过调节 $InCl_3$ 前驱体的含量，可以同时获得立方相和六方相的 $Cd_xIn_{1-x}S$ 固溶体。

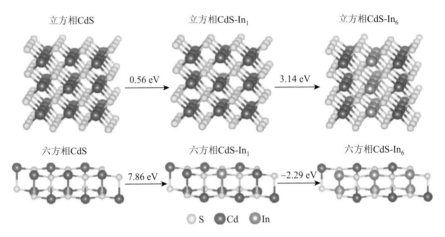

图 3-26　立方相与六方相 CdS 的晶体结构以及形成能（Dan et al.，2019a）

随后，在可见光（$\lambda>420$ nm）下研究所有合成样品的光催化分解 H_2S 制氢性能。在没有光激发或光催化材料的情况下，未检测到 H_2 的生成。如图 3-27（a）所示，当 $X\geqslant70$ 时，在 CdS 中掺入 In 可以提高光催化性能。其中，$X=75$ 时，样品（CI75）表现出最高的光催化活性，其 6 h 平均制氢速率为 16.35 $\text{mmol·g}^{-1}\text{·h}^{-1}$，比纯 CdS（3.40 $\text{mmol·g}^{-1}\text{·h}^{-1}$）和 $\beta\text{-}In_2S_3$（0.72 $\text{mmol·g}^{-1}\text{·h}^{-1}$）分别高 4 倍和 22 倍。在没有助催化单元的情况下，这种材料的光催化性能也明显高于大部分基于 CdS 的固溶体光催化材料和大多数金属硫化物光催化材料。CI75 的表观量子效率（apparent quantum efficiency，AQE）可以与紫外-可见漫反射光谱（UV-vis DRS）相对应，说明优异的制氢性能归因于光催化过程[图 3-27（b）]。进一步增加 $InCl_3$ 前驱体浓度后，$Cd_xIn_{1-x}S$ 样品的光催化活性逐渐降低。当 $X\leqslant60$ 时，制氢速率甚至低于原始 CdS。其中，由于 CI30 只是六方相 CdS 和 $\beta\text{-}In_2S_3$ 的混合物而不是固溶体，因此它具有最低的光催化性能（1.93 $\text{mmol·g}^{-1}\text{·h}^{-1}$）。上述结果表明，与原始的 CdS、$\beta\text{-}In_2S_3$、六方相 $Cd_xIn_{1-x}S$ 固溶体以及 CdS 和 $\beta\text{-}In_2S_3$ 的混合物相比，立方相 $Cd_xIn_{1-x}S$ 固溶体具有更优异的性能。而光稳定性是评估光催化材料性能的另一个关键因素，因此，笔者团队研究了 In 的引入对 CdS 光稳定性的影响。如图 3-27（c）所示，在三个周期（每个周期 3 h）的光照下，没有观察到光催化活性明显降低，表明 CI75 样品在短期光照下具有显著的抗光腐蚀能力和光稳定性。CI75 样品的长期稳定性测试结果如图 3-27（d）所示，CI75 的光催化制氢速率可保持相对恒定至少 15 h。

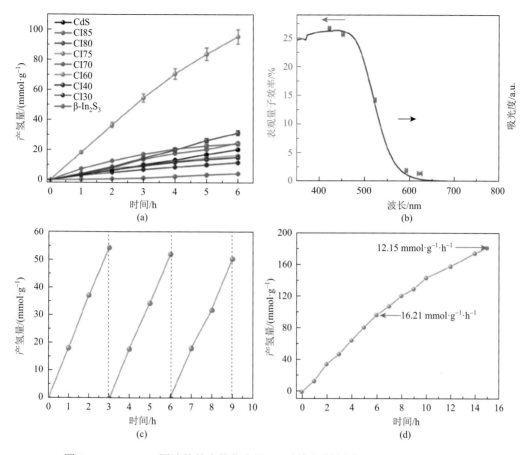

图 3-27　Cd$_x$In$_{1-x}$S 固溶体的光催化分解 H$_2$S 制氢活性测试（Dan et al.，2019a）

（a）Cd$_x$In$_{1-x}$S 固溶体光催化分解 H$_2$S 制氢累积图；（b）～（d）CI75 样品对应的紫外-可见漫反射光谱与表观量子效率、光催化循环实验和光催化长周期实验

　　合适的导带和价带位置也是决定半导体光催化性能的重要因素。如图 3-28 所示，Cd$_x$In$_{1-x}$S 固溶体价带位置呈现先降后升的趋势，其中，CI75 的价带顶位置达到了 1.52 eV。

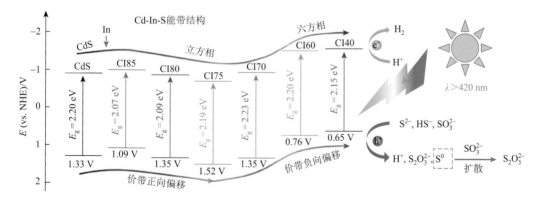

图 3-28　Cd$_x$In$_{1-x}$S 固溶体的能带结构及其在 H$_2$S 饱和的 Na$_2$SO$_3$/Na$_2$S 溶液（其中 Na$_2$SO$_3$ 浓度为 0.6 mol·L^{-1}，Na$_2$S 浓度为 0.1 mol·L^{-1}）中的光催化分解 H$_2$S 制氢过程（Dan et al.，2019a）

高价带意味着光生空穴具有更强的氧化能力，更易参与氧化反应，对促进光生载流子的分离十分有利。更重要的是，理论计算结果表明，更正的价带位置可以有效地防止单质 S 在催化材料表面沉积。此外，CI75 样品具有同样合适的导带位置，这也是其具有优异光催化性能的关键。

3.6.4　其他 CdS 固溶体光催化分解硫化氢

除了前述所提及的 $Cd_xIn_{1-x}S$ 固溶体，Kale 等（2011）还利用溶剂热法合成了三元半导体材料 $CdLa_2S_4$ 用于光催化分解 H_2S 制氢研究。他们发现在光催化材料合成过程中，除了前驱体的用量对固溶体的形貌以及光催化性能有影响外，材料合成时的溶剂选择也十分重要。Kale 等（2011）发现，当以水为溶剂时，使用不同浓度前驱体所制备的样品在 XRD 测试中都展现出具有较为明显的衍射峰[图 3-29（a）]，说明其结晶度较高。同时，随着前驱体浓度的提高，衍射峰变得更加尖锐，说明样品的结晶度在不断提高。而以甲醇为溶剂制备的 $CdLa_2S_4$，其结晶情况则完全不同，虽然提升前驱体浓度可以提高结晶度，但整体的结晶情况却完全差于在水中制备的 $CdLa_2S_4$[图 3-29（b）]。这一现象说明，溶剂类型对样品的结晶情况有十分重要的影响。

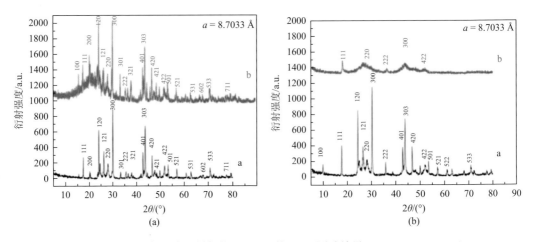

图 3-29　不同溶剂环境下制备的 $CdLa_2S_4$ 的 XRD 测试结果（Kale et al.，2011）

（a）水溶剂中合成的 $CdLa_2S_4$（a：0.01 mol·L^{-1} 前驱体，b：0.005 mol·L^{-1} 前驱体）；（b）甲醇溶剂中合成的 $CdLa_2S_4$（a：0.01 mol·L^{-1} 前驱体，b：0.005 mol·L^{-1} 前驱体）

从场发射扫描电子显微镜（field emission scanning electron microscope，FESEM）图和透射电子显微镜（transmission electron microscope，TEM）图[图 3-30（a）]可以看出，以水为溶剂合成的 $CdLa_2S_4$ 具有边缘锐利的六边形结构。这种独特的形态主要是以花的形式自组装成纳米六边形，花的直径为 300 nm，长 1.0～1.2 μm。所有六边形结构都有一个尖端和一个 10 nm 的空腔，并且尺寸几乎相等。然而，在较低浓度的前驱体[图 3-30（b）]下获得的 $CdLa_2S_4$ 呈现板状纳米结构（厚度为 10 nm），并且显示出较大的宽高比。图 3-30（c）、图 3-30（d）展示了固定浓度（0.01 mol·L^{-1}）前驱体下，在甲醇溶剂中制备的 $CdLa_2S_4$ 的 FESEM 图。这种 $CdLa_2S_4$ 的形貌主要呈现为纳米棱镜自组装微球状，且纳米棱镜底部和边缘的平均尺寸为 35 nm［图 3-30（d）］，纳米棱镜自组装微球的尺寸为 500 nm。当前驱体浓度为 0.005 mol·L⁻¹ 并以甲醇为溶剂时，主要获得的是 10～15 nm 的纳米线。可以发现，在水和甲醇溶剂中能观察到不同的形貌，甲醇溶剂中合成的 $CdLa_2S_4$ 粒径远小于水溶剂中合成的 $CdLa_2S_4$，而这种形貌差异主要是因为水和甲醇的介电常数不同引起。

图 3-30　$CdLa_2S_4$ 的微观形貌（Kale et al.，2011）

（a）、（b）水溶剂中，前驱体浓度分别为 0.01 mol·L⁻¹ 和 0.005 mol·L⁻¹ 时合成的 $CdLa_2S_4$ 的 FESEM 图；（c）、（d）甲醇溶剂中，前驱体浓度为 0.01 mol·L⁻¹ 时合成的 $CdLa_2S_4$ 的低倍镜 FESEM 图和高倍镜 FESEM 图

图 3-31（a）展示了在水溶剂中分别使用 0.01 mol·L⁻¹ 和 0.005 mol·L⁻¹ 前驱体浓度制备的 $CdLa_2S_4$ 的紫外-可见漫反射光谱。使用 0.01 mol·L⁻¹（纳米六边形花）和 0.005 mol·L⁻¹（纳米板）前驱体浓度制备的 $CdLa_2S_4$ 在水中的吸收边分别为 585 nm 和 555 nm，计算后可知 $CdLa_2S_4$ 相应的带隙分别为 2.12 eV 和 2.23 eV。图 3-31（b）展示了在甲醇溶剂中分别使用 0.01 mol·L⁻¹（纳米棱镜）和 0.005 mol·L⁻¹（纳米线）前驱体浓度制备的 $CdLa_2S_4$ 的紫外-可见漫反射光谱。$CdLa_2S_4$ 纳米棱镜和纳米线的吸收边分别为 565 nm 和 545 nm，相应的带隙分别为 2.2 eV 和 2.3 eV。推测样品吸收边发生微小变化可能是由于在不同溶剂中，样品粒径与颗粒形貌均不同，进而导致样品的吸光能力发生变化。而样品陡峭的吸收边表明材料中只存在单相的 $CdLa_2S_4$，这与 XRD 测试结果吻合。$CdLa_2S_4$ 在可见光区的吸光能力较强，且吸收边十分陡峭，说明 $CdLa_2S_4$ 的载流子被激发是由价带与导带之间的跃迁，而不是过渡金属杂质能级与导带之间的跃迁引起的。

表 3-6 比较了在水和甲醇溶剂中制备的 $CdLa_2S_4$ 的光催化活性。与纳米线形和六边形花形的 $CdLa_2S_4$ 相比，具有棱镜状形貌的 $CdLa_2S_4$ 表现出更好的光催化活性。纳米棱镜形的 $CdLa_2S_4$ 具有最大的平均氢气生成量，为 2552 μmol·h⁻¹，对应的量子产率为 11.6%，表明 $CdLa_2S_4$ 可在可见光照射下有效分解 H_2S 制氢。它们在可见光照射下的制氢活性远高于先前报道的 CdS，在相同的光分解实验条件下也表现出良好的稳定性。纳米线形的 $CdLa_2S_4$ 与纳米棱镜形的 $CdLa_2S_4$ 都在相同溶剂中合成，虽然纳米线形的 $CdLa_2S_4$ 整体

上晶粒较小，但其出现了部分团聚，导致入射光在材料表面的反复折射变得困难，进而导致其光催化性能降低。

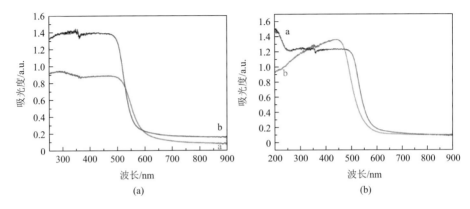

图 3-31　CdLa$_2$S$_4$ 的光谱学分析（Kale et al.，2011）

（a）以水为前驱体介质合成的 CdLa$_2$S$_4$ 的紫外-可见漫反射光谱；（b）以甲醇为前驱体介质合成的 CdLa$_2$S$_4$ 的紫外-可见漫反射光谱。其中 a 表示前驱体浓度为 0.01 mol·L^{-1}，b 表示前驱体浓度为 0.005 mol·L^{-1}

表 3-6　CdLa$_2$S$_4$ 光催化制氢结果（Kale et al.，2011）

催化材料前驱体的浓度 /(mol·L^{-1})	CdLa$_2$S$_4$（水溶剂中合成）		CdLa$_2$S$_4$（甲醇溶剂中合成）	
	0.01	0.005	0.01	0.005
制氢速率/(μmol·h^{-1})	1985	2106	2552	2106

反应条件：0.5 g 催化材料；250 mL 0.5 mol·L^{-1} KOH；2.5 mL·min^{-1} H$_2$S；450 W 氙灯，波长>420 nm。

3.7　硫化锰及其复合物光催化分解硫化氢

除了前述介绍的硫化镉外，笔者团队还开发了硫化锰（MnS）这一类光催化材料，用于光催化分解 H$_2$S 制氢。MnS 是ⅦB-ⅥA 族的 p 型半导体，一般有三种晶相（图 3-32）：①α-MnS，一种具有稳定形态的岩盐结构（立方相，RS）；②β-MnS（最不稳定），属于闪锌矿结构（ZB）；③γ-MnS，属于纤锌矿结构（WS）（淡猛，2017）。下面重点介绍 MnS 及其复合物在光催化分解 H$_2$S 制氢领域的相关研究。

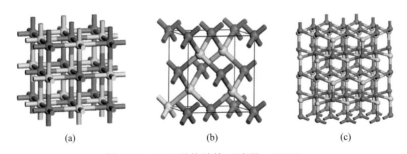

图 3-32　MnS 晶体结构（淡猛，2017）

（a）岩盐结构（α-MnS）；（b）闪锌矿结构（β-MnS）；（c）纤锌矿结构（γ-MnS）

3.7.1　不同晶相 MnS 光催化分解硫化氢

吴晓东等（2013）利用水热法合成了新型的光催化材料 MnS，并在研究中发现随着反应时间的推移，MnS 的结构将由纤锌矿结构（γ-MnS）（合成时间为 2 h）转变为纤锌矿结构与岩盐结构的混合相（合成时间为 6 h），最后完全转变为岩盐结构（α-MnS）（合成时间＞12 h），粒径也由小变大。水热反应时间为 2 h 时制得的 MnS 为亚稳定相的纤锌矿结构，粒径较小，以 Na_2S-Na_2SO_3 为牺牲剂时，在可见光照射下，γ-MnS 光催化制氢速率最高可以达到 527 $\mu mol \cdot g^{-1} \cdot h^{-1}$，而 α-MnS 仅为 192 $\mu mol \cdot g^{-1} \cdot h^{-1}$。由此可见，不同晶相的 MnS 在光催化活性方面有着巨大差异，因此有必要对不同晶相 MnS 的光催化分解 H_2S 制氢活性进行研究。

笔者团队选择简单的溶剂热法及水热法分别合成了 α-MnS 与 γ-MnS，然后在不同光照（全光谱和 λ＞420 nm 的可见光）条件下对其光催化分解 H_2S 制氢性能进行了测试，并对 MnS 的物相组成、形貌和微观结构等进行了研究，最后通过分析 α-MnS 及 γ-MnS 的光电化学性质探索了二者光催化活性存在差异的原因。

XRD 测试结果表明以吡啶为溶剂制备的 α-MnS 具有简单立方相结构，以水为溶剂制备的 γ-MnS 具有典型的六方相纤锌矿结构（图 3-33）。α-MnS 具有相对规整的块状形貌[图 3-34（a）]，这主要因为 α-MnS 具有稳定的立方相晶体结构，其各个晶面的表面能相同，因此在晶体生长过程中各个晶面的生长速度相等，进而形成了规整的立方体形貌。以水为溶剂制备的 γ-MnS 则具有棒状形貌[图 3-34（b）]，这是由于反应过程中含有—NH₃ 的物质吸附在 γ-MnS 的(100)晶面上抑制了其横向生长，使得 γ-MnS 遵循紧密堆积原则沿(002)晶面生长，进而形成了棒状形貌。

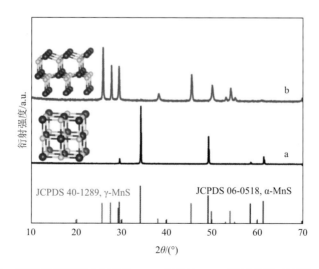

图 3-33　不同反应溶剂中制备的 MnS 样品的 XRD 测试结果（淡猛，2017）

a 表示吡啶中合成的 MnS；b 表示水中合成的 MnS

图 3-34　不同晶相 MnS 的扫描电镜测试结果（淡猛，2017）

（a）α-MnS；（b）γ-MnS

　　为了进一步研究 MnS 的微观结构，对 α-MnS 和 γ-MnS 进行 TEM、高分辨率透射电子显微镜（high resolution transmission electron microscope，HRTEM）和选区电子衍射测试，结果如图 3-35 所示。TEM 图［图 3-35（a）］进一步证明 α-MnS 具有立方体块状形貌。此外，从 HRTEM 图［图 3-35（b）］中可以看出其对应的晶面分别是立方相 α-MnS 的(200)和(220)，两晶面之间的夹角为 45°。图 3-35（b）中的插图为 α-MnS 的选区电子衍射图，其衍射花样呈规则的斑点状，可知其为单晶结构，且对应的衍射面与 HRTEM 图一致。图 3-35（c）为 γ-MnS 的 TEM 图，可以看出 γ-MnS 具有特殊的棒状形貌，对应的 HRTEM 图［图 3-35（d）］则表明 γ-MnS 具有清晰的(002)晶面衍射条纹，这进一步说明 γ-MnS 沿（002）晶面生长形成棒状结构。图 3-35（d）中的插图为 γ-MnS 的选区电子衍射图，其衍射的花样呈规则的斑点状，故可知其也为单晶结构，对应的衍射晶面分别为(101)、(110)和(102)。

图 3-35　MnS 样品的微观结构分析（淡猛等，2017）

（a）、（b）α-MnS 的 TEM 图和 HRTEM 图；（c）、（d）γ-MnS 的 TEM 图和 HRTEM 图

由图 3-36（a）可知，α-MnS 的吸收边约为 482.5 nm，对应的带隙大小为 2.57 eV。以往文献中所报道的 MnS 只能吸收紫外光，但笔者团队以吡啶为溶剂制备的 α-MnS 却对可见光具有吸收能力。γ-MnS 的吸收边约为 384.2 nm，对应的带隙大小约为 3.2 eV，小于 γ-MnS 理论上的带隙（3.7 eV）。通过对比可以发现，α-MnS 具有更好的可见光（400～450 nm）吸收性能，γ-MnS 具有更好的紫外光（$\lambda < 350$ nm）吸收性能，但相比 α-MnS，γ-MnS 在可见光区具有更宽的吸收范围（$\lambda \leqslant 800$ nm）。此外，α-MnS、γ-MnS 在可见光区都出现了部分多余的吸收峰，这可能是由材料中的杂质能级或缺陷态引起的（Kasahara et al.，2002；Pandey et al.，2011）。

笔者团队分别在可见光和全光谱条件下对 α-MnS 和 γ-MnS 进行了光催化分解 H_2S 制氢性能测试。在缺少 H_2S、光催化材料以及无光照条件下，α-MnS 和 γ-MnS 都不具有制氢性能。在通入 H_2S 后，制氢结果如图 3-36（b）所示。在可见光和全光谱条件下，α-MnS 和 γ-MnS 都具有稳定的光催化制氢活性，α-MnS 在两种条件下的制氢速率分别为 4.2 $\mu mol \cdot g^{-1} \cdot h^{-1}$ 和 877.7 $\mu mol \cdot g^{-1} \cdot h^{-1}$；γ-MnS 对应的制氢速率分别为 23.4 $\mu mol \cdot g^{-1} \cdot h^{-1}$ 和 2272.7 $\mu mol \cdot g^{-1} \cdot h^{-1}$。由此可见，无论在可见光还是全光谱条件下，γ-MnS 的光催化制氢活性都要比 α-MnS 高。为了研究 α-MnS 和 γ-MnS 之间光催化活性出现差异的原因，对两者的光电化学性能进行测试。同时，通过测试样品在不同条件下的阻抗变化，对其电子和空穴的分离能力进行研究，结果如图 3-36（c）所示。对比后可以发现，α-MnS 和 γ-MnS 从暗场到可见光再到全光谱对应的阻抗都是逐渐变小的，说明 α-MnS 和 γ-MnS 都可以被可见光激发产生光电流；而紫外光的引入更有利于激发半导体产生空穴和电子。不管是在暗场、可见光还是在全光谱条件下，γ-MnS 相比 α-MnS 都具有更小的阻抗，因此 γ-MnS 比 α-MnS 具有更好的光生载流子分离能力，这与 γ-MnS 的晶体结构有直接关系。γ-MnS 具有典型的六方相纤锌矿结构，Mn^{2+} 和 S^{2-} 均呈四面体配位。Mn^{2+} 和 S^{2-} 之间离子半径的差异较大，使得正负离子之间相隔较远，进而在晶体内部形成局部正电荷中心和负电荷中心（曹锡章等，1994）。这些正负电荷中心的存在有利于光催化过程中光生电子与空穴的分离，这是 γ-MnS 具有更好光催化活性的主要原因（Li et al.，2013；Wang et al.，2013）。

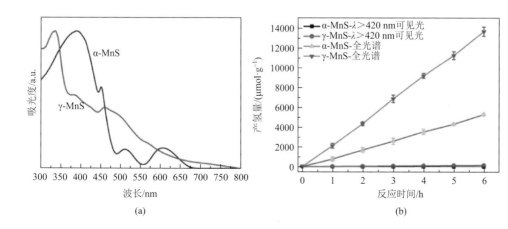

(a)　　　　　　　　　　　　　　　　(b)

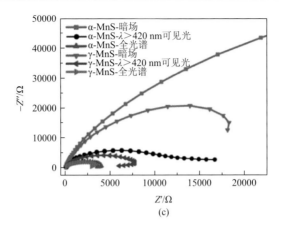

(c)

图 3-36　MnS 样品的光学性质、光催化制氢活性和电化学阻抗性质（淡猛等，2017）

（a）α-MnS 和 γ-MnS 的紫外-可见漫反射光谱；（b）MnS 光催化分解 H_2S 制氢性能图；（c）α-MnS 和 γ-MnS 在
0.1～0.6 mol·L^{-1} Na_2S-Na_2SO_3 溶液中的电化学阻抗谱（electrochemical impedance spectroscopy，EIS）

3.7.2　rGO/MnS-Mn_3O_4 复合物光催化分解硫化氢

在 3.7.1 节的研究中，笔者团队通过简单的溶剂热法成功合成了具有一定可见光响应能力的 MnS，并对比了不同晶相的 MnS 在光催化分解 H_2S 制氢过程中的活性差异。研究结果表明尽管 α-MnS 和 γ-MnS 都对紫外光有响应，但对太阳光可见光区域（约占太阳光谱的 50%）的利用率还很低，有必要将其光响应范围进行拓展。此外，单独的 α-MnS 易团聚，这极易导致光生载流子复合，从而抑制材料整体的光催化制氢性能。因此，对 MnS 进行改性进而开发具有高光催化活性的复合光催化材料具有重要的意义，而在催化材料上负载助催化单元是改进光催化材料的有效方式之一。

氧化石墨烯（graphene oxide，GO）是一类典型的石墨烯衍生物，其含有大量的含氧官能团，如羧基、羟基和羰基等。GO 保留了石墨烯独特的碳材料骨架，因此其电子传输能力十分优秀。与此同时，其可以通过共价键、离子键或非共价键与很多有机和无机材料相互作用，形成具有独特性质的功能化复合物。两者的表面甚至可以形成 M—C 或 M—O—C（此处 M 表示金属）化学键，以及类似于碳掺杂形成的掺杂能级，从而使得半导体的带隙变窄，进而拓展半导体光催化材料的可见光响应范围。形成的化学键（M—C 或 M—O—C 键）可作为光生载流子的传输通道，提升光催化材料的光催化活性（Min and Lü，2011；王新伟，2014；王新伟等，2016；Xiang et al.，2019）。此外，金属氧化物（如 RuO_2 和 MnO_x 等）常常用作传输空穴的助催化单元，用于促进光催化材料的载流子分离。Maeda 等（2010）利用 Mn_3O_4 对有核壳结构的 GaN：ZnO-Rh/Cr_2O_3 复合纳米颗粒进行了改性，Mn_3O_4 作为产氧助催化单元使得复合物在可见光下全解水制氢的能力大幅度提升。

笔者团队利用简单的物理混合法将 α-MnS 和 GO 两种材料复合，制备了双助催化单元修饰的复合光催化材料 rGO-MnS/Mn_3O_4（GMx，x = 1、3、5，表示加入的 GO 与 MnS 的质量比分别为 1%、3%和 5%）。由 XRD 测试结果可以看出，实验中所制备的 GO 在 2θ = 9.44°以及 2θ = 43°处具有两个特征衍射峰[图 3-37（a）]。图 3-37（b）表明通过溶剂热法制备的 MnS 为具有立方相结构的 α-MnS，且结晶度较高。在 GMx 复合材料中没有观察到 GO 的特征衍射峰，这可能是因为 GO 的加入量太少，以及 GO 在 GMx 复合物中的分散度较高。此外，复合物中 Mn_3O_4 的含量随 GO 含量的增加而增加，分析原因，可能是 GO 中的含氧官能团促进了 MnS 氧化为 Mn_3O_4。

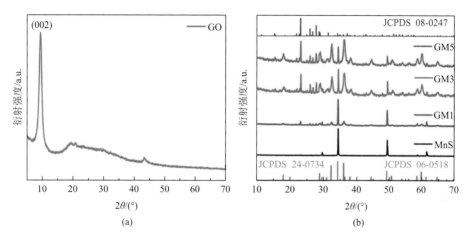

图 3-37　GO、MnS 以及 GMx 复合物的晶体结构分析（Xiang et al.，2019）

（a）GO 的 XRD 测试结果；（b）MnS 和 GMx 的 XRD 测试结果

光催化分解 H_2S 制氢测试结果表明，在可见光（$\lambda > 420$ nm）条件下单独的 GO 没有制氢活性，所有 GMx 样品的光催化分解 H_2S 制氢活性都高于单独的 MnS，说明 GO 的引入可以提升 MnS 的光催化活性，随着 GO 含量的增加，复合物的活性呈现先增高后降低的趋势（图 3-38）。其中质量分数为 3% 的复合物（GM3）的制氢速率最高，为 28.4 $\mu mol \cdot g^{-1} \cdot h^{-1}$，较单独的 MnS（4.2 $\mu mol \cdot g^{-1} \cdot h^{-1}$）提升了近 6 倍。当 GO 质量分数占比过大后，过量的 GO 可能会覆盖 MnS 的活性位点，使其活性降低。

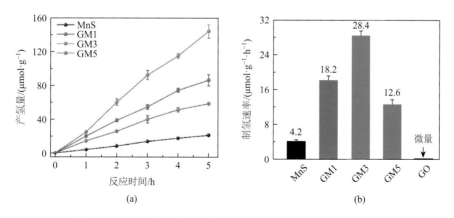

图 3-38　GMx 的光催化制氢性能测试（Xiang et al.，2019）

（a）MnS 和 GMx 的光催化分解 H_2S 制氢累积图；（b）GO、MnS 和 GMx 的制氢速率图

　　样品吸光性能测试结果表明，与 MnS 相比，所有 GMx 复合物在 233 nm 处都产生了紫外吸收峰[图 3-39（a）]，且此处的吸收峰强度随着 GO 含量的增加而增加，表明 GO 与 MnS 成功复合。所有的 GMx 样品都可对可见光响应且吸收都较单独的 MnS 发生了红移，而在 400 nm 处的吸收峰相比单独的 MnS 却发生了蓝移，这些都说明体系中形成了 C—O—Mn 键，与 XPS 结果一致（Li et al.，2008；Fan et al.，2011；Yang and Liu，2011）。C—O—Mn 键有利于促进电子的转移，从而减少载流子的复合，增强材料的光催化活性。此外，GM3 的表观量子效率与其吸光度曲线高度吻合[图 3-39（a）]，说明其制氢活性确实来自光催化过程。

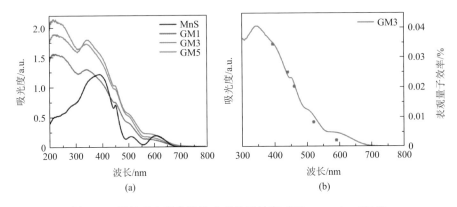

图 3-39　样品吸光度曲线及表观量子效率（Xiang et al.，2019）

（a）MnS 与 GMx 的紫外-可见漫反射光谱；（b）GM3 的表观量子效率与紫外-可见漫反射光谱关系图

　　为研究材料的载流子传输行为，笔者团队利用电化学阻抗谱及荧光光谱对材料进行了测试（图 3-40）。图 3-40（a）中 GMx 电化学阻抗谱的圆弧半径都比单独的 MnS 小，其中 GM3 样品最小，意味着 GM3 具有最小的电荷传输电阻，因此其具有最强的界面光生载流子分离能力。此外，如图 3-40（b）所示，GO 的引入使得 GMx 的荧光强度下降，表明复合物的形成更有利于抑制载流子的复合。这主要得益于以下两个因素：①复合物中的

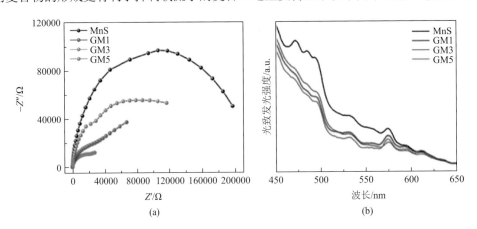

图 3-40　MnS 与 GMx 的阻抗性质和光学性质（Xiang et al.，2019）

（a）MnS 与 GMx 在光场下的电化学阻抗谱；（b）MnS 与 GMx 的荧光光谱（激发波长：380 nm）

Mn_3O_4 可作为空穴捕获位点使得 MnS 中产生的光生载流子快速分离;②复合物中 GO 与 MnS 所形成的电子传输通道即 C—O—Mn 键可进一步促进电子迁移。两者共同作用使得复合物相较于单独的 MnS 具有更高的载流子分离效率,最终使得 GM3 复合物的光催化分解 H_2S 制氢活性优于单独的 MnS。

3.7.3　MnS/In₂S₃ 二维 Z 型异质结光催化分解硫化氢

在前述 rGO-MnS/Mn_3O_4 复合光催化材料中,GO 的引入在一定程度上拓展了 MnS 的光响应范围,同时双助催化单元的形成提升了 MnS 光催化分解 H_2S 制氢活性,但是经过 GO 改性之后的 MnS 制氢活性仍相对较低,且对可见光的响应能力很低,这将会在很大程度上限制 MnS 对太阳能的利用。研究表明,多元素耦合是提升光催化材料吸光能力的有效途径,如 CdS/ZnS(Youn et al.,1988;Roy and De,2003)、ZnS/In_2S_3(Shen et al.,2008;Chai et al.,2011)、CdS/In_2S_3(Bhirud et al.,2011)和 Ag_2S/In_2S_3(Chen and Ye,2007)等复合光催化材料。对于一些具有较宽禁带宽度的半导体而言,为了提高催化材料对太阳光的响应能力,通常可选择一些具有较窄禁带宽度的光催化材料作为复合对象。CdS 和 In_2S_3 都具有相对较窄的禁带宽度,常被作为复合对象来提高光催化材料对太阳光的响应能力。其中 In_2S_3 除了具有合适的能带结构外,其毒性也较低。

鉴于以上分析,为了提高 MnS 的光催化活性,笔者团队以 In_2S_3 作为复合对象,使用溶剂热法合成了一系列具有纳米结构的 MnS/In_2S_3 复合物[图 3-41(a)],并重点研究了反应条件(反应溶液、H_2S 浓度以及 pH 等)对复合物光催化分解 H_2S 制氢活性的影响。根据前驱体 $Mn(Ac)_2·4H_2O$ 在合成过程中的用量,将合成的样品分别命名为 MnS/In₂S₃_0.1、MnS/In₂S₃_0.3、MnS/In₂S₃_0.5、MnS/In₂S₃_0.6、MnS/In₂S₃_0.7、MnS/In₂S₃_0.8 和 MnS/In₂S₃_0.9。可见光($\lambda > 420$ nm)下的光催化分解 H_2S 制氢活性测试结果表明 MnS/In_2S_3 复合物的制氢活性明显高于 α-MnS 和 β-In_2S_3,说明复合物的形成能够有效提升制氢活性[图 3-41(b)]。其中,样品 MnS/In₂S₃_0.7 表现了最高的光催化分解 H_2S 制氢速率,为 8360 $\mu mol·g^{-1}·h^{-1}$,比 α-MnS 高 2090 倍,比 β-In_2S_3 高 50 倍,MnS/In₂S₃_0.7 在 450 nm 下具有最大的表观量子效率 34.2%。随着 H_2S 浓度的增大,MnS/In₂S₃_0.7 的光催化分解 H_2S 制氢速率逐渐增大,在 H_2S 浓度为 3 $mol·L^{-1}$ 时制氢速率达到最大[图 3-41(c)]。随着 H_2S 浓度的进一步增加,体系的制氢速率突然下降,这是因为大量的 H_2S 分子吸附到催化材料表面并占据了反应活性位点,使得催化位点减少。

TEM 和 HRTEM 测试结果(图 3-42)表明 MnS/In₂S₃_0.7 具有纳米片层结构,同时 γ-MnS 和 β-In_2S_3 之间紧密接触后形成了 2D 层状异质结结构,这种异质结结构的形成有利于光生电子和空穴的分离,进而提高半导体材料的光催化活性。为了进一步说明 γ-MnS 和 β-In_2S_3 之间形成 2D 层状异质结是光催化活性提高的关键,笔者团队通过简单的机械搅拌法制备了和 MnS/In₂S₃_0.7 具有相同 MnS、In_2S_3 含量的 MnS/In₂S₃_0.7 混合物。光催化分解 H_2S 制氢研究表明该混合物的制氢活性仅为 MnS/In₂S₃_0.7 的1/50[图 3-42(c)]。因此,MnS/In₂S₃_0.7 具有较高的光催化活性是由于 γ-MnS 和 β-In_2S_3 之间形成了复合物,并且两者之间形成了 2D 层状异质结。

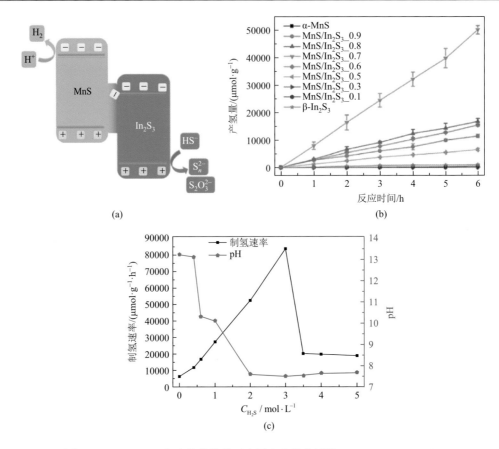

图 3-41　MnS/In$_2$S$_3$ 复合物的结构示意图和光催化活性（Dan et al.，2017）

（a）MnS/In$_2$S$_3$ Z 型异质结结构示意图；（b）α-MnS、β-In$_2$S$_3$ 和 MnS/In$_2$S$_3$ 光催化分解 H$_2$S 制氢累积图；（c）H$_2$S 浓度对反应
体系 pH 和 MnS/In$_2$S$_3$_0.7 制氢速率的影响

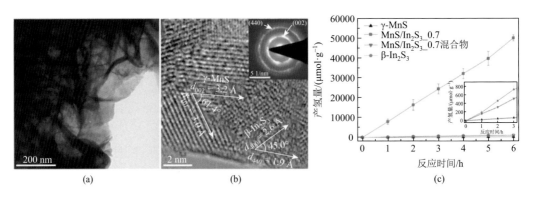

图 3-42　样品 MnS/In$_2$S$_3$_0.7 的微观形貌和光催化活性（Dan et al.，2017）

（a）、（b）样品 MnS/In$_2$S$_3$_0.7 的 TEM 和 HRTEM 图（插图为对应的 SAED 谱图）；（c）样品 γ-MnS、MnS/In$_2$S$_3$_0.7、MnS/In$_2$S$_3$_0.7
混合物和 β-In$_2$S$_3$ 光催化制氢性能对比图

3.7.4 MnS/(In$_x$Cu$_{1-x}$)$_2$S$_3$ 复合物光催化分解硫化氢

MnS/In$_2$S$_3$ 异质结型光催化材料虽然相较于单组分材料在一定程度上提升了制氢活性，但是其光吸收能力受到了原始单相光催化材料带隙位置的限制，而固溶体的形成可进一步弥补上述不足。近年来，含 Cu 固溶体成为研究热点。Kudo 等报道了一系列具有优异吸光性能的含 Cu 固溶体光催化材料，如 ZnS-CuInS$_2$-AgInS$_2$（Tsuji et al.，2005b，2006）、(CuIn)$_x$Zn$_{2(1-x)}$S$_2$（Tsuji et al.，2005a）、(CuGa)$_{1-x}$Zn$_{2x}$S$_2$（Kato et al.，2015）。密度泛函理论计算表明，Cu 的 3d 轨道对价带的贡献对于实现优异的可见光响应至关重要（Dan et al.，2019b）。

笔者团队通过简单的溶剂热法成功制备了一系列新型层状 MnS/(In$_x$Cu$_{1-x}$)$_2$S$_3$（MIC）复合物[图 3-43（a）]，并在可见光下探索了其光催化分解 H$_2$S 制氢性能。Cu 的引入可以显著提升 MnS/In$_2$S$_3$ 的可见光光催化分解 H$_2$S 制氢性能[图 3-43（b）]，随着 Cu 含量升高，光催化性能先增强后减弱，证明 MIC 复合物光催化性能依赖于复合物中的 Cu 含量（MICX 为样品编号，其中 X 的大小反映了样品中的 Cu 含量，X 越大，Cu 含量越高）。样品 MIC1.2 表现出最高的可见光光催化制氢速率，为 29.25 mmol·g^{-1}·h^{-1}，比 MnS/In$_2$S$_3$（11.95 mmol·g^{-1}·h^{-1}）提升了约 1.45 倍。然而，随着 MIC 复合物中 Cu 含量的进一步增加，其光催化分解 H$_2$S 制氢性能开始下降。MIC3.0 的可见光光催化制氢速率（10.35 mmol·g^{-1}·h^{-1}）甚至低于模板材料 MnS/In$_2$S$_3$（11.95 mmol·g^{-1}·h^{-1}），其原因可能是生成了大量 CuS。对样品 MIC1.2 的长效稳定性进行测试，通过 5 次循环实验发现其没有出现明显的活性降低[图 3-43（c）]，证实了样品 MIC1.2 具有优异的稳定性。图 3-43（d）表明 MIC1.2 的表观量子效率（AQE）与入射光子的波长相关，并与 DRS 光谱的变化趋势一致，证明了生成的氢气来源于光催化过程。其中，MIC1.2 在波长为 420 nm 和 450 nm 时的 AQE 分别达到了 65.2% 和 62.6%。

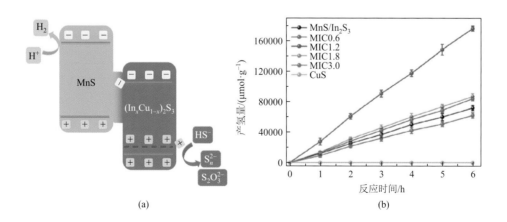

(a)

(b)

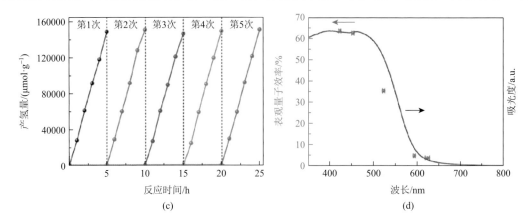

图 3-43　MIC 样品的结构示意图、光催化活性及光学性质（Dan et al.，2019b）

（a）MIC 异质结构示意图；（b）MIC 的可见光（$\lambda > 420$ nm）光催化分解 H_2S 制氢累积图；（c）样品 MIC1.2 光催化分解
H_2S 制氢循环测试图；（d）样品 MIC1.2 紫外-可见漫反射光谱与波长对应表观量子效率趋势对比图

　　笔者团队进一步采用 X 射线吸收谱（X-ray absorption spectroscopy，XAS）探索了
Cu 在不同复合物中的化学环境。使用 CuS 作为参比样品对 MIC 的吸收信号进行分析，
从图 3-44（a）可以看出，相比于 CuS，MIC 的吸收边整体向低能量方向偏移，说明 MIC
中 Cu 的微观构型并不与 CuS 完全相同。对图 3-44（a）中的扩展边信号进行相应变化可
以得到 k 空间信号[图 3-44（b）]，k 空间信号属于真实信号，但对于微观结构较为接近
的样品很难进行区分。因此，在 k 空间数据的基础上，笔者团队进一步进行了傅里叶变换，
得到 R 空间信号[图 3-44（c）、图 3-44（d）]。图 3-44（c）、图 3-44（d）表明 MIC1.2 和
CuS 中 Cu 的第一个壳层具有相似数量的 S 配位，但 MIC1.2 中 Cu—S 的平均键长为 2.31 Å，
明显长于 CuS 中 Cu—S 的键长（2.24 Å），表明 Cu 在 MIC 中的化学环境与在 CuS 中不同。
Cu 第二壳层[3～4 Å，图 3-44（c）]配位数差异进一步证实了 Cu 的不同原子环境，CuS
中 Cu 原子周围平均理论 S 原子数约为 3.7，而 MIC 中 Cu 原子周围的平均 S 原子数为 3.4。
结合上述分析，推测 Cu 应该是从 MnS/In₂S₃ 中 In₂S₃ 的四面体位置取代 In 形成了固溶体，
最终得到了 MnS/(In$_x$Cu$_{1-x}$)₂S₃ "异质-固溶"材料。

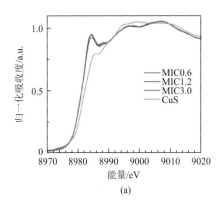

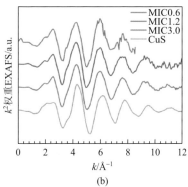

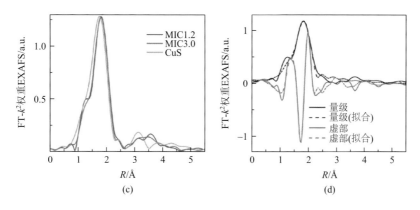

图 3-44 MnS/(In$_x$Cu$_{1-x}$)$_2$S$_3$ 样品的同步辐射测试（Dan et al.，2019b）

（a）X 射线吸收近边结构（XANES）光谱；（b）k^2 权重扩展 X 射线吸收精细结构（EXAFS）光谱；（c）傅里叶变换（Fourier transform，FT）-k^2 权重 EXAFS 光谱；（d）MIC1.2 样品的 EXAFS 光谱拟合曲线

笔者团队还通过紫外-可见漫反射光谱研究了 Cu 的引入对 MnS/In$_2$S$_3$ 太阳光吸收能力的影响。如图 3-45（a）所示，样品 MIC0.6、MIC1.2 和 MIC1.8 的吸光范围可以延伸到可见光区域，而陡峭的吸收边表明可见光区域的吸收是由带边能级产生而不是杂质能级吸收引起的。根据吸收边位置，得出样品 MnS/In$_2$S$_3$、MIC0.6、MIC1.2 和 MIC1.8 的禁带宽度（E_g）分别为 2.47 eV、2.15 eV、2.07 eV 和 2.08 eV。而 MIC3.0 样品表现出完全不同的吸光行为，其可见光区域的吸收存在明显的拖尾现象（从 600 nm 延长至 800 nm），这主要归因于 CuS 对可见光的吸收[图 3-45（b）]。通过 XPS 价带谱得出 MnS/In$_2$S$_3$、MIC1.2 和 MIC3.0 的价带（VB）位置分别为 0.75 eV、0.35 eV 和 0.58 eV[图 3-45（c）]。结合它们的带隙 2.47 eV（MnS/In$_2$S$_3$）、2.07 eV（MIC1.2）和 2.09 eV（MIC3.0），得出其相应的导带（CB）位置分别为−1.72 eV、−1.72 eV 和−1.51 eV，说明所有样品都具有适合的光催化分解 H$_2$S 制氢的带隙结构。

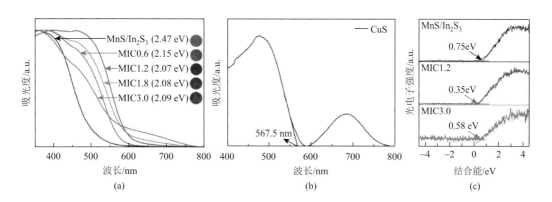

图 3-45 MnS/In$_2$S$_3$ 和 MnS/(In$_x$Cu$_{1-x}$)$_2$S$_3$ 样品的光谱学分析（Dan et al.，2019b）

（a）、（b）不同样品的紫外-可见漫反射光谱；（c）样品 MnS/In$_2$S$_3$、MIC1.2 和 MIC3.0 的 XPS 价带谱

此外，该工作还针对氧化产物在 MnS/(In$_x$Cu$_{1-x}$)$_2$S$_3$ "异质-固溶"复合物表面的吸脱附

行为进行了研究。由 3.7.3 节可知，光氧化反应（$HS^- + 2h_{VB}^+ \longrightarrow H^+ + S$）发生在 β-In$_2S_3$ 上，于是通过 DFT 计算研究了 Cu-In$_2$S$_3$ 的形成对 S 脱附性能的影响，如图 3-46 所示。S 吸附在 β-In$_2$S$_3$ 和 Cu-In$_2$S$_3$ 表面的吸附能（E_{ads}）分别为 –2.01 eV 和 –0.37 eV，说明 S 更容易从 Cu-In$_2$S$_3$ 的表面脱附。因此，Cu 的存在抑制了 S 对光催化材料表面反应活性位点的屏蔽作用，这对于提高光催化分解 H$_2$S 的长期稳定性至关重要。

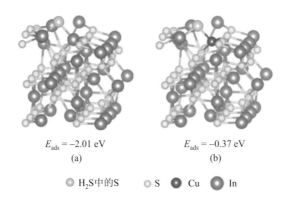

$E_{ads} = -2.01$ eV　　　　　　$E_{ads} = -0.37$ eV

(a)　　　　　　　　　　(b)

○ H$_2$S中的S　　○ S　　● Cu　　● In

图 3-46　引入 Cu 前后 In$_2$S$_3$ 表面吸附 S 的结构及吸附能（Dan et al.，2019b）

(a) β-In$_2$S$_3$；(b) Cu-In$_2$S$_3$

3.7.5　MnS/In$_2$S$_3$/PdS 复合物光催化分解硫化氢

由 3.7.4 节可知，Cu 的引入可以促进 MnS/In$_2$S$_3$ 复合材料对光的吸收，但是 MnS/In$_2$S$_3$ 的载流子分离效率有待进一步提升。通过引入贵金属（如 Pt 和 Pd）助催化单元来提高电荷分离效率同时促进表面反应动力学是提高光催化效率的方法之一，但 H$_2$S 对贵金属的毒化作用会抑制其活性，这使得在与 H$_2$S 相关的研究中难以直接利用 Pt 或 Pd。与纯贵金属相比，贵金属硫化物在 H$_2$S 环境中的稳定性更好（Maicu et al.，2011；Li et al.，2019；李意，2019）。已有研究证明 PdS 可作为良好的助催化单元，促进金属硫化物上光生空穴的转移（Yan et al.，2009；Zhang et al.，2012）。然而，传统的助催化单元在光催化过程中易结块，降低了稀有金属 Pd 的原子效率。为了更好地利用 Pd，应将助催化单元颗粒的尺寸减小至团簇或单个原子，以使光催化过程中的活性位点利用率最大。

笔者团队通过光沉积法制备了负载 Pd 的 MnS/In$_2$S$_3$ 复合物，所得样品被记为 MI-Pd X%，其中 X% 表示贵金属在 MnS/In$_2$S$_3$ 复合物中的质量分数，MI 表示 MnS/In$_2$S$_3$ 复合物。在可见光（λ>420 nm）照射下，对制备的 MI-Pd 复合物在含 3 mol·L^{-1} H$_2$S 的 0.1 mol·L^{-1} Na$_2$S-0.6 mol·L^{-1} Na$_2$SO$_3$ 溶液中进行光催化制氢性能测试。图 3-47（a）表明 Pd 的引入可以有效地提高 MI 的制氢速率，在 Pd 的质量分数为 1.5%（表示为 MI-Pd 1.5%）的情况下，5 h 内样品的平均制氢速率可达到 22.7 mmol·g^{-1}·h^{-1}。在体系中将 Pd 质量分数增加到 2% 并不能进一步提高制氢速率，这可能是由于过多的 Pd 占据了反应活性位点。图 3-47（b）表明 MI-Pd 1.5% 在 395 nm 处获得的最高表观量子效率为 34%，且不同波长下其表观量子效率变化趋势与其吸光性能完全匹配，表明氢气的生成确实是由入射光激发复合材料引起的。图 3-47（c）表明 MI-Pd 1.5%在 10 h 内的制氢活性较为稳定，这在其催化循环测试结果[图 3-47（d）]中得到了进一步证实。

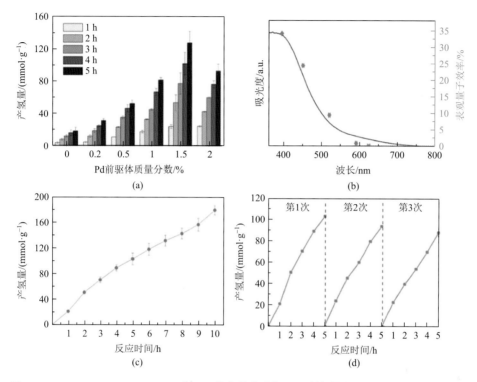

图 3-47　MI-Pd X%（X = 0.2～2）与 MI 的光催化分解 H$_2$S 制氢性能测试（Li et al.，2019）

（a）MI-Pd X%（X = 0.2～2）与 MI 光催化分解 H$_2$S 制氢累积图；（b）MI-Pd 1.5%的紫外-可见吸收光谱与各波长下对应的表观量子效率；（c）MI-Pd 1.5%的光催化分解 H$_2$S 制氢长时间活性测试；（d）MI-Pd 1.5%的光催化分解 H$_2$S 制氢循环测试

　　XPS 测试表明在 MI-Pd 1.5%中可以观察到明显的 Pd 信号[图 3-48（a）]。其中 Pd 3d 的精细谱在 337.3 eV 和 342.5 eV 处显示有一对双峰，分别对应于 Pd^{2+}的 3d$_{5/2}$ 和 3d$_{3/2}$，说明复合材料中没有单质 Pd 的存在。此外，对于 O 1s 的精细谱[图 3-48（b）]，也未检测到 530.3 eV 附近的晶格氧峰，因此，排除了 MI-Pd 1.5%中存在 PdO 的可能性。与 MI 相比，MI-Pd 1.5%的 In 3d 具有更高的结合能[图 3-49（c）]，而 Mn 2p 则大体上保持不变[图 3-48（d）]，说明引入的 Pd 可能与复合物中的 In$_2$S$_3$ 有很强的相互作用，但与 MnS 之间的相互作用较弱。结合引入 Pd 之后 S 2p 结合能升高[图 3-49（e）]这一现象，可以推断 MI-Pd 1.5%中有 PdS 生成，且 PdS 主要与 MnS/In$_2$S$_3$ 中的 In$_2$S$_3$ 发生相互作用。为评估 PdS 和 In$_2$S$_3$ 之间的相互作用是否比 PdS 和 MnS 之间的相互作用更有利于光催化分解 H$_2$S 制氢，将 PdS 分别负载在 MnS 和 In$_2$S$_3$ 上进行光催化性能测试。如图 3-48（f）所示，PdS 使 In$_2$S$_3$ 的制氢速率提高大约 10 倍，而使 MnS 的制氢速率提高约 2 倍。因此，PdS 和 In$_2$S$_3$ 之间的相互作用可以使 PdS 的积极影响在 MI-Pd 复合材料中达到最大。

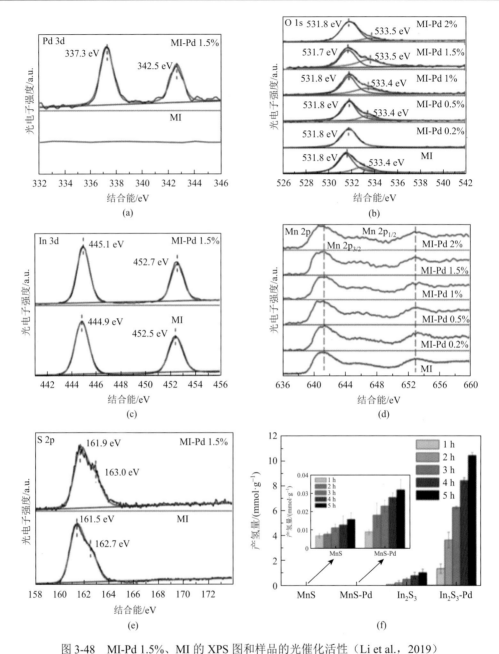

图 3-48　MI-Pd 1.5%、MI 的 XPS 图和样品的光催化活性（Li et al.，2019）

（a）Pd 3d 精细谱；（b）O 1s 精细谱；（c）In 3d 精细谱；（d）Mn 2p 精细谱；（e）S 2p 精细谱；（f）MnS、MnS-Pd、In_2S_3 和 In_2S_3-Pd 在 5 h 内的光催化制氢速率（Pd 前驱体的质量分数为 1.5%，与 MI-Pd 一致）

　　图 3-49（a）表明 MI-Pd 1.5%的发光强度要明显低于 MI，说明 PdS 的加入抑制了载流子复合的过程，并提高了光催化体系中电荷转移的效率。表面光电压（surface photovolitage，SPV）测试进一步证实了这个结论［图 3-49（b）］，与原始 MI 相比，含 PdS 的样品在整个波长测量范围内显示出更高的光电压。此外，MI-Pd 1.5%的瞬态光电流响应比 MI 更为明显［图 3-49（c）］，电化学阻抗谱（EIS）也表明 MI-Pd 1.5%的电荷转移电阻小于 MI

［图 3-49（d）］。上述结果均表明 MI-Pd 中的 PdS 可以显著提高 MnS/In$_2$S$_3$ 复合材料的电荷分离效率。

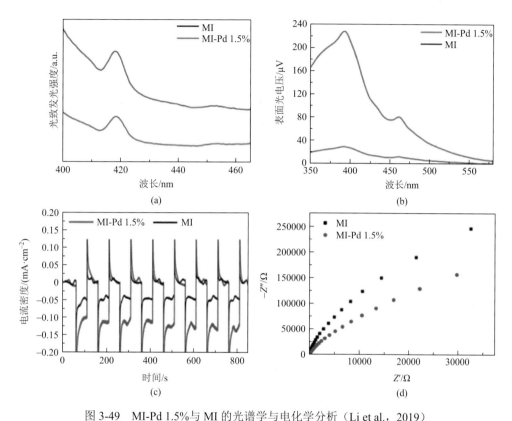

图 3-49　MI-Pd 1.5% 与 MI 的光谱学与电化学分析（Li et al.，2019）

（a）～（d）MI-Pd 1.5% 与 MI 的光致发光谱、表面光电压光谱、瞬间光电流测试结果以及电化学阻抗测试结果

　　表面反应动力学也是影响光催化效率的重要因素，在体系中初始氧化产物特别是 S 的解离速率会影响复合材料的光催化活性。因此，笔者团队进行了 DFT 计算，以比较 S 在 PdS 上的吸附能与在传统金属助催化单元 Pd 上的吸附能。计算结果表明，在 PdS（-3.7 eV）和 Pd（-5.5 eV）上，单质 S 的吸附都是可以自发进行的，但是在 PdS 上，其吸附能的绝对值更小，说明吸附结构的稳定性更差，S 更容易发生脱附。因此，PdS 的引入还可以在一定程度上促进 S 的脱附，从而提高 MnS/In$_2$S$_3$ 的光催化效率。

3.7.6　MnS/In$_2$S$_3$-MoS$_2$ 复合材料光催化分解硫化氢

　　前述已经通过 Cu 与 PdS 的引入成功实现了对 MnS/In$_2$S$_3$ 中氧化位点的修饰，但对于 MnS 一端的还原位点，研究还相对较少。为进一步提升材料的光催化分解 H$_2$S 制氢性能，需要对还原反应进行更进一步的研究，如引入还原型助催化单元等。贵金属助催化单元在 H$_2$S 分解过程中会由于 H$_2$S 的毒化作用而失活，因此开发性能可比肩贵金属的非贵金属助催化单元十分重要。二硫化钼（MoS$_2$）在地球上的储量十分丰富且对 H 原子的吸附能接近零，已被证明是一种优良的非贵金属光催化制氢助催化单元（Li et al.，2016；Junkaew et al.，2017）。更重要的是，MoS_2 自身含有 S，可以很好地克服由 H_2S 引起的失活（Jaramillo et al.，2007）。Park 和 Lee 利用 CdS 中的表面和亚表面缺陷诱导实现了 MoS_2 的外延生长，成功构建了接触紧密的 CdS/MoS_2 复合物，实验结果证明 MoS_2 的引入显著地提升了 CdS 的光催化制氢性能（Zhang et al.，2017）。Liu 等利用 S 空位诱导策略成功地将 MoS_2 量子点锚定到单层 $ZnIn_2S_4$ 纳米片上，实现了光催化性能的提升（Zhang et al.，2018）。

笔者团队以 MnS/In_2S_3 纳米片为模板，利用简单的溶剂热法制备了一系列 $MnS/In_2S_3-MoS_2$ 复合物（MI-Mx，x = 1.5、3.0、4.5、6.0），其中 x% 表示 MoS_2 在 $MnS/In_2S_3-MoS_2$ 复合物中的质量分数，x 越大，MoS_2 的负载量越高。通过对比紫外-可见漫反射光谱可以发现，与 In_2S_3 不同，MnS 在可见光（450～700 nm）范围内存在两个明显的吸收峰，这是由 MnS 晶体中丰富的缺陷引起的[图 3-50（a）]。该结果说明在该反应条件下合成的 MnS 相对于 In_2S_3 更容易形成丰富的缺陷。室温电子自旋共振（ESR）测试进一步证实了缺陷的存在，MnS 在 g 值为 2.003 处显示出很强的 ESR 信号，证明在 MnS 中存在丰富的 S 空位（V_S）缺陷[图 3-50（b）]。这一信号在 MnS/In_2S_3 复合物中得到了保留，但在单相 In_2S_3 样品中并没有检测到该信号，说明 V_S 主要位于 MnS/In_2S_3 复合物中的 MnS（光还原位点）上。这为精准锚定 MoS_2 到 MnS/In_2S_3 复合物的还原位点（MnS）上提供了可能[图 3-50（c）]。此外，MI-M 复合物的 ESR 信号强度相比 MnS/In_2S_3 复合物明显增强，意味着 MoS_2 的形成伴随着大量不饱和 S 边缘的产生，这通过 MI-M 的光致发光谱在 600 nm 附近的发光峰可以得到进一步证实[图 3-50（d）]。随着 MoS_2 含量的增加，该发光峰的强度也明显增加，证明富含不饱和 S 边缘的 MoS_2 被成功地负载到 MnS/In_2S_3 异质结上。

TEM 图表明 MnS/In_2S_3 复合物在锚定 MoS_2 之后依旧保留了原来的纳米片结构[图 3-51（a）]。引入 MoS_2 之后在 MnS/In_2S_3 纳米片表面可以观察到一些褶皱区域[图 3-51（b）]，这可能是 MoS_2 的存在所导致的。HRTEM 图[图 3-51（c）]表明褶皱区域对应的晶格间距等于 6.8 Å，对应于 MoS_2 的(002)晶面。在 SAED 图中并未发现 MoS_2 的清晰衍射环[图 3-51（d）]，表明 MoS_2 的结晶度较低。EDS 面扫描图[图 3-51（e）]清楚地显示了 MC-M4.5 复合物中 Mn 和 Mo 表现出相似的分布情况，且与 In 的分布明显不同，这一现象直接证明富含不饱和 S 边缘的 MoS_2 可以选择性生长到 MnS/In_2S_3 复合物中的 MnS 上。

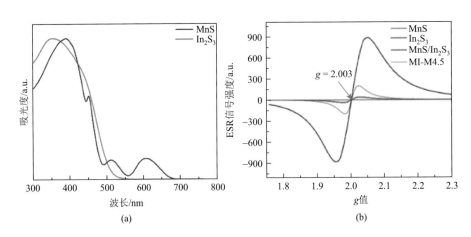

(a)　　　　　　　　　　　　　　　　(b)

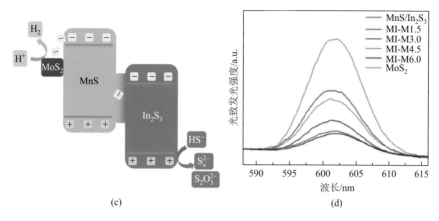

图 3-50 样品的光学性质

（a）MnS 和 In$_2$S$_3$ 的紫外-可见漫反射光谱；（b）MnS、In$_2$S$_3$、MnS/In$_2$S$_3$ 以及 MI-M4.5 的 ESR 图；（c）MnS/In$_2$S$_3$-MoS$_2$ 异质结构；（d）MnS/In$_2$S$_3$、MoS$_2$ 和各类 MI-M 样品的光致发光谱

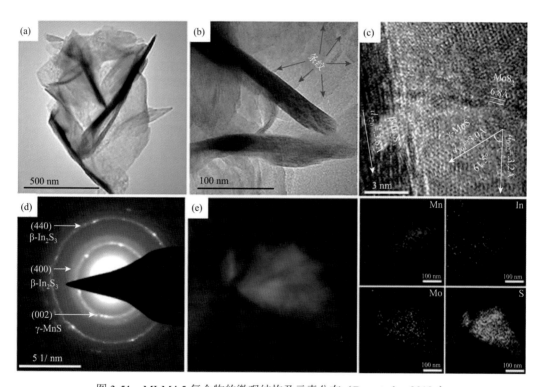

图 3-51 MI-M4.5 复合物的微观结构及元素分布（Dan et al.，2019c）

（a）、（b）MI-M4.5 复合物的 TEM 图；（c）MI-M4.5 复合物的 HRTEM 图；（d）MI-M4.5 复合物的 SAED 图；（e）MI-M4.5 复合物的 EDS 面扫描图

在可见光（$\lambda > 420$ nm）条件下测试 MI-M 复合物的光催化分解 H$_2$S 制氢性能。图 3-52（a）、图 3-52（b）显示 MoS$_2$ 的引入可以显著提高 MnS/In$_2$S$_3$ 复合物的光催化分解 H$_2$S 制氢性能。其中，MI-M4.5 具有最高的光催化分解 H$_2$S 活性，对应的制氢速率为 124 μmol·h^{-1}，相对于 MnS/In$_2$S$_3$ 复合物提升了 3.4 倍。进一步增加 MoS$_2$ 的含量，MI-M6.0

的光催化分解 H_2S 平均氢气生成量明显降低（77 $\mu mol \cdot h^{-1}$），这是由 MoS_2 对光的屏蔽作用所引起的。单独的 MoS_2 的制氢性能几乎可以被忽略，证明 MoS_2 在 MI-M 复合物中仅仅扮演着助催化单元的角色。MI-M4.5 的制氢活性与其吸光性能高度吻合，说明其催化活性来自样品对入射光的吸收［图 3-52（c）］。在 3 次循环测试中，MI-M4.5 的制氢速率保持恒定［图 3-52（d）］，且循环测试后样品的物相组成没有发生任何变化［图 3-52（e）］，表明 MI-M 复合物在光催化分解 H_2S 过程中具有良好的稳定性。在相同条件下合成 MnS-MoS_2 和 In$_2$S$_3$-MoS_2，并对其在可见光下的光催化分解 H_2S 制氢性能进行测试，结果如图 3-52（f）所示。MnS-MoS_2 复合物的光催化制氢速率（0.07 $\mu mol \cdot h^{-1}$）比 MnS（0.01 $\mu mol \cdot h^{-1}$）提高了 6.0 倍，但是 MoS_2 的引入显著地抑制了 In$_2$S$_3$（0.046 $\mu mol \cdot h^{-1}$）的催化活性（制氢速率降幅约 680%）。这再次说明在 MI-M 复合物中，MoS_2 主要固定在 MnS 上，使得复合物的光催化分解 H_2S 制氢性能提升。

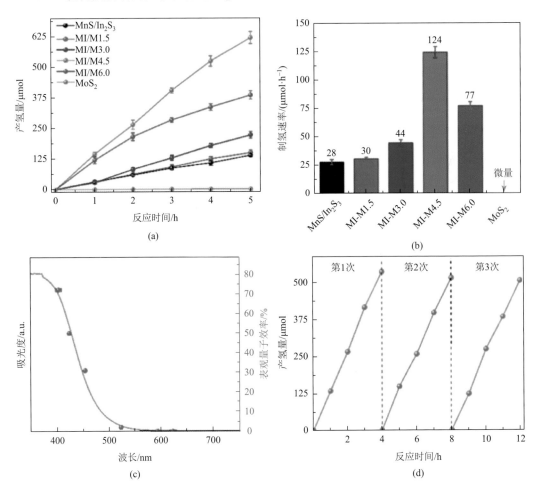

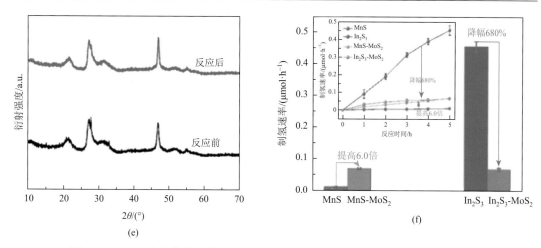

图 3-52　MI-M 复合物的光催化活性、光学性质及晶体结构（Dan et al.，2019c）

（a）、（b）不同 MI-M 样品的可见光光催化分解 H₂S 制氢累积图与制氢速率图；（c）MI-M4.5 表观量子效率-波长变化趋势与紫外-可见漫反射光谱对比图；（d）MI-M4.5 光催化分解 H₂S 制氢循环性能测试结果；（e）MI-M4.5 在光催化反应前后的 XRD 图；（f）MnS-MoS₂ 和 In₂S₃-MoS₂ 复合物制氢性能测试对比图；（a）、（b）、（d）、（f）中的催化剂用量为 0.0025g

　　DFT 计算进一步阐明了光生电子在 MnS 和 MoS₂ 之间的转移过程。如图 3-53（a）、图 3-53（b）所示，MnS［(001)晶面］和 MoS₂［(001)晶面］的功函数分别为 5.087 eV 和 5.074 eV。因此，当 MnS 和 MoS₂ 接触时，电子将趋于从 MoS₂ 迁移到 MnS，以实现它们之间的费米能级平衡，最终在 MnS 和 MoS₂ 的界面处形成从 MoS₂ 指向 MnS 的界面电场，加速 MnS 和 MoS₂ 之间的载流子迁移。MnS 与 MoS₂ 的差分电荷密度图［图 3-53（c）］进一步验证了这一结果。在 MI-M 双界面体系中，MoS₂ 指向 MnS 的内建电场的存在对于光生电子的进一步转移至关重要。当半导体被大于其禁带宽度（E_g）的光子照射时，MI-M 复合物中的 MnS 和 In₂S₃ 均被激发，生成光生电子和空穴，这些光生电子和空穴首先在 MnS 和 In₂S₃ 之间的内建电场作用下分别定向转移到 MnS 和 In₂S₃ 上。由于 MoS₂ 和 MnS 之间的内建电场是从 MoS₂ 指向 MnS 的，故光生电子会进一步从 MnS 转移到 MoS₂ 上分解 H₂S 制氢。因此，MI-M 双界面结构的形成有助于从还原端（MnS）一侧实现光生电子的进一步转移，使得 MnS/In₂S₃ 光催化分解 H₂S 制氢活性得到进一步提升。

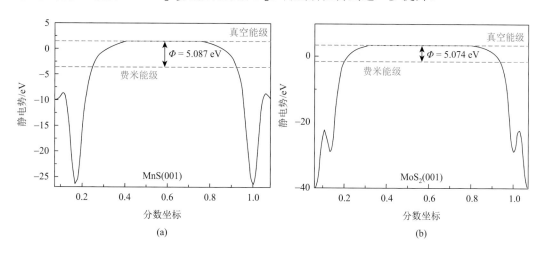

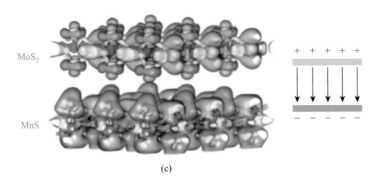

(c)

图 3-53　MnS 与 MoS$_2$ 的界面电荷转移过程分析（Dan et al.，2019c）

（a）、（b）MnS［(001)晶面］与 MoS$_2$［(001)晶面］的功函数谱图；（c）MnS 与 MoS$_2$ 的差分电荷密度图

3.7.7　MnS/(In$_x$Cu$_{1-x}$)$_2$S$_3$-MoS$_2$ 复合物光催化分解硫化氢

前述章节以 MnS/In$_2$S$_3$ 为模板材料，从材料设计的角度出发针对光氧化过程提出了从异质结到固溶体再到异质-固溶的调控思路，并针对还原反应提出了从异质结到助催化单元再到双界面结构的设计思路，最终使得光催化制氢速率从 11.2 mmol·g^{-1}·h^{-1}（MnS/In$_2$S$_3$）提升到 49.56 mmol·g^{-1}·h^{-1}（MnS/In$_2$S$_3$-MoS$_2$），光催化稳定时间从少于 8 h 提升到 25 h 以上。从理论角度出发，如果同时对光催化还原过程和氧化过程进行调控，那么可以实现对 MnS/In$_2$S$_3$ 基金属硫化物氧化还原能力的双向调控。因此，笔者团队进一步构建了 MnS/(In$_x$Cu$_{1-x}$)$_2$S$_3$-MoS$_2$（MIC-M）复合物。首先，通过 XRD 测试对合成的所有 MIC-M 样品的物相组成进行表征。如图 3-54（a）所示，所有 MIC-M 的 XRD 图都和 MIC-1.2 具有相似的衍射信号，出现了六方相 γ-MnS 和 β-In$_2$S$_3$ 衍射峰，这说明 MoS$_2$ 的引入不会改变 MIC-M 复合物原有的晶相结构。随着 MoS$_2$ 质量分数的增加，在 2θ 为 15°～25° 的范围内出现了一个宽峰，其对应立方相 MoS$_2$ 的 XRD 衍射峰，说明 MoS$_2$ 已被成功引入 MIC-M

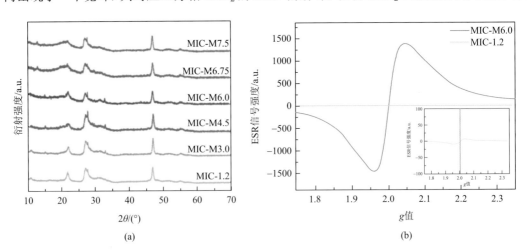

图 3-54　MIC 和 MIC-M 样品的微观结构测试（Dan et al.，2021a）

（a）MIC-1.2 和 MIC-M 样品的 XRD 图；（b）MIC-1.2 和 MIC-M6.0 的 ESR 图

复合物中。其次，ESR 测试中 MIC-M 在 $g = 2.003$ 处出现的信号说明 MoS_2 可能含有丰富的不饱和边缘缺陷[图 3-54 (b)]。

可见光下的光催化分解 H_2S 制氢性能测试表明，MIC-M 比 MIC 有更好的制氢性能和表观量子效率[图 3-55 (a)、图 3-55 (b)]。随着 MoS_2 含量的增加，光催化性能先增强后减弱。样品 MIC-M6.0 具有最高的制氢性能，对应的光催化制氢速率为 126.5 mmol·g^{-1}·h^{-1}，达到了国际领先水平。MIC-M6.0 的长效稳定性测试[图 3-55 (c)]表明在 5 次 10 h 的循环实验后其制氢性能几乎不变，说明 MIC-M6.0 具有优异的长效稳定性。MIC-M 同时具有 MnS/In_2S_3 异质结、$(In_xCu_{1-x})_2S_3$ 固溶体和 MoS_2-MnS 双界面的性质，通过对影响光催化性能的三大因素（太阳光响应、载流子分离、表面催化反应）的协同调控[图 3-55 (d)]，实现了制氢活性的极大提升。

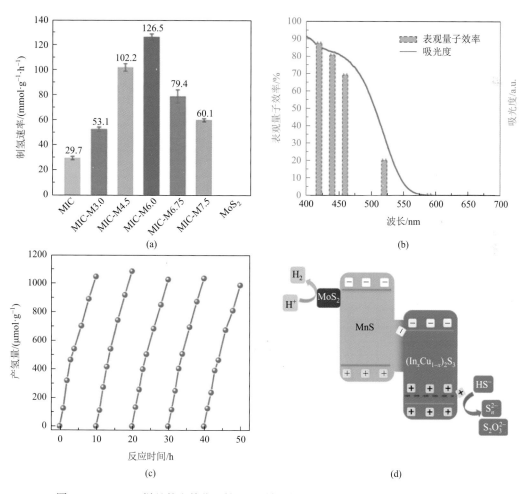

图 3-55 MIC-M 样品的光催化活性、光学性质和结构示意图（Dan et al.，2021a）

（a）MIC-M 样品可见光光催化分解 H_2S 制氢速率图；（b）MIC-M6.0 紫外可见吸收光谱与对应的表观量子效率；（c）MIC-M6.0 样品的光催化分解 H_2S 制氢循环测试结果；（d）MIC-M 异质结结构

3.7.8 MnS/CdS 复合物光催化分解硫化氢

3.6 节详细介绍了 CdS 在光催化分解 H_2S 制氢领域应用的相关研究。CdS 也是一种常见的用于制备复合物的光催化材料，将宽禁带的 MnS（$E_g = 3.7$ eV）与窄禁带的 CdS（$E_g = 2.4$ eV）复合制备成 $Mn_xCd_{1-x}S$ 固溶体，是提升 MnS 光催化分解 H_2S 制氢活性的一种有效方式。

笔者团队通过简单的水热反应制备了 $Mn_xCd_{1-x}S$（MC-x，其中 x 代表样品前驱体中 Cd 与 Mn 的比例）固溶体，并对其光催化分解 H_2S 制氢性能进行了研究。为了确认样品的晶体结构及物相组成，对 MC 复合物进行 XRD 测试，结果如图 3-56 所示。单独的 MnS 和 CdS 分别为立方相和六方相结构，而在 MC 复合物中出现了六方相 MnS 的衍射峰，说明 Cd 可实现对 MnS 晶相结构的有效调控，这可能归因于 MnS 和 CdS 晶相结构具有较高的匹配程度。值得注意的是，在 MC 复合物中随着 Cd 含量的逐渐增加，CdS 的衍射峰向高角度偏移而 MnS 的衍射峰则向低角度偏移，表明 Mn 和 Cd 原子分别进入了 CdS 与 MnS，并形成了 $Mn_xCd_{1-x}S$ 和 $Cd_yMn_{1-y}S$ 固溶体，两种固溶体共同作用，形成了全新的 $Mn_xCd_{1-x}S/Cd_yMn_{1-y}S$ 双固溶体复合物。

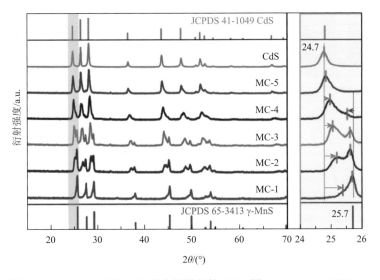

图 3-56 CdS、MnS 及 MC 复合物样品的 XRD 图（Dan et al.，2021b）

在可见光条件下以及 Na_2S-Na_2SO_3 反应介质中测试 $Mn_xCd_{1-x}S/Cd_yMn_{1-y}S$ 的光催化分解 H_2S 制氢性能。首先对 Na_2S-Na_2SO_3 反应介质的浓度进行优化［图 3-57（a）、图 3-57（b）］，通过固定反应介质中 Na_2S 的浓度探究 Na_2SO_3 的最优浓度，MC-3 样品的制氢速率随 Na_2SO_3 浓度的增加而增加，在 1.5 mol·L^{-1} 时制氢速率达到最大，考虑到 Na_2SO_3 的溶解度有限，其浓度难以进一步增加，因此选用 1.5 mol·L^{-1} 作为 Na_2SO_3 最佳浓度。在此基础上，继续增加 Na_2S 含量时，MC-3 样品的制氢活性受到抑制。由此确定 0.1-1.5 mol·L^{-1} 为

Na$_2$S-Na$_2$SO$_3$ 溶液最佳反应浓度。随后，对所有 MC 复合物样品进行光催化分解 H$_2$S 制氢性能测试，所有 MC 复合物样品的制氢活性相对于单独的 CdS 和 MnS 都有明显提升，其中 MC-3 具有最高的制氢速率（113.3 mmol·g^{-1}·h^{-1}），相比单独的 MnS 和单独的 CdS 分别提升了约 141 倍和 23 倍，证明了 Mn$_x$Cd$_{1-x}$S/Cd$_y$Mn$_{1-y}$S 双固溶体复合物的有效性。

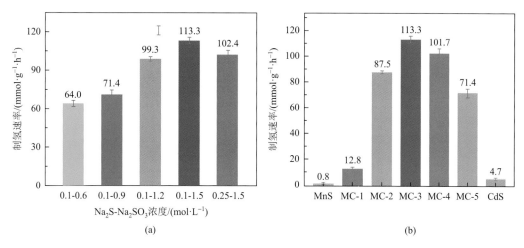

图 3-57　MC-x 样品的光催化活性（Dan et al.，2021b）

（a）MC-3 样品在不同 Na$_2$S-Na$_2$SO$_3$ 浓度下光催化分解 H$_2$S 制氢速率图；（b）MnS、CdS 以及 MC 复合物样品在 0.1-1.5 mol·L^{-1} Na$_2$S-Na$_2$SO$_3$ 反应介质中光催化分解 H$_2$S 制氢速率图（每 1.5 mg 催化材料）

3.8　其他材料光催化分解硫化氢

除了上述介绍的硫化镉、硫化锰基材料外，硫化铋和硫化铜复合物等近年来也被报道应用于光催化分解 H$_2$S 制氢，以下对这些体系进行简要阐述。

3.8.1　Bi$_2$S$_3$ 光催化分解硫化氢

作为第 V 族和第 VI 族半导体材料的重要组成部分，硫化铋（Bi$_2$S$_3$）在 X 射线成像、光探测器和电化学储氢的应用中得到了深入研究（Rabin et al.，2006；Zhang et al.，2006；Long et al.，2016）。Bi$_2$S$_3$ 具有正交晶系结构，一般为直接带隙 n 型半导体，其禁带宽度为 1.3～1.7 eV。自 Wu 等（2010）首次报道使用 Bi$_2$S$_3$ 纳米点和纳米棒光催化降解染料以来，Bi$_2$S$_3$ 用于光催化材料的研究已取得了很大进展。

笔者团队使 Bi 以氧化物的形式溅射生长到 FTO 玻璃表面，然后通过退火与水热反应，将 β-Bi$_2$O$_3$ 转换为 Bi$_2$S$_3$，并将其应用于光催化分解 H$_2$S 制氢（Kale et al.，2011；Li Z G et al.，2017）。在合成过程中，从样品的 XRD 测试结果（图 3-58）可以看出，随着水热反应时间的延长，β-Bi$_2$O$_3$（JCPDS 27-0050）全部转换为 Bi$_2$S$_3$（JCPDS 17-0320），杂相含量很少。

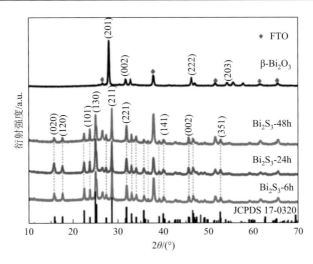

图 3-58 β-Bi$_2$O$_3$、Bi$_2$S$_3$-6h、Bi$_2$S$_3$-24h 和 Bi$_2$S$_3$-48h 薄膜的 XRD 测试（Li Z G et al.，2017）

Bi$_2$S$_3$ 可在碱性条件下光催化分解 H$_2$S 制氢，相比于 Na$_2$S-Na$_2$SO$_3$ 溶液，使用 NaOH 溶液来吸收 H$_2$S 更有利于 Bi$_2$S$_3$ 光催化制氢（表 3-7）。推测这一现象是由牺牲剂氧化还原能力不同所造成的。在吸收 H$_2$S 之后，NaOH 溶液中存在大量的 HS$^-$，Na$_2$S-Na$_2$SO$_3$ 溶液则包含大量的 SO$_3^{2-}$ 和 HS$^-$。虽然 SO$_3^{2-}$ 在一般情况下用作氧化牺牲剂，但也可以捕获电子发生还原竞争反应，使得能够参与质子还原的电子数减少，这在强碱性条件下尤为明显。Bi$_2$S$_3$ 是一种导带位置较低的材料，其受到激发后产生的光生电子还原能力较弱，在反应存在竞争关系时更倾向于参与热力学能量更低的化学反应。在强碱性条件下，如 pH 为 14 时，E(SO$_3^{2-}$/S$_2$O$_3^{2-}$) = −0.571 V vs. SHE，而 E(H$_2$O/H$_2$) = −0.827 V vs. SHE，由于前者的电位更小，故 Bi$_2$S$_3$ 倾向于优先利用光生电子还原 SO$_3^{2-}$ 生成 S$_2$O$_3^{2-}$，因此 H$^+$ 的还原会被抑制。由此可以看出，对于不同的催化材料，针对性地选择体系中的反应介质是十分重要的。

表 3-7　Bi$_2$S$_3$ 薄膜在全光谱下光照 6 h 后分解 H$_2$S 制氢的产氢量（Li Z G et al.，2017）（单位：μmol）

反应溶液	β-Bi$_2$O$_3$	Bi$_2$S$_3$-6h	Bi$_2$S$_3$-24h	Bi$_2$S$_3$-48h
Na$_2$S-Na$_2$SO$_3$	—	—	0.09	—
NaOH	0.57	0.51	0.93	0.38

微观形貌对 Bi$_2$S$_3$ 的光催化分解 H$_2$S 制氢性能也有十分显著的影响。Kawade 等（2014）发现在不同的反应条件下，Bi$_2$S$_3$ 的微观形貌将呈现出巨大差异。如果在水热合成过程中只使用水作为溶剂，得到的 Bi$_2$S$_3$ 将呈现纳米棒状结构，并且这些纳米棒将随机排布，规律性很差（S1）；如果在溶剂中加入一定比例的乙二醇，那么 Bi$_2$S$_3$ 则会拥有蒲公英状的微观结构，整个生长方向为由内向外（S2）；在蒲公英状 Bi$_2$S$_3$ 的基础上继续延长反应时间，则会使花状结构的生长加强，并转变为尺寸更大的纳米花结构（S3），如图 3-59 所示。

图 3-59　1500 ℃下合成的 Bi$_2$S$_3$ 的 FESEM 图（Kawade et al.，2014）

（a）、（b）以水为溶剂合成的 Bi$_2$S$_3$（S1）；（c）、（d）以水和乙二醇为溶剂合成的 Bi$_2$S$_3$（S2）；（e）、（f）以水和乙二醇为溶剂在长反应时间下合成的 Bi$_2$S$_3$（S3）

通过一系列实验发现，纳米花状的样品 S3 具有最高的制氢速率（8.88 mmol·g^{-1}·h^{-1}），比纳米棒 S1（7.08 mmol·g^{-1}·h^{-1}）高 25%左右。S3 的纳米花状结构是自组装形成的，表面有效活性位点因其膨胀而增加，从而加快了反应物向催化材料表面的转移速度，进而抑制了表面载流子的复合。同时，花状结构可以让入射光在材料表面进行反复的折射，而每次折射都会让一部分光子被材料所吸收。因此，光子在材料表面的折射次数将显著增加，促使光吸收效率提升，两者共同促进了体系制氢效率的提高。样品 S2 的制氢速率（8.64 mmol·g^{-1}·h^{-1}）略低于 S3，这是因为两者虽然均为层状纳米花结构，但样品 S3 的蓬松性更好，有利于吸收入射光子，因此其制氢性能更好。

3.8.2　MnS/Bi$_2$S$_3$ 复合物光催化分解硫化氢

Lashgari 团队报道了一种新颖的 p-n 型异质结结构，并采用两步水热法合成了一系列 n-Bi$_2$S$_3$ 与 p-MnS 摩尔比不同的 p-n 型异质结催化材料 xBi$_2$S$_3$·yMnS。XRD 测试表明复合物样品中存在明显的 Bi$_2$S$_3$ 和 MnS 的 XRD 衍射峰，表明通过水热法成功将 Bi$_2$S$_3$ 和 MnS 复合在一起。Lashgari 团队利用莫特-肖特基曲线和库贝尔卡-蒙克（Kubelka-Munk）法分别得到了 p-MnS 和 n-Bi$_2$S$_3$ 的能带结构，如图 3-60 所示。能带结构分析表明受光激发后 MnS 导带上的电子会转移到 Bi$_2$S$_3$ 的导带上，用于 H$^+$ 的还原，而光生空穴则会从 Bi$_2$S$_3$ 的价带转移到 MnS 的价带，参与表面 HS$^-$ 的氧化反应，p-n 型异质结有效增强了材料的光生载流子分离能力。随后在 0.5 mol·L^{-1} 的 NaOH 溶液中利用所合成的材料进行光催化分解 H$_2$S 制氢实验，如图 3-61 所示。随着 xBi$_2$S$_3$·yMnS 复合物的形成，其光催化活性增加，并且在 $r(r=x/y)=2$ 时表现出最高的制氢性能。通过向反应后的溶液中加入盐酸溶液，得到了单质 S，同时发现光催化过程中生成的单质 S 的量与生成的 H$_2$ 的量满足化学计量比 1：1[图 3-62（a）]。进一步分析盐酸的引入使得反应溶液析出单质 S 的具体原理[图 3-62（b）]：反应溶液中有大量的 S$_2^{2-}$ 和未反应的 HS$^-$，盐酸中的质子会使得 HS$^-$ 转变成 H$_2$S；另外，pH 为 5.0～7.2（黄色区域）时，质子主要用于消耗 S$_2^{2-}$ 生成黄色的单质 S，此时体系 pH 下降速度明显减缓。对在该过程中收集得到的固体样品进行 XRD 分析，发现其与正交硫的晶体结构高度重合[图 3-62（c）]。

在该体系中，光催化分解 H$_2$S 的机理如图 3-62（d）所示。在光生电子作用下，溶液中 HS$^-$ 的 H$^+$ 被还原生成氢气[式（3-15）]；在光生空穴作用下，HS$^-$ 中的 S 被氧化生成 S$_2^{2-}$[式（3-16）]。随后对反应溶液进行酸化，S$_2^{2-}$ 发生歧化反应，生成 HS$^-$ 和单质 S[式（3-17）]。

$$2HS^- + 2e^- \longrightarrow H_2 + 2S^{2-} \tag{3-15}$$

$$2HS^- + 2h^+ \longrightarrow 2H^+ + S_2^{2-} \tag{3-16}$$

$$S_2^{2-} + H^+ \longrightarrow HS^- + S \tag{3-17}$$

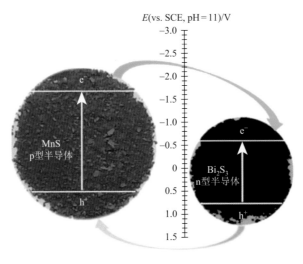

图 3-60　p-MnS 和 n-Bi$_2$S$_3$ 半导体材料的能带结构以及在光催化过程中发生的电荷分离示意图
（Lashgari and Ghanimati，2019）

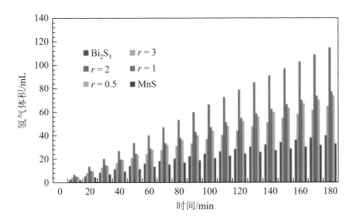

图 3-61　xBi$_2$S$_3$·yMnS 复合物光催化分解 H$_2$S 制氢结果图（Lashgari and Ghanimati，2019）

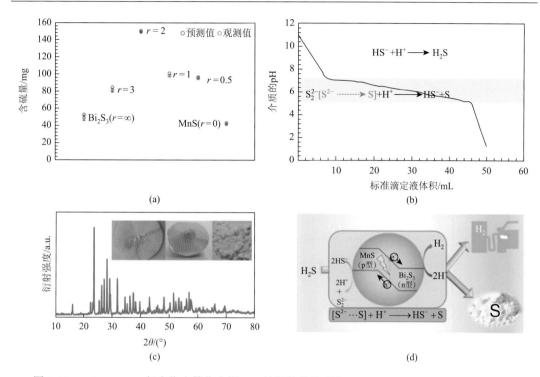

图 3-62　xBi$_2$S$_3$·yMnS 复合物光催化分解 H$_2$S 的相关具体研究（Lashgari and Ghanimati，2019）

（a）光催化分解 H$_2$S 过程中硫产物预测值与观测值的对比；（b）残留介质的酸化与硫的萃取：在光反应（光照 3 h）后记录反应介质的滴定图（滴定剂：1 mol·L^{-1} HCl）；（c）淡黄色粉状产物的 XRD 图；（d）光催化反应机理图

3.8.3　In$_2$S$_3$/CuS 复合物光催化分解硫化氢

CuS 和 β-In$_2$S$_3$ 是两种常见的窄禁带光催化材料，具有较好的可见光响应能力，但是单组分的 CuS 和 β-In$_2$S$_3$ 自身的载流子复合速度较快，导致其光催化活性不高。笔者团队构建了一种全新的二元异质结 In$_2$S$_3$/CuS 材料，该材料中的 β-In$_2$S$_3$ 和 CuS 有着较强的界面作用，使得复合物的光催化分解 H$_2$S 制氢效率较单独的 CuS 和 β-In$_2$S$_3$ 得到了显著提升（Prakash et al.，2018）。样品命名为 In$_2$S$_3$/CuS-X，其中 X 代表前驱体中 In 和 Cu 的比例。光催化测试结果也表明控制 In 和 Cu 的比例可以显著提高材料的制氢速率，其中 In$_2$S$_3$/CuS-80 的效果最好，其制氢速率达 14.95 mmol·g^{-1}·h^{-1}，这一数值相比于 In 和 Cu 的单相硫化物分别提高了 347 倍和 61 倍，可见异质结的促进效果十分显著[图 3-63（a）、图 3-63（b）]。图 3-63（c）表明 In$_2$S$_3$/CuS-80 复合物具有良好的光稳定性，在三个循环内其光催化制氢活性基本保持不变。In$_2$S$_3$/CuS 在 Na$_2$S/Na$_2$SO$_3$ 的 H$_2$S 吸收液中的制氢活性要明显优于在 NaOH/Na$_2$SO$_3$ 和 NaOH 中[图 3-63（d）]，说明反应介质的选择对光催化分解 H$_2$S 制氢活性至关重要。

此外，笔者团队还研究了 In$_2$S$_3$/CuS 及相关材料在光催化过程中的载流子分离与迁移机制（图 3-64）。在可见光照射下，所有样品均表现出相对稳定和可逆的光响应。与 β-In$_2$S$_3$（1 μA·cm^{-2}）和 Cu$_9$S$_5$（0.1 μA·cm^{-2}）相比，In$_2$S$_3$/CuS-80 表现出最高的电流密度，约为

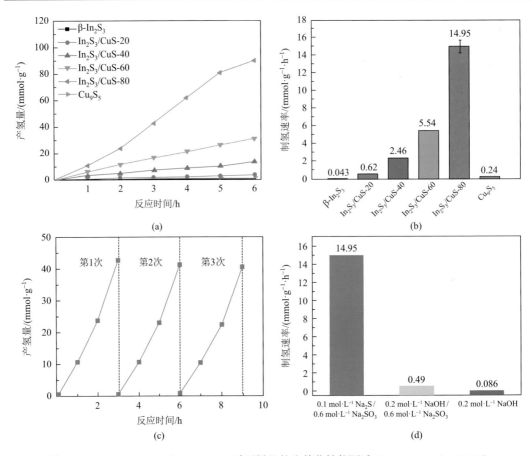

图 3-63　β-In₂S₃、Cu₉S₅ 和 In₂S₃/CuS 系列样品的光催化性能测试（Prakash et al.，2018）

（a）、（b）不同类型 In₂S₃/CuS 的光催化分解 H₂S 制氢累积图与制氢速率图；（c）In₂S₃/CuS-80 的光催化分解 H₂S 制氢循环测试结果；（d）In₂S₃/CuS-80 在不同反应介质中的制氢速率

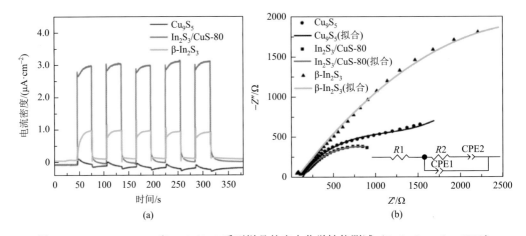

图 3-64　β-In₂S₃、Cu₉S₅ 和 In₂S₃/CuS 系列样品的光电化学性能测试（Prakash et al.，2018）

（a）β-In₂S₃、Cu₉S₅ 与 In₂S₃/CuS 的瞬态光电流测试结果；（b）β-In₂S₃、Cu₉S₅ 与 In₂S₃/CuS 的电化学阻抗测试结果

3 μA·cm^{-2}，表明其在可见光照射下可实现光生电子与空穴的有效分离。此外，电化学阻抗谱（EIS）测试表明 In$_2$S$_3$/CuS-80 复合材料的能斯特曲线的弧半径明显小于 β-In$_2$S$_3$ 和 Cu$_9$S$_5$，说明 In$_2$S$_3$/CuS-80 复合材料有利于界面电荷转移。

笔者团队利用经验公式（$E_{CB} = X - E_e - 0.5E_g$）计算了 β-In$_2S_3$ 和 CuS 的导带和价带位置。其中，E_{CB} 表示导带能量；E_g 表示半导体的禁带宽度，β-In$_2$S$_3$ 和 CuS 的禁带宽度分别为 1.85 eV 和 1.58 eV；E_e 表示氢标度上自由电子的能量（正常氢电极约为 4.5 eV）；X 表示材料的电负性，它可以被表示为组成原子的绝对电负性的几何平均值。计算得到 β-In$_2$S$_3$ 和 CuS 的 X 值分别为 4.70 V 和 5.28 V，由此得到 β-In$_2$S$_3$ 和 CuS 的导带边分别为–0.73 V 和–0.01 V。相应地，β-In$_2$S$_3$ 的价带边为 1.12 V，CuS 的价带边为 1.57 V。体系的光催化反应机理如下：当 β-In$_2$S$_3$ 和 CuS 样品均被一个能量大于 E_g 的光子辐照时，β-In$_2$S$_3$ 和 CuS 均被激发，光生电子和空穴分别处于其导带和价带中。随后，β-In$_2$S$_3$ 中的光生电子由于其能带合适而转移到 CuS 上，参与 H$^+$ 的还原反应；CuS 中的光生空穴从价带转移到 β-In$_2$S$_3$ 上，其中 β-In$_2$S$_3$ 价带中的空穴可以被 S^{2-} 或 SO$_3^{2-}$ 的氧化反应消耗，如图 3-65 所示。In$_2$S$_3$/CuS 异质结的形成可以有效地提高光生电子和空穴的分离效率，对提高光催化活性至关重要。

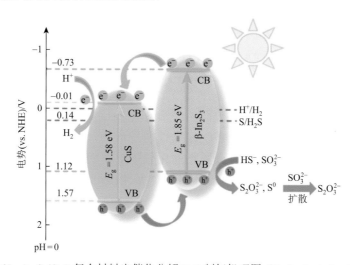

图 3-65　In$_2$S$_3$/CuS 复合材料光催化分解 H$_2$S 制氢机理图（Prakash et al.，2018）

3.8.4　InP 量子点光催化分解硫化氢

笔者团队在 2018 年首次报道了 InP 量子点（quantum dots，QDs）光催化制氢，发现 InP QDs 的制氢活性可与传统 CdSe QDs 相媲美，而且 InP/ZnS QDs 展现出更高的催化活性，证明 InP QDs 在光催化中具有良好的应用前景（Yu et al.，2018）。已有研究证明金属离子 Zn^{2+}、Cd^{2+} 能够有效钝化 InP QDs 表面，减少缺陷态对光生载流子的捕获。此外，金属离子能够与量子点表面的无机 S^{2-} 配体桥连，促进电荷的转移，从而提升其催化性能（Nag et al.，2012；Stein et al.，2016）。

基于前述研究，笔者团队在常温条件下引入 Zn^{2+} 修饰的含有 S^{2-} 配体的 InP QDs

（Zn-InP QDs），并将其应用于光催化分解 H₂S 制氢（Yu et al.，2018，2020b）。在亚硫酸盐为反应介质下对 InP QDs 和 Zn-InP QDs 进行光催化分解 H₂S 制氢性能测试（图 3-66），测试结果表明 Zn-InP QDs 的光催化制氢性能得到显著提升，光照 3 h 时，随 Zn^{2+} 质量分数从 0%增加至 1.75%，产氢量从 12 μmol 增加至 35 μmol［图 3-66（a）］。图 3-66（b）说明在光照 5 h 后额外加入牺牲剂 Na₂SO₃ 可以使体系维持相对稳定的制氢速率，表明 Zn-InP QDs 在光催化分解 H₂S 制氢过程中相对稳定。

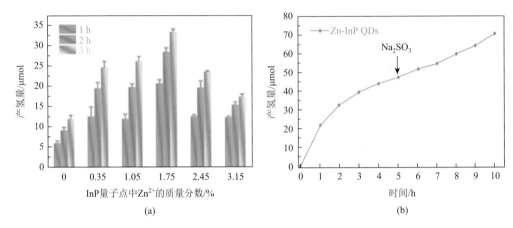

图 3-66　InP QDs 与 Zn-InP QDs 的光催化分解 H₂S 制氢活性

（a）不同质量分数的 Zn^{2+} 对制氢活性的影响；（b）Zn-InP QDs 的长时间制氢活性测试结果

Zeta 电位显示 Zn^{2+} 在 InP QDs 表面的修饰使其 Zeta 电位的绝对值由 33.7 mV 降至 9.7 mV［图 3-67（a）］，表明 Zn-InP QDs 表面与反应物（如 S^{2-}、HS^- 等）的静电斥力减弱，从而加速了氧化半反应，促进了光催化整体效率的提高。此外，瞬态光电流测试结果［图 3-67（b）］表明 Zn-InP QDs 相比 InP QDs 更能有效地利用光生载流子。在可见

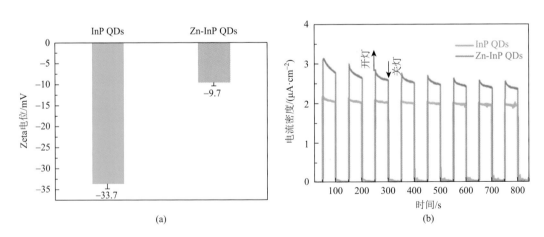

图 3-67　样品的电负性及光电性质表征（Yu et al.，2020b）

（a）InP QDs 与 Zn-InP QDs 的 Zeta 电位；（b）InP QDs 与 Zn-InP QDs 的瞬态光电流测试结果

光照射下，电子由 Zn-InP QDs 的价带被激发到导带，进而转移到表面。由于 Zn^{2+} 的引入减少了表面缺陷态，Zn-InP QDs 表面的光生电子和空穴可以分别有效地参与还原反应和氧化反应。此外，Zn^{2+} 减弱了 Zn-InP QDs 与 S^{2-}、HS^- 之间的排斥作用，有利于促进 H_2S 的氧化。因此，与 InP QDs 相比，Zn-InP QDs 的电荷分离效率和表面反应效率均有所提高，最终得到了更高的光催化分解 H_2S 制氢性能。

光催化反应过程跨越了从飞秒到毫秒的多个时间尺度，同时伴随着电子和空穴的俄歇复合、辐射与非辐射复合等多个副反应过程，虽然上述研究中设计了 Zn-InP QDs 用于提高光催化分解 H_2S 制氢效率，但是目前对 InP 催化材料内部以及表面的光生电荷迁移过程尚不清楚，因此还需通过其他的表征手段进行研究。传统表征手段仅能捕获光生载流子迁移到催化材料表面的相关信息，而无法探明不同时间尺度特别是超快时间尺度（飞秒到纳秒）下的光生载流子动力学过程。笔者团队利用高时空分辨率的瞬态光谱技术，开展了关于催化材料光生载流子分离微观机制以及光生电荷参与表面催化反应动力学过程的研究，从飞秒时间尺度全面阐述了催化材料中载流子的各种光物理过程，揭示了载流子的多尺度迁移过程与光催化制氢活性的内在关联机制。

笔者团队以表面修饰了不同配体的 InP/ZnS 核壳量子点为模型催化材料，基于飞秒瞬态光谱、时间分辨的单光子计数发光光谱以及奇异值分解（singular value decomposition，SVD）拟合分析，发现在飞秒到纳秒的时间尺度内，InP/ZnS 量子点中的载流子存在四种弛豫过程：①0.2~0.4 ps 内，高能热载流子的冷却过程；②4~10 ps 内，量子点表面缺陷捕获电子的过程；③0.8~1.2 ns 内，电子在量子点表面发生非辐射跃迁被捕获的过程；④10 ns后，电子-空穴对发生的辐射跃迁复合过程。此时，量子点表面的配体无论是传统的油胺分子配体，还是无机硫离子（S^{2-}）配体，其电子弛豫过程发生的时间尺度均较为接近，表明在 InP/ZnS 量子点中不同的配体对电子的迁移机制无明显的影响。

为揭示不同配体对空穴迁移行为的影响机制，笔者团队利用飞秒时间尺度的红外光谱监测了 InP/ZnS 量子点周围溶剂分子[N-甲基甲酰胺（N-methylformamide，NMF）] C＝O 伸缩振动的变化情况（1695 cm^{-1}、5950 nm），同时解析与 NMF 通过静电作用力相连的 S^{2-} 表面配体的电荷分布情况，得到其捕获空穴的信息；此外还直接捕获光生电子的信号（1820 cm^{-1}、5500 nm）[图 3-68（a）]，发现在表面为 S^{2-} 配体的量子点中，空穴的迁移主要涉及以下 3 个过程[图 3-68（b）]：①4~5 ps 内，表面 S^{2-} 快速捕获空穴；②900 ps内，已经被表面 S^{2-} 捕获的空穴与留在量子点导带上的电子形成的电荷振荡态的解离过程，在处于电荷振荡态时，空穴在 S^{2-} 和量子点价带上来回跃迁，随着这一过程的解离，空穴主要被限域在 S^{2-} 上；③10 ns 后，由于 S^{2-} 捕获空穴后电荷发生变化，与其通过静电作用力结合的 NMF 溶剂分子发生结构重组，并从量子点表面脱落，为后续反应底物吸附到量子点表面进行催化反应提供了反应位点。这一系列空穴迁移过程受表面配体影响极大，若表面是传统的油胺分子配体，则过程①不会发生；若表面是 Cl^- 或 PO_4^{2-} 配体，则过程②和过程③不会发生。缺乏过程①会使得空穴不能从量子点内部有效迁移至表面，缺乏过程②和过程③则会使得已经处于量子点表面的空穴无法有效与反应底物接触，完成氧化反应过程。

基于上述对 InP/ZnS 量子点中表面配体影响电子与空穴迁移过程的认识，笔者团队建立了光生载流子与催化活性的内在关联，并预测表面配体为 S^{2-} 的 InP/ZnS 量子点能加速空穴的有效迁移，其对应的光催化分解 H_2S 制氢反应活性应为最优。这一预测得到了实验的有力验证［图 3-69（a）］：表面配体为 Cl^- 或 PO_4^{3-} 的 InP/ZnS 量子点的催化活性仅为 S^{2-} 修饰的 InP/ZnS 量子点的 1/8~1/7，S^{2-} 修饰的 InP/ZnS 量子点的产氢速率能达到 213.6 $\mu mol·mg^{-1}$，且其稳定性能保持 10 h［图 3-69（b）］（Liu et al.，2022）。

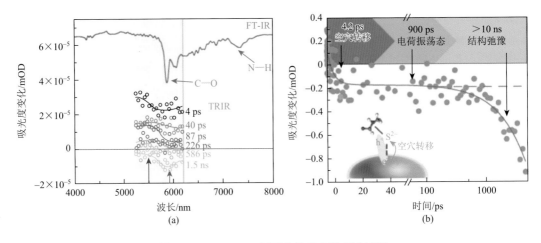

图 3-68　InP/ZnS-S 量子点的动力学衰减过程

（a）时间分辨红外光谱（TRIR）；（b）对应时间尺度的动力学过程归属

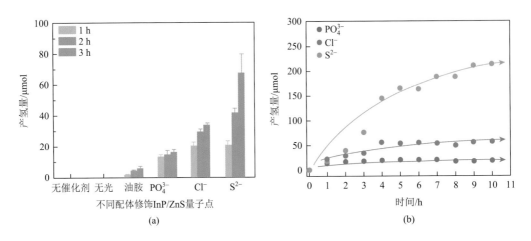

图 3-69　不同配体修饰的 InP/ZnS 量子点的光催化分解 H_2S 制氢活性测试

（a）不同配体修饰的 InP/ZnS 量子点的光催化分解 H_2S 制氢累积图；（b）不同配体修饰的 InP/ZnS 量子点光催化制氢长时间活性测试结果

3.8.5　碳点/氮化碳复合物光催化分解硫化氢

石墨烯氮化碳（g-C_3N_4）材料作为典型的非金属碳材料具有与光催化分解电位匹配的

带隙、突出的化学稳定性和低廉的制备成本等优势，是一类具有前景的光催化材料，但 g-C$_3$N$_4$ 本身较差的可见光响应能力和较高的载流子复合效率限制了其光催化效率（Ong et al.，2016）。碳点是由碳核和表面官能团（常为亲水性的碳氧型极性基团，如羟基、羧基、羰基、环氧基等）组成的尺寸小于 10 nm 的新型纳米材料，具有易制备、稳定性好以及吸光性质优异的特点，被广泛用于与其他半导体材料的复合以提高材料光催化性能。笔者团队以柠檬酸和硫脲为前驱体，采用溶剂热法制备了 S、N 掺杂的碳点（S,N-CDs），并通过水热法将 S,N-CDs 和 g-C$_3$N$_4$ 复合，制备得到了 S,N-CDs/g-C$_3$N$_4$ 复合光催化材料，并首次将此类复合材料用于光催化分解 H$_2$S 制氢。

如图 3-70（a）所示，通过 XRD 表征可以发现 S,N-CDs 在 27.4°出现与 g-C$_3$N$_4$ 相似的衍射峰，其对应于石墨化结构的(002)晶面。引入 S,N-CDs 后，g-C$_3$N$_4$ 复合物的衍射峰没有发生明显变化，仍然保持 g-C$_3$N$_4$ 原有的结构。图 3-70（b）的紫外-可见漫反射光谱表明，S,N-CDs 的引入显著改善了 g-C$_3$N$_4$ 复合物的可见光吸收能力。S,N-CDs/g-C$_3$N$_4$ 的 TEM 图显示其整体形貌仍保持 g-C$_3$N$_4$ 的结构特征，且 S,N-CDs 均匀分布在 g-C$_3$N$_4$ 上。SAED 结果表明 S,N-CDs/g-C$_3$N$_4$ 有两个不同的衍射环，分别归属于 g-C$_3$N$_4$ 的(100)晶面和(002)晶面，这与 XRD 结果一致。

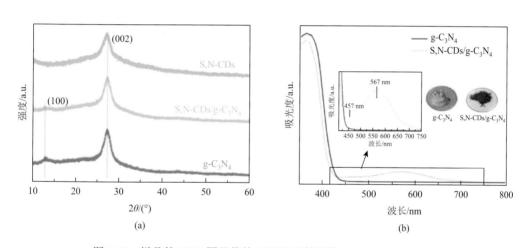

图 3-70　样品的 XRD 图及紫外-可见漫反射光谱（Xie et al.，2021）

（a）g-C$_3$N$_4$、S,N-CDs 及 S,N-CDs/g-C$_3$N$_4$ 的 XRD 图；（b）g-C$_3$N$_4$ 及 S,N-CDs/g-C$_3$N$_4$ 的固体紫外-可见漫反射光谱，插图为 S,N-CDs/g-C$_3$N$_4$ 在 420～750 nm 区域的紫外-可见漫反射光谱，数码照片为 g-C$_3$N$_4$ 和 S,N-CDs/g-C$_3$N$_4$ 样品的实物照片

XPS 测试结果［图 3-71（a）］显示所有样品都在 283.2 eV、399.0 eV 和 530.8 eV 附近有 3 个峰值，分别对应 C 1s、N 1s 和 O 1s 的结合能。如图 3-71（b）～图 3-71（f）所示，结合样品的 C 1s、N 1s、O 1s、S 2s 及 S 2p 的高分辨率 XPS 精细谱可发现 π 共轭结构（284.8 eV）的存在，S,N-CDs 的 C—SO$_3$（168.2 eV）和羟基基团（533.0 eV），以及 g-C$_3$N$_4$ 的胺基基团有利于 S,N-CDs 与 g-C$_3$N$_4$ 的界面间产生 π 堆积作用力、氢键及其他作用力，进而使 S,N-CDs 锚定在 g-C$_3$N$_4$ 的表面。

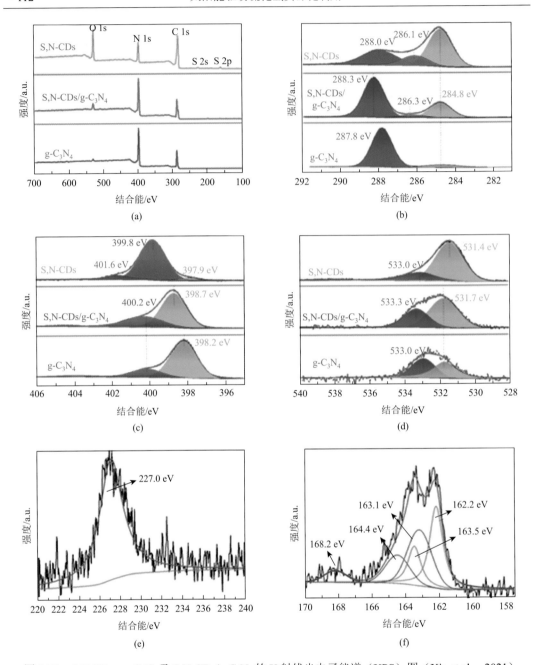

图 3-71　S,N-CDs、g-C₃N₄ 及 S,N-CDs/g-C₃N₄ 的 X 射线光电子能谱（XPS）图（Xie et al.，2021）

（a）XPS 全谱；（b）C 1s 精细谱；（c）N 1s 精细谱；（d）O 1s 精细谱；（e）、（f）S,N-CDs 的 S 2s 和 S 2p 高分辨率 XPS 精细谱

光催化分解 H_2S 制氢测试表明 S,N-CDs 修饰的 g-C₃N₄ 的光催化制氢性能得到有效提升（图 3-72）。在缺乏光照或催化材料的情况下体系几乎不产生氢气，表明 S,N-CDs/g-C₃N₄ 体系中氢气的生成是光诱导的[图 3-72（a）]。S,N-CDs/g-C₃N₄ 复合物的制氢速率高于 g-C₃N₄，且 S,N-CDs 负载量为 3%（质量分数）的 S,N-CDs/g-C₃N₄ 光催

化活性最佳，而随着 S,N-CDs/g-C$_3$N$_4$ 复合材料中 S,N-CDs 含量进一步增加，出现光屏蔽现象，导致制氢速率下降[图 3-72（b）]。在最佳负载量下，S,N-CDs/g-C$_3$N$_4$ 复合物在可见光（$\lambda > 420$ nm）照射下的光催化分解 H$_2$S 制氢速率相比 g-C$_3$N$_4$ 提高了约 17 倍[图 3-72（c）]。值得注意的是，S,N-CDs/g-C$_3$N$_4$ 复合物光催化体系活性对入射光的波长有较强的依赖性[图 3-72（d）]，3 h 内在 395 nm 和 525 nm 波长的可见光照射下其光催化产氢量（1.1 mmol·g^{-1} 和 0.42 mmol·g^{-1}）明显低于 460 nm 波长可见光照射下的产氢量（2.5 mmol·g^{-1}）。相比 g-C$_3$N$_4$ 而言，在 460 nm 光照下，S,N-CDs/g-C$_3$N$_4$ 光催化分解 H$_2$S 制氢速率的增长比例最大，可达到 38 倍。负载贵金属 Pt 后 S,N-CDs/g-C$_3$N$_4$ 复合物的制氢活性得到进一步提高，可达到 10.9 mmol·g^{-1}，且其在 10 h 光照时间内表现出良好的稳定性[图 3-72（e）、图 3-72（f）]。

荧光光谱测试结果表明，在 395 nm、460 nm 及 525 nm 的光激发下，S,N-CDs 可分别跃迁至三个不同的能级，得到如图 3-73（a）所示的不同光激发波段，对应于 C＝O、C＝N 和 C＝S 上电子在 n～π* 的跃迁轨道。不同的能级所对应的位置不同，这使得在不同波长下 S,N-CDs 和 g-C$_3$N$_4$ 的能级匹配度不一样。此外，由于两种材料带隙不同，S,N-CDs 和 g-C$_3$N$_4$ 对不同波长的光子的吸收能力也不同，由此可以得到如图 3-73（b）～图 3-73（d）

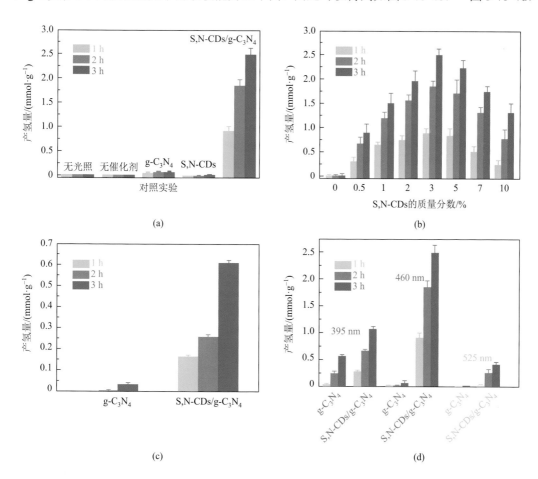

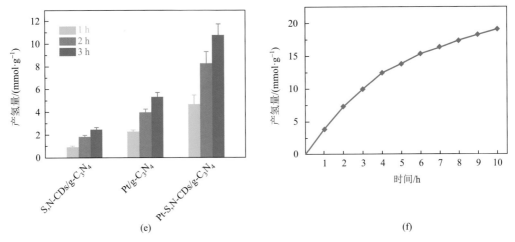

图 3-72　g-C₃N₄、S,N-CDs 及 S,N-CDs/g-C₃N₄ 的光催化性能测试（Xie et al.，2021）

（a）g-C₃N₄、S,N-CDs 及 S,N-CDs/g-C₃N₄ 在不同条件下的光催化分解 H₂S 制氢速率对照实验结果；（b）不同负载量下 S,N-CDs/g-C₃N₄ 的制氢速率图；（c）g-C₃N₄ 和 S,N-CDs/g-C₃N₄ 以氙灯为光源时的制氢速率图；（d）g-C₃N₄ 和 S,N-CDs/g-C₃N₄ 在不同波长下的制氢速率图；（e）S,N-CDs/g-C₃N₄、Pt/g-C₃N₄ 和 Pt-S,N-CDs/g-C₃N₄（质量分数为 1%）的制氢速率图；（f）Pt-S,N-CDs/g-C₃N₄ 光照 10 h 的制氢速率图

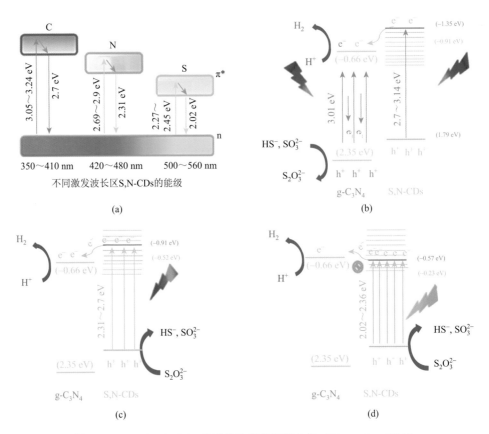

图 3-73　S,N-CDs/g-C₃N₄ 光催化体系的机理分析（Xie et al.，2021）

（a）S,N-CDs/g-C₃N₄ 在不同激发波长区的能级分布；（b）～（d）S,N-CDs/g-C₃N₄ 在 395 nm、460 nm 和 525 nm 波长的光激发下光生载流子可能的迁移路径

所示的 S,N-CDs/g-C₃N₄ 复合物的光催化机理。由于 g-C₃N₄ 和 S,N-CDs 在 395 nm 的光激发下具有较强的吸光能力，导致两者之间存在光竞争，而 S,N-CDs 的光子吸收能力较弱，从而导致其电子传输效率较低；在 460 nm 的光激发下，g-C₃N₄ 和 S,N-CDs 之间不存在光吸收的竞争，且 S,N-CDs 与 g-C₃N₄ 之间合适的能级匹配度有利于促进光生载流子由 S,N-CDs 转移至 g-C₃N₄；而在 525 nm 的光激发下，虽然 S,N-CDs 具有优异的吸光性能且 S,N-CDs 与 g-C₃N₄ 两者间不具有对光吸收的竞争，但是 S,N-CDs 与 g-C₃N₄ 之间能级不匹配，导致 S,N-CDs 产生的光生电子的转移受到了极大的限制。上述结果说明不同光照下 S,N-CDs 与 g-C₃N₄ 两者的光吸收能力和能级匹配度会显著影响 S,N-CDs 在 S,N-CDs/g-C₃N₄ 复合物中发挥光敏化作用，进而影响 S,N-CDs/g-C₃N₄ 复合物的光催化分解 H₂S 制氢性能。

3.9　光催化分解硫化氢中硫资源的回收

由硫化氢的基本性质可知，H₂S 作为一种潜在的工业资源，不仅可以用于制备氢气，还可以用于大量含硫化工品的制备。前述内容已经详细介绍了光催化分解 H₂S 制氢的研究现状，因此，本节将对现有光催化体系中硫资源回收与利用的相关研究进行阐述，进而展示光催化资源化利用 H₂S 的巨大潜力。

3.9.1　光催化分解 H₂S 中单质 S 的回收

Linkous 等（1995）利用含硫化合物不耐酸的特性，设计了一条可实现 H₂S 全分解制取 H₂ 和 S 的生产流程，具体反应流程如图 3-74 所示。首先，H₂S 被通入装有 NaOH 的吸收塔中进行气体收集，随后吸收液被泵入光反应器，在持续光照后生成 H₂，光照后的反应液则被转移到吸收塔中继续吸收 H₂S。此时伴随着 H₂S 的吸收，反应液中将发生歧化反应生成单质 S。单质 S 可以在吸收塔的底部收集，而剩余的吸收液则会进入下一轮反应。由此可以看出，在该流程中 H₂S 不仅是反应底物，还起到了调整吸收液 pH 和回收单质 S 的作用。Linkous 等（1995）在其研究中详细地阐述了单质 S 的回收方法：如果反应液中含有 S^{2-} 和 SO_3^{2-}，那么光反应后溶液中将生成 $S_2O_3^{2-}$；如果反应液中只包含 S^{2-}，那么生成物将会变成 S_n^{2-}。$S_2O_3^{2-}$ 和 S_n^{2-} 都可以在碱性条件下保持稳定，但是当 pH＜10 时，S_n^{2-} 会发生分解，生成 S 和 HS^- [式（3-18）]；而在 pH＜4.2 时，$S_2O_3^{2-}$ 会发生分解，生成 S 和 HSO_3^- [式（3-19）]。因此，在光催化反应后，可以向反应液中通入 H₂S 气体，调节体系 pH，收集固体氧化产物 S，而剩下的反应液又可以继续通入光反应器进行下一轮反应。

$$S_2^{2-} + H_2S \longrightarrow S + 2HS^- \quad (pH＜10) \tag{3-18}$$

$$S_2O_3^{2-} + H_2S \longrightarrow S + HS^- + HSO_3^- \quad (pH＜4.2) \tag{3-19}$$

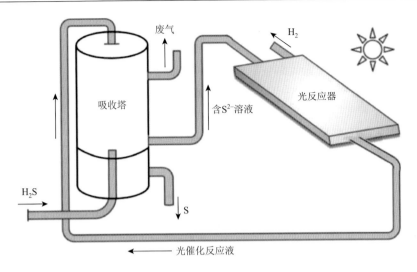

图 3-74 光催化分解 H₂S 工业流程概念图（Yu and Zhou，2016）

然而，Linkous 等（1995）所提出的装置是比较理想的工业模型，并未考虑实际效率、经济效应、安全性等问题。虽然 Linkous 等（1995）认为在溶液 pH<10 时，S_n^{2-} 可以与 H₂S 反应，置换出单质 S，但笔者团队在利用该方法进行实验时发现体系是否析出单质 S 与溶液的含硫量有很大的关系。首先，笔者团队将不同质量的单质 S 溶解于定浓定容（50 mL，0.5 mol·L⁻¹）的 Na₂S 溶液中，获得了含硫量不同的多硫化钠溶液，并测试了这些溶液对应的紫外可见吸收光谱。从图 3-75 中可以看出，随着多硫化钠的形成，紫外可见吸收光谱中出现了新的特征吸收峰（300 nm 和 370 nm），同时随着含硫量的提高，溶液颜色不断加深。此外，对于同一种多硫化物，随着其浓度的变化，其特征吸收峰的位置也会出现一定程度的偏移。

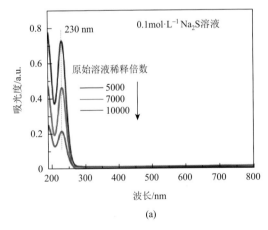

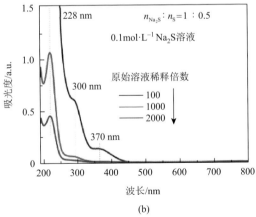

(a)   (b)

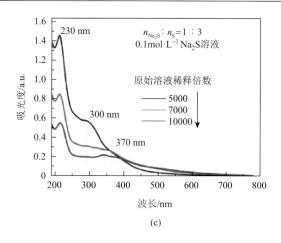

图 3-75　不同多硫化物的紫外可见吸收光谱

（a）～（c）0.5 mol·L^{-1} Na$_2$S、0.5 mol·L^{-1} Na$_2$S$_n$（n_{Na_2S} ： n_S = 1 ： 0.5）、0.5 mol·L^{-1} Na$_2$S$_n$（n_{Na_2S} ： n_S = 1 ： 3）溶液的实物图以及对应的紫外可见吸收光谱

向三种溶液中分别通入过量的 H$_2$S（0.15 mol）气体，并观察溶液状态的变化。在通入 H$_2$S 气体后，Na$_2$S 溶液的颜色由透明变为淡黄色，推测生成了新物质 NaHS。含硫量较高的溶液（n_{Na_2S} ： n_S = 1 ： 3）中有大量的单质 S 析出，溶液颜色也逐渐变浅，而含硫量较低的溶液（n_{Na_2S} ： n_S = 1 ： 0.5）自始至终没有发生任何变化。由此可以看出，对于含硫量较高的 Na$_2$S$_n$ 溶液，Linkous 等（1995）的研究是可以得到验证的，但对于含硫量较低的 Na$_2$S$_n$ 溶液，该方法则相对受限。就目前已报道的光催化体系而言，由于整体的反应动力学过程较慢，体系中生成的多硫化物硫含量相对较低，因此现阶段的催化过程中这一方法难以应用。

3.9.2　光催化分解 H$_2$S 中其他高值硫产品的开发

前述在光催化分解 H$_2$S 制氢研究中引入了 Na$_2$SO$_3$ 以提升制氢效率，在此基础上，还可以进一步研究 Na$_2$SO$_3$ 反应体系中硫氧化产物的转化过程，探索 Na$_2$SO$_3$ 向高值硫产品转化的可能性。本节以傅里叶变换红外光谱为基础，研究 3.6.2 节中 Ca-CdS 材料光催化 H$_2$S 转化过程中硫氧化产物的变化。首先，分别测试不同含硫酸盐物质及其混合物的红外光谱，根据可能的氧化产物，选择测试 S^{2-}、SO$_3^{2-}$、S$_2$O$_3^{2-}$、SO$_4^{2-}$、S$_2$O$_8^{2-}$，其测试结果见表 3-8。其中，S^{2-} 的红外特征峰在 1418.7 cm^{-1} 处，SO$_3^{2-}$ 的红外特征峰在 627.2 cm^{-1} 和 955.8 cm^{-1} 处，S$_2$O$_3^{2-}$ 的红外特征峰位于 675.8 cm^{-1}、998.7 cm^{-1} 和 1134.3 cm^{-1} 处，SO$_4^{2-}$ 的红外特征峰位于 606.6 cm^{-1} 和 1114.9 cm^{-1} 处，S$_2$O$_8^{2-}$ 的红外特征峰位于 1062.8 cm^{-1} 和 1289.2 cm^{-1} 处。可以发现三种物质混合后各自的特征峰仍会单独存在，互不影响。

表 3-8　S^{2-}、SO_3^{2-}、$S_2O_3^{2-}$、SO_4^{2-}、$S_2O_8^{2-}$ 红外信息（Yu et al.，2020a）

离子	波数/cm^{-1}
S^{2-}	1418.7
SO_3^{2-}	627.2，955.8
$S_2O_3^{2-}$	675.8，998.7，1134.3
SO_4^{2-}	606.6，1114.9
$S_2O_8^{2-}$	1062.8，1289.2

对可能存在的含硫物质的标准特征峰进行标定后，对光催化 H_2S 反应过程中不同时间段（0 h、1 h、3 h、5 h）的反应液进行红外光谱分析，其结果如图 3-76 所示。首先，在 0.6 mol·L^{-1} Na$_2$SO$_3$ 溶液中通入 H_2S 后出现了 S^{2-} 的红外特征峰（1418.7 cm^{-1}），证明了 Na$_2$SO$_3$ 溶液对 H_2S 的成功吸收。其次，当在 0.6 mol·L^{-1} Na$_2$SO$_3$ 溶液中通入 H_2S（0 h）后，在未加催化材料和未光照情况下溶液中出现 $S_2O_3^{2-}$（675.8 cm^{-1}、998.7 cm^{-1}、1134.3 cm^{-1}），说明存在部分 SO_3^{2-} 参与的暗反应（$4SO_3^{2-} + 4H_2S \longrightarrow 2HS^- + 3H_2O + 3S_2O_3^{2-}$），这是在含亚硫酸钠的光催化 H_2S 转化体系中首次发现暗反应存在。开光后，体系生成的 S/S_n^{2-} 立即被 SO_3^{2-} 消耗生成无色可溶的 $S_2O_3^{2-}$，体系中的 SO_3^{2-} 逐渐减少，在第 3 h 就观察到 SO_3^{2-} 被完全反应掉。这主要是因为反应 3 h 后，溶液中的 SO_3^{2-} 几乎完全转化为 $S_2O_3^{2-}$。在整个反应过程中，无其他含硫酸盐（SO_4^{2-}、$S_2O_8^{2-}$）物质的红外特征峰被检测到，证明在 SO_3^{2-} 的诱导下，氧化产物主要是 $S_2O_3^{2-}$，氧化产物的选择性较高。

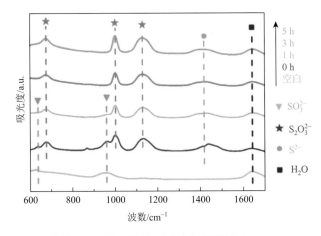

图 3-76　光催化 H_2S 反应过程中反应液红外测试（Yu et al.，2020a）

光催化测试条件：0.6 mol·L^{-1} Na$_2$SO$_3$，1 mg Ca-CdS NCs，LED 灯（λ = 460 nm）

为了验证氧化产物的高选择性，对硫氧化产物进行回收，获得白色固体，其照片如图 3-77（a）中插图所示。对白色固体样品进行 XRD 测试，获得其晶体结构[图 3-77（a）]。XRD 结果表明反应后样品的所有衍射峰都与 Na$_2$S$_2$O$_3$ 标准卡片（JCPDS 25-0680）相对应，这一结果可以再次证明这个体系中的主要氧化产物是 $Na_2S_2O_3$。另外，为证明这一氧化产物的高选择性具有普适性，购买商业 CdS 催化材料[CdS(Comm.)]，并利用浸渍法在商业 CdS 催化材料上生长 Pt 获得 Pt-CdS(Comm.)。然后分别利用 CdS NCs、Ca-CdS NCs、CdS(Comm.)、Pt-CdS(Comm.)四种催化材料，在 0.6 mol·L^{-1} Na_2SO_3 作为反应介质的体系中进行光催化 H_2S 转化实验，红外测试结果表明不同材料进行光催化 H_2S 转化实验后溶液中都主要是 $Na_2S_2O_3$，表明高选择性与催化材料的选择无关[图 3-77（b）]。

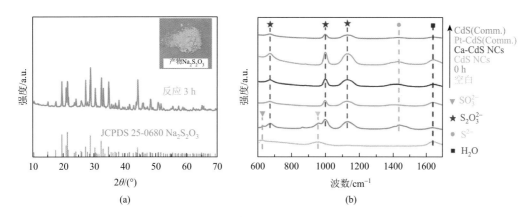

图 3-77　光催化 H_2S 反应氧化产物的结构测试（Yu et al.，2020a）

（a）光催化 H_2S 反应 3 h 后氧化产物的 XRD 图与样品照片；（b）CdS NCs、Ca-CdS NCs、CdS(Comm.)、Pt-CdS(Comm.)为光催化材料时氧化产物的红外测试

　　与此同时，利用离子色谱对反应后溶液中残留的氧化物种进行定性和定量分析（图 3-78）。测试后可以发现在引入 H_2S 之后有 86.7%的 SO_3^{2-} 被消耗。开光之后，反应 1 h 后有 96.1%的 SO_3^{2-} 被消耗。当反应时间超过 4 h 时，几乎全部（99.9%）的 SO_3^{2-} 都被消耗。更重要的是，$S_2O_3^{2-}$ 是仅有的氧化产物。因此，可以得出结论：在以含有 Na_2SO_3 的溶液为反应介质的光催化 H_2S 转化体系中，H_2S 中的 S^{2-} 可高选择性地转化为 $Na_2S_2O_3$。

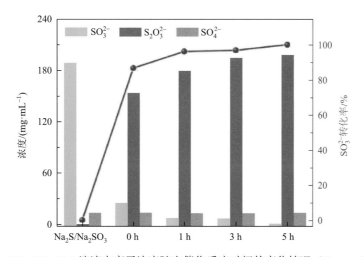

图 3-78　Na_2S/Na_2SO_3-H_2S 溶液中离子浓度随光催化反应时间的变化情况（Dan et al.，2021b）。

3.10　光催化分解硫化氢的技术难题

如前所述，研究者开发了一系列相关材料，包括最为常见的光催化材料 TiO_2、对太阳光谱可见光区响应良好的 CdS 以及新兴的 MnS 和 In_2S_3 等，相关体系的光催化制氢效率不断提升，展示了利用 H_2S 制取 H_2 的巨大前景（图 3-79）（Li et al., 2023, 2024）。与此同时，研究者开始致力于硫资源的回收利用研究，但是在这一类反应体系中，仍存在着很多的不足。

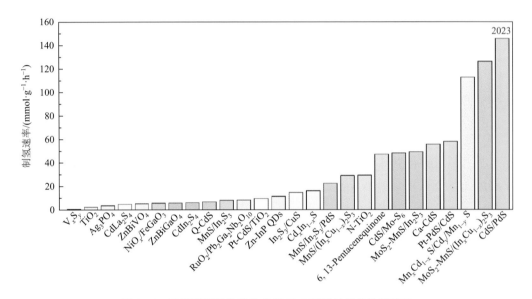

图 3-79　已报道用于光催化分解 H_2S 制氢材料的性能统计

3.10.1　评价标准可参考性有限

目前，关于光催化分解 H_2S 的研究，各个实验室的评价标准不尽相同，使得不同实验室的催化材料之间难以进行真正意义上的系统比较，且各种评价标准的数据可参考性有限。

首先，光源的选择存在差异，包括汞灯、氙灯和太阳光都被广泛用作分解 H_2S 制氢的光源。由于每种光源的辐射光谱不同 [图 3-80（a）～图 3-80（c）]，即使在同样的光照强度下，同一种催化材料对不同辐射光谱的响应能力也会有差异，从而会明显影响制氢效率。其中，氙灯的光谱属于连续光谱，与太阳光谱最为接近。另外，市售的氙灯还往往配有相关的模拟太阳光的滤光片（如 AM 1.5G 滤光片），使得在实验室的测试环境中，研究人员能尽可能地模拟太阳光照。除了光源的光谱不同，不同的反应体系中，光催化材料实际受到的辐照强度也不尽相同。辐照强度直接影响了入射到反应体系中的光子数目，对反应活性有着至关重要的影响。因此，在描述制氢体系的活性时，应明确标注体系所使用的光源和光强。此外，辐照过程中还可能产生热效应，使得反应体系温度升高，影响反应的进行。

一般而言，文献大多采用光强计来分析光催化反应的辐照强度。实际上，光强的测量过程也可能会产生明显的误差。光强计能接受的入射光辐照面积非常有限，往往只有 1 cm^2，因此反映出的光强大小仅能代表局部情况，而实际上催化过程中反应体系受辐照的面积可为几平方厘米到几十平方厘米。另外，只有在理想情况下光源发出的光在某一光照截面上均匀分布时，光强计通过一个点测试得到的光强才能与真实的光强较好地吻合。在实际情况中，辐照光源发出的光在某一光照截面上的光强往往从中心向四周显著减弱，因此不同位置处测得的光强会产生显著差异，引起明显的测量误差[图 3-80（d）、图 3-80（e）]。

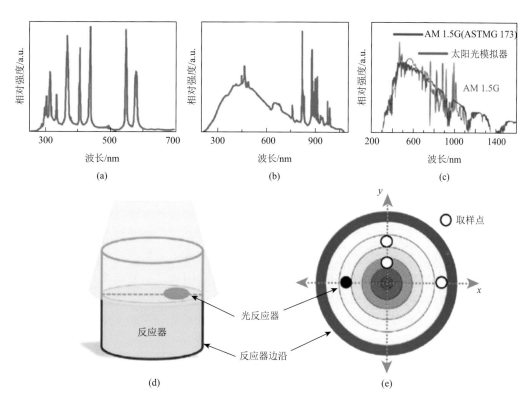

图 3-80　不同光源的辐射光谱及光强计测量光强的方法（Wang et al.，2021）

（a）～（c）高压汞灯、氙灯和模拟太阳光的辐射光谱，蓝色谱线为 AM 1.5G 的标准图谱；（d）辐照光源照射反应体系时的光辐射范围（黄色区域）；（e）不同辐照光源下光强计在不同的测试位置测试所得光强

其次，反应体系的构成不同。以在液相中光催化分解 H$_2$S 为例，不同的文献所使用的催化材料用量不同，反应溶液的体系也有差异。一般而言，在以 mol·g^{-1}·h^{-1} 为活性评价单位时，较少的光催化材料用量会得到较大的制氢速率。这主要是因为光催化材料用量较少时，光催化材料之间对入射光子和反应底物 H$_2$S 的竞争会减少，催化材料上的反应活性位点可以得到充分暴露，从而使得单位质量催化材料的制氢速率较高。基于此，日本光化学家 Domen 和李灿院士团队提出在描述制氢速率时，最好给出速率-质量曲线（图 3-81）

以及最大反应速率（光催化材料对入射光子的吸收程度达到最大时体系的制氢速率），以反映真实条件下光催化材料的制氢速率是否有提升（Wang et al.，2021）。

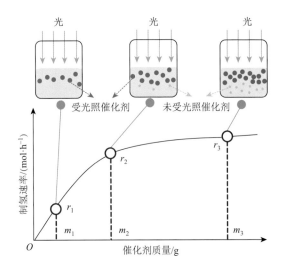

图 3-81　催化材料质量与光催化活性变化的关系图（Wang et al.，2021）

m 表示光催化材料质量；r 表示在该质量下光催化材料的活性

类似地，反应溶液的多少也会影响反应的动力学过程，进而影响制氢速率。另外，不同的反应容器会影响反应体系的传质过程，可能也会对制氢速率产生影响；即使是同样的反应容器，流通系（通常对应于在线检测）和密闭系（一般对应于离线检测）的反应体系也具有完全不同的反应压力，从而会对反应过程产生显著的影响。此外，在计算制氢速率时，反应体系的辐照时间也是一个重要的影响因素。一般而言，随着反应时间的延长，催化材料会出现不同程度的失活，而制氢速率的计算依据往往是从反应开始到反应一段时间制氢总量的平均值。因此，短时间内的制氢速率通常要高于长时间内的制氢速率。

除了制氢速率的评价会直接受到反应体系中催化材料用量的影响外，另一重要的评价标准——制氢量子效率也存在一定的局限性。一般而言，量子效率被定义为反应体系中制取的氢气分子数目与辐射到反应体系的光子数的比值的两倍（外量子效率），或制取的氢气分子数目与光催化材料吸收的光子数的比值的两倍（内量子效率）。由该定义可以看出，在以制氢量子效率评价反应体系时，主要反映了光子被利用率，未直接涉及光催化材料的用量和入射光强的大小等影响反应效率的因素。在量子效率的测试过程中，增加体系中光催化材料的用量和减小入射光的光强都能够使单位光子数的利用率明显提高，从而使得量子效率的计算值增大。

事实上，缺乏统一的评价标准不仅是光催化分解 H_2S 制氢研究所面临的问题，在整个光催化研究的相关领域（包括光催化分解水、光催化还原 CO_2 和 N_2 等）都存在相同的问题。除了设计、合成高效的光催化材料并优化光催化反应体系，如何建立统一的评价标准，从而更为准确地对光催化材料进行评价也应该受到行业的重视。

3.10.2　反应体系的稳定性不高

光催化分解 H_2S 还面临着光催化材料失活的问题。虽然研究人员在光催化分解 H_2S 制氢活性研究领域取得了良好的进展，光催化材料的稳定性也有一定程度的提升，但目前文献报道的光催化分解 H_2S 体系的反应监测时间一般仍不超过 20 h（甚至更短），少于一些典型光催化体系的反应监测时间，如 Mao 等在 2011 年报道的黑色 TiO_2 材料在模拟太阳光照条件下，在甲醇溶液中可稳定制氢达 22 d 以上（Chen et al.，2011）。此外，在监测过程中也往往会发现随着时间的推移反应体系的制氢活性出现不同程度的下降。这一方面与催化材料自身的稳定性有一定关联，另一方面与反应体系中的毒副硫氧化反应产物没有及时从反应体系中分离有关。这就要求研究人员进一步从反应介质的选择上优化反应体系，并从材料的角度设计优化催化材料，以使光催化分解 H_2S 保持长期的制氢稳定性。此外，如何调控光催化分解 H_2S 过程中的硫氧化产物，减少其对催化材料的毒副作用，并对硫资源进行资源化利用，是 H_2S 资源化利用的重要发展方向。

3.11　光催化分解硫化氢的工业化应用探索

受制于材料研究进展与工业化模型研究，目前太阳能驱动 H_2S 资源化利用尚未大规模应用于实际生产中，但已有部分研究对太阳能驱动 H_2S 资源化利用可能会遇到的一些问题进行了探索。

Preethi 和 Kanmani（2017）在光催化分解 H_2S 过程中，详细研究了不同的催化材料填充方式对气相光催化过程中 H_2S 的转化影响。他们分别采用了管式填充、固定平板填充以及凹槽填充三种填充方式（图 3-82）。在不同的填充方式下，诸多重要的反应要素都会受到影响，包括催化材料与反应气的接触程度、入射光对催化材料的覆盖程度、氧化产物的脱附速度等。实验结果表明管式填充的气相反应装置中 H_2S 的转化效率最高，使用 $CdS/ZnS/Fe_2O_3$ 作为光催化材料时，H_2S 的降解率可达 98%，平均制氢速率可达 $1.78\ \mu mol \cdot h^{-1}$。但该体系也存在一定的局限性，其 H_2S 的初始浓度仅为 10 ppm，与工业上常见的高浓度 H_2S（可达 80%及以上）相差甚远。此外，该工作设计的填充方式未考虑长时间反应后硫氧化产物的沉积对体系反应效率的影响，在反应 3 h 后，体系已难以观察到明显的催化转化过程。

相比于直接的气相反应，气液相反应更加复杂，反应装置的设计也更难。实验室中的常规操作是利用碱性溶液吸收 H_2S，这一方法也是未来工业上最有可能使用的方法之一。在完成 H_2S 的吸收之后，吸收液将被转移至光反应器中，在经历光照、气体收集、纯化、干燥等过程后，可以收集到理想的光催化产物（氢气与各类含硫化合物）。总的来讲，光催化分解 H_2S 的工业化模型遵循"吸收—分解—分离—纯化"这一基本过程，但是目前大多数实验室所搭建的装置规模较小，一般只能通过气相色谱仪这一类精密仪器对产物进行定量分析，无法达到大量收集纯净产物的目的。

管式填充　　　　　　　　　固定平板填充　　　　　　　　　凹槽填充

图 3-82　三类气相反应装置的模型构造图（Preethi and Kanmani，2017）

2021 年，Palmisano 团队提出了一套光催化分解 H_2S 制氢的工业化模型，并对该模型在实际应用中的技术要求以及经济效益进行了全面评估（Oladipo et al.，2021）。图 3-83 是该工作根据实验模型建立的光催化 H_2S 分解与回收流程，整个流程的建立基于 Aspen Plus 系列软件。从图 3-83 中可以看出，混有 H_2S 的酸性气体（由 CH_4、CO_2 和 H_2S 组成）首先通过气体输送管道进入吸收池，在吸收池中 NaOH 的作用下混合气中的 CH_4 被分离开来。这一步实际上模拟了在油气田现场收集酸性气体的过程，一方面可以回收气藏中的天然气，另一方面可以储存 H_2S 以用于后续的光催化反应。在气体吸收完成后，吸收池中的吸收液将被泵入光反应器中，在一定时间的光照下，反应生成 H_2 和含硫化合物。含硫化合物基本以固体沉淀的形式存在，可在光反应器底部被收集，但生成的 H_2 并不是纯净物，其中除了混有大量水蒸气，还有部分从溶液中析出的 H_2S 气体。因此，在后续处理过程中必须将生成的气体再次通入 NaOH 溶液中，然后干燥去除水蒸气。在除杂过程中所用到的 NaOH 可回收，并再次用于酸性气体的吸收过程。

在实际生产中，整个装置将处于相对动态的过程中。该套装置的理想状态是在 1 h 内处理 500 kmol 的 H_2S。在预期条件下，制氢速率是 0.485 $t \cdot h^{-1}$，而对各个原料用量进行折算后可知，每产生 1 t H_2，将消耗 0.75 t NaOH、0.029 t H_2S、2.12 kg 干燥剂以及 8000 kW·h 电力。从产率的角度出发，H_2 最终的生成量更依赖于 NaOH 的用量而非 H_2S 的通入量。这是因为整个生产过程始终需要保持 NaOH 处于少量的状态，这样才能保证 H_2S 的通入能将 NaOH 溶液全部转换为更有利于反应进行的 NaHS 溶液而非 Na_2S。

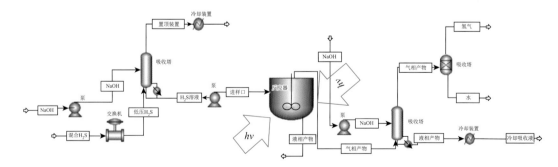

图 3-83　光催化分解 H_2S 制氢工厂流程图（Oladipo et al.，2021）

在经济指标上，Palmisano 团队从工厂建设过程中涉及的固定资产、流动资产和启动资金三点出发，估算了光催化分解 H_2S 制氢工厂建设所需要的投资金额。根据计算，工厂建成所需的花费至少为 1.05 亿美元，建设周期为 2 年，使用寿命约为 25 年。而若以每年生产 8.42 万 t 氢气为目标，一年的生产运行成本为 1.43 亿美元，若要在工厂使用寿命结束前收回成本，每吨氢气的售价不能低于 1860 美元（表 3-9）。在工厂运行期间，受通货膨胀、市场需求等多种因素的影响，原料价格还会出现浮动，使销售价格发生相应的变化。其中，氢氧化钠价格受到的影响最为明显。

表 3-9　光催化分解 H_2S 制氢工厂的预估经济指标（Oladipo et al.，2021）

经济指标	数值
资产花费	1.05 亿美元
年均运行费用	1.43 亿美元
年均氢气产量	8.42 万 t
具体资本投入	1243 美元·t^{-1}
H_2 单位生产成本	1700 美元·t^{-1}
H_2 平均价格（NPV_{25} = 0，NPV 指产品的净现值）	1860 美元·t^{-1}
氢氧化钠价格	300 美元·t^{-1}

需要注意的是，上述模型虽然基于光催化反应，但所使用的光源却是人造光源，因此其驱动力本质上依然来自化石燃料。缺少高效、稳定的聚光装置是导致其无法直接使用自然光的重要原因之一。针对聚光设备，赵亮团队根据已有的研究设计了一种全新的光催化制氢复合抛物面聚光器（compound parabolic concentrator，CPC）（Cao et al.，2018）。在装置的运行过程中，混有光催化材料的反应液通过管道入口进入聚光装置中，聚光装置通过调整反射板的角度，实现对太阳光的高效会聚（聚光系数为 4.12）。除了优异的聚光效率以外，该装置还配有利用热效应驱动反应液流动的运作模式，该模式可以显著减小抽水泵在反应液传输过程中的使用频率，从而降低能源消耗。该装置的效率评估主要基于当地（中国，西安）的日照情况，其夏季每天的平均产氢量可以达到 36.1 L，效率十分可观。赵亮团队整个装置的设计原理与 Palmisano 团队提出的模型的工作原理十分相似，因此后续在实际操作中可以考虑将两者进行有效融合。

总的来说，作为目前较为全面的光催化工业模型，上述研究者已经在 H_2S 的工业化应用方面提供了具体的思路，为后续光催化分解 H_2S 制氢的工业化应用提供了重要参考。

3.12　小　　结

本章详细介绍了光催化分解 H_2S 的原理、光催化材料设计策略、氢资源和硫资源的有效回收以及光催化反应的工业化应用。尽管光催化分解 H_2S 已经取得了一定的进展，但仍存在着硫资源回收利用研究有限、催化体系评价标准不统一、光催化材料稳定性不高等问题。同时，受实际照射到地表的单位太阳能能量密度较低的限制，光催化分解 H_2S 的整体效率仍不够理想。在后续的研究中，可以考虑使用太阳能聚光技术提升入射光的能量密度，进而促进光催化分解 H_2S 过程的发生。此外，目前与光催化相关的研究主要集中在利用太阳光谱中的紫外光和可见光方面，对占太阳能总能量 50%左右的红外光利用较少。如何在增加太阳光单位能量密度的同时，有效利用其中的红外光，是光催化领域需要解决的问题。可以考虑在传统半导体材料吸收利用太阳光谱中的紫外光和可见光进行光催化分解 H_2S 的同时，利用其他材料吸收红外光并将其转化为热量以提升反应温度。此时，光和热可产生协同作用，进而加速反应过程的发生。

参 考 文 献

曹锡章，宋天佑，王杏乔，1994. 无机化学上册[M]. 3 版. 北京：高等教育出版社.

淡猛，2017. 复合金属硫化物半导体光解 H_2S 制氢的研究[D]. 成都：西南石油大学.

淡猛，2020. 金属硫化物微观结构设计及光驱动硫化氢资源化利用的研究[D]. 成都：西南石油大学.

淡猛，张骞，钟云倩，等，2017. 不同晶相 MnS 制备及光解 H_2S 制氢性能研究[J]. 无机材料学报，32（12）：1308-1314.

侯清玉，乌云格日乐，赵春旺，2013. 高氧空位浓度对金红石 TiO_2 导电性能影响的第一性原理研究[J]. 物理学报，62（16）：320-325.

李意，2019. 贵金属增强 MnS/In_2S_3 光催化分解 H_2S 制氢性能及机理研究[D]. 成都：西南石油大学.

李英宣，2010. 新型 d^0 和 d^{10} 构型分解水制氢光催化剂的制备及性能研究[D]. 哈尔滨：哈尔滨工业大学.

王新伟，2014. 石墨烯及石墨烯基金属硫化物杂化材料的合成和光催化性能的研究[D]. 长春：吉林大学.

王新伟，段潜，李艳辉，等，2016. 石墨烯基金属硫化物复合光催化材料[M]. 北京：化学工业出版社.

卫诗倩，王芳，曾凯悦，等，2018. 氧缺陷型金红石相 TiO_{2-x}（$x=0\sim0.5$）光电性能理论研究[J]. 稀有金属材料与工程，47（9）：2728-2734.

吴晓东，孙晓君，魏金枝，等，2013. MnS 光催化剂的制备及其产氢性能[J]. 哈尔滨理工大学学报，18（3）：102-105.

谢立娟，2010. 硫化镉纳米材料的合成及光催化性能研究[D]. 通辽：内蒙古民族大学.

解英娟，吴志娇，张晓，等，2014. 混晶 TiO_2 光催化剂的制备及机理研究[J]. 化学进展，26（7）：1120-1131.

张灵灵，王艳华，白雪峰，2008. CdS/ZnO 复合光催化剂催化分解硫化氢制氢研究[J]. 化学与粘合，30（6）：5-8，12.

Alonso-Tellez A，Robert D，Keller N，et al.，2012. A parametric study of the UV-A photocatalytic oxidation of H_2S over TiO_2[J]. Applied Catalysis B：Environmental，115-116：209-218.

Bhirud A，Chaudhari N，Nikam L，et al.，2011. Surfactant tunable hierarchical nanostructures of $CdIn_2S_4$ and their photohydrogen production under solar light[J]. International Journal of Hydrogen Energy，36（18）：11628-11639.

Bhirud A P，Sathaye S D，Waichal R P，et al.，2012. An eco-friendly，highly stable and efficient nanostructured p-type N-doped ZnO photocatalyst for environmentally benign solar hydrogen production[J]. Green Chemistry，14（10）：2790-2798.

Bhirud A P，Sathaye S D，Waichal R P，et al.，2015. In-situ preparation of $N-TiO_2$/graphene nanocomposite and its enhanced photocatalytic hydrogen production by H_2S splitting under solar light[J]. Nanoscale，7（11）：5023-5034.

Biswas S K，Baeg J O，Kale B B，et al.，2011. An efficient visible-light active photocatalyst $CuAlGaO_4$ for solar hydrogen production[J]. Catalysis Communications，12（7）：651-654.

Borgarello E，Kalyanasundaram K，Grätzel M，et al.，1982. Visible light induced generation of hydrogen from H_2S in CdS-dispersions，hole transfer catalysis by RuO_2[J]. Helvetica Chimica Acta，65（1）：243-248.

Cai Q，Wang F，He J Z，et al.，2020a. Oxygen defect boosted photocatalytic hydrogen evolution from hydrogen sulfide over active {001} facet in anatase TiO_2[J]. Applied Surface Science，517：146198.

Cai Q，Wang F，Xiang J L，et al.，2020b. Layered MoS_2 grown on anatase TiO_2 {001} promoting interfacial electron transfer to enhance photocatalytic evolution of H_2 from H_2S[J]. Frontiers in Environmental Chemistry，1：591645.

Canela M C，Alberici R M，Jardim W F，1998. Gas-phase destruction of H_2S using TiO_2/UV-VIS[J]. Journal of Photochemistry and Photobiology A：Chemistry，112（1）：73-80.

Cao F，Wei Q Y，Liu H，et al.，2018. Development of the direct solar photocatalytic water splitting system for hydrogen production in Northwest China：design and evaluation of photoreactor[J]. Renewable Energy，121：153-163.

Carey J H，Lawrence J，Tosine H M，1976. Photodechlorination of PCB's in the presence of titanium dioxide in aqueous suspensions[J]. Bulletin of Environmental Contamination and Toxicology，16（6）：697-701.

Chai B，Peng T Y，Zeng P，et al.，2011. Template-free hydrothermal synthesis of $ZnIn_2S_4$ floriated microsphere as an efficient photocatalyst for H_2 production under visible-light irradiation[J]. The Journal of Physical Chemistry C，115（13）：6149-6155.

Chaudhari N S，Warule S S，Dhanmane S A，et al.，2013. Nanostructured N-doped TiO_2 marigold flowers for an efficient solar hydrogen production from H_2S[J]. Nanoscale，5（19）：9383-9390.

Chen D，Ye J H，2007. Photocatalytic H_2 evolution under visible light irradiation on $AgIn_5S_8$ photocatalyst[J]. Journal of Physics and Chemistry of Solids，68（12）：2317-2320.

Chen X B，Liu L，Yu P Y，et al.，2011. Increasing solar absorption for photocatalysis with black hydrogenated titanium dioxide nanocrystals[J]. Science，331（6018）：746-750.

Dan M，Zhang Q，Yu S，et al.，2017. Noble-metal-free MnS/In_2S_3 composite as highly efficient visible light driven photocatalyst for H_2 production from H_2S[J]. Applied Catalysis B：Environmental，217：530-539.

Dan M，Prakash A，Cai Q，et al.，2019a. Energy-band-controlling strategy to construct novel $Cd_xIn_{1-x}S$ solid solution for durable visible light photocatalytic hydrogen sulfide splitting[J]. Solar RRL，3（1）：1800237.

Dan M，Wei S Q，Doronkin D E，et al.，2019b. Novel MnS/$(In_xCu_{1-x})_2S_3$ composite for robust solar hydrogen sulphide splitting via the synergy of solid solution and heterojunction[J]. Applied Catalysis B：Environmental，243：790-800.

Dan M，Xiang J L，Wu F，et al.，2019c. Rich active-edge-site MoS_2 anchored on reduction sites in metal sulfide heterostructure：toward robust visible light photocatalytic hydrogen sulphide splitting[J]. Applied Catalysis B：Environmental，256：117870.

Dan M，Yu S，Li Y，et al.，2020. Hydrogen sulfide conversion：how to capture hydrogen and sulfur by photocatalysis[J]. Journal of Photochemistry and Photobiology C：Photochemistry Reviews，42：100339.

Dan M，Wu F，Xiang J L，et al.，2021a. A dual-interfacial system with well-defined spatially separated redox-sites for boosting photocatalytic overall H_2S splitting[J]. Chemical Engineering Journal，423：130201.

Dan M，Xiang J L，Yang J，et al.，2021b. Beyond hydrogen production：solar-driven H_2S-donating value-added chemical production over $Mn_xCd_{1-x}S$/$Cd_yMn_{1-y}S$ catalyst[J]. Applied Catalysis B：Environmental，284：119706.

Ding C M，Shi J Y，Wang Z L，et al.，2017. Photoelectrocatalytic water splitting：significance of cocatalysts，electrolyte，and interfaces[J]. ACS Catalysis，7（1）：675-688.

Ding J J，Sun S，Yan W H，et al.，2013. Photocatalytic H_2 evolution on a novel $CaIn_2S_4$ photocatalyst under visible light irradiation[J]. International Journal of Hydrogen Energy，38（30）：13153-13158.

Fan W Q，Lai Q H，Zhang Q H，et al.，2011. Nanocomposites of TiO_2 and reduced graphene oxide as efficient photocatalysts for hydrogen evolution[J]. The Journal of Physical Chemistry C，115（21）：10694-10701.

Fang X Y，Cui L F，Pu T T，et al.，2018. Core-shell CdS@MnS nanorods as highly efficient photocatalysts for visible light driven hydrogen evolution[J]. Applied Surface Science，457：863-869.

Fujishima A，Honda K，1972. Electrochemical photolysis of water at a semiconductor electrode[J]. Nature，238（5358）：37-38.

Gurunathan K，Baeg J O，Lee S M，et al.，2008. Visible light active pristine and Fe^{3+} doped $CuGa_2O_4$ spinel photocatalysts for solar hydrogen production[J]. International Journal of Hydrogen Energy，33（11）：2646-2652.

Huang Y F，Nielsen R J，Goddard W A，2018. Reaction mechanism for the hydrogen evolution reaction on the basal plane sulfur vacancy site of MoS_2 using grand canonical potential kinetics[J]. Journal of the American Chemical Society，140（48）：16773-16782.

Jaramillo T F，Jørgensen K P，Bonde J，et al.，2007. Identification of active edge sites for electrochemical H_2 evolution from MoS_2 nanocatalysts[J]. Science，317（5834）：100-102.

Junkaew A，Maitarad P，Arróyave R，et al.，2017. The complete reaction mechanism of H_2S desulfurization on an anatase $TiO_2(001)$ surface：a density functional theory investigation[J]. Catalysis Science & Technology，7（2）：356-365.

Kale B B，Baeg J O，Lee S M，et al.，2006. $CdIn_2S_4$ nanotubes and "marigold" nanostructures: a visible-light photocatalyst[J]. Advanced Functional Materials，16（10）：1349-1354.

Kale B B，Baeg J O，Kong K J，et al.，2011. Self assembled $CdLa_2S_4$ hexagon flowers，nanoprisms and nanowires: novel photocatalysts for solar hydrogen production[J]. Journal of Materials Chemistry，21（8）：2624-2631.

Kanade K G，Baeg J O，Kong K J，et al.，2008. A new layer perovskites $Pb_2Ga_2Nb_2O_{10}$ and $RbPb_2Nb_2O_7$: an efficient visible light driven photocatalysts to hydrogen generation[J]. International Journal of Hydrogen Energy，33（23）：6904-6912.

Kasahara A，Nukumizu K，Hitoki G，et al.，2002. Photoreactions on $LaTiO_2N$ under visible light irradiation[J]. The Journal of Physical Chemistry A，106（29）：6750-6753.

Kataoka S，Lee E，Tejedor-Tejedor M I，et al.，2005. Photocatalytic degradation of hydrogen sulfide and in situ FT-IR analysis of reaction products on surface of TiO_2[J]. Applied Catalysis B：Environmental，61（1-2）：159-163.

Kato S，Hirano Y，Iwata M，et al.，2005. Photocatalytic degradation of gaseous sulfur compounds by silver-deposited titanium dioxide[J]. Applied Catalysis B：Environmental，57（2）：109-115.

Kato T，Hakari Y，Ikeda S，et al.，2015. Utilization of metal sulfide material of $(CuGa)_{1-x}Zn_{2x}S_2$ solid solution with visible light response in photocatalytic and photoelectrochemical solar water splitting systems[J]. The Journal of Physical Chemistry Letters，6（6）：1042-1047.

Kawade U V，Panmand R P，Sethi Y A，et al.，2014. Environmentally benign enhanced hydrogen production via lethal H_2S under natural sunlight using hierarchical nanostructured bismuth sulfide[J]. RSC Advances，4（90）：49295-49302.

Khan Z，Khannam M，Vinothkumar N，et al.，2012. Hierarchical 3D NiO-CdS heteroarchitecture for efficient visible light photocatalytic hydrogen generation[J]. Journal of Materials Chemistry，22（24）：12090-12095.

Kimi M，Yuliati L，Shamsuddin M，2011. Photocatalytic hydrogen production under visible light over $Cd_{0.1}Sn_xZn_{0.9-2x}S$ solid solution photocatalysts[J]. International Journal of Hydrogen Energy，36（16）：9453-9461.

Kudo A，Miseki Y，2009. Heterogeneous photocatalyst materials for water splitting[J]. Chemical Society Reviews，38（1）：253-278.

Kulkarni A K，Sethi Y A，Panmand R P，et al.，2017. Mesoporous cadmium bismuth niobate（$CdBi_2Nb_2O_9$）nanospheres for hydrogen generation under visible light[J]. Journal of Energy Chemistry，26（3）：433-439.

Lashgari M，Ghanimati M，2019. An excellent heterojunction nanocomposite solar-energy material for photocatalytic transformation of hydrogen sulfide pollutant to hydrogen fuel and elemental sulfur: a mechanistic insight[J]. Journal of Colloid and Interface Science，555：187-194.

Li D，Müller M B，Gilje S，et al.，2008. Processable aqueous dispersions of graphene nanosheets[J]. Nature Nanotechnology，3（2）：101-105.

Li G W，Blake G R，Palstra T T M，2017. Vacancies in functional materials for clean energy storage and harvesting: the perfect imperfection[J]. Chemical Society Reviews，46（6）：1693-1706.

Li H N，Xu L，Sitinamaluwa H，et al.，2016. Coating Fe_2O_3 with graphene oxide for high-performance sodium-ion battery anode[J]. Composites Communications，1：48-53.

Li Q，Guo B D，Yu J G，et al.，2011. Highly efficient visible-light-driven photocatalytic hydrogen production of CdS-cluster-decorated graphene nanosheets[J]. Journal of the American Chemical Society，133（28）：10878-10884.

Li R G，Zhang F X，Wang D E，et al.，2013. Spatial separation of photogenerated electrons and holes among {010} and {110} crystal facets of $BiVO_4$[J]. Nature Communications，4（1）：1432.

Li X，Yu J G，Low J X，et al.，2015. Engineering heterogeneous semiconductors for solar water splitting[J]. Journal of Materials Chemistry A，3（6）：2485-2534.

Li Y，Yu S，Doronkin D E，et al.，2019. Highly dispersed PdS preferably anchored on In_2S_3 of MnS/In_2S_3 composite for effective and stable hydrogen production from H_2S[J]. Journal of Catalysis，373：48-57.

Li Y，Yu S，Xiang J，et al.，2023，Revealing the importance of hole transfer: boosting photocatalytic hydrogen evolution by delicate modulation of photogenerated holes[J]. ACS Catalysis，13（12）：8281-8292.

Li Y，Yu S，Cao Y，et al.，2024. Promoting photocatalytic hydrogen evolution by modulating the electron-transfer in an ultrafast timescale through Mo-S6 configuration[J]. Journal of Materials Science &Technology 193：73-80.

Li Z G，Zhang Q，Dan M，et al.，2017. A facile preparation route of Bi_2S_3 nanorod films for photocatalytic H_2 production from H_2S[J]. Materials Letters，201：118-121.

Linkous C A，Muradov N Z，Ramser S N，1995. Consideration of reactor design for solar hydrogen production from hydrogen sulfide using semiconductor particulates[J]. International Journal of Hydrogen Energy，20（9）：701-709.

Liu C G，Zhang R，Wei S，et al.，2015. Selective removal of H_2S from biogas using a regenerable hybrid TiO_2/zeolite composite[J]. Fuel，157：183-190.

Liu G J，Zhou Z H，Guo L J，2011. Correlation between band structures and photocatalytic activities of $Cd_xCu_yZn_{1-x-y}S$ solid solution[J]. Chemical Physics Letters，509（1-3）：43-47.

Liu Y，Zhou Y，Abdellah M，et al.，2022. Inorganic ligands-mediated hole attraction and surface structural reorganization in InP/ZnS QD photocatalysts studied via ultrafast visible and midinfrared spectroscopies[J]. Science China Materials，65（9）：2529-2539.

Long L L，Chen J J，Zhang X，et al.，2016. Layer-controlled growth of MoS_2 on self-assembled flower-like Bi_2S_3 for enhanced photocatalysis under visible light irradiation[J]. NPG Asia Materials，8（4）：e263.

Ma G J，Yan H J，Shi J Y，et al.，2008a. Direct splitting of H_2S into H_2 and S on CdS-based photocatalyst under visible light irradiation[J]. Journal of Catalysis，260（1）：134-140.

Ma G J，Yan H J，Zong X，et al.，2008b. Photocatalytic splitting of H_2S to produce hydrogen by gas-solid phase reaction[J]. Chinese Journal of Catalysis，29（4）：313-315.

Ma W G，Han J F，Yu W，et al.，2016. Integrating perovskite photovoltaics and noble-metal-free catalysts toward efficient solar energy conversion and H_2S splitting[J]. ACS Catalysis，6（9）：6198-6206.

Maeda K，Xiong A K，Yoshinaga T，et al.，2010. Photocatalytic overall water splitting promoted by two different cocatalysts for hydrogen and oxygen evolution under visible light[J]. Angewandte Chemie International Edition，49（24）：4096-4099.

Mahapure S A，Ambekar J D，Nikam L K，et al.，2011. Nanocrystalline zinc indium vanadate：a novel photocatalyst for hydrogen generation[J]. Journal of Nanoscience and Nanotechnology，11（8）：6959-6962.

Mahapure S A，Palei P K，Nikam L K，et al.，2013. Novel nanocrystalline zinc silver antimonate（$ZnAg_3SbO_4$）：an efficient & ecofriendly visible light photocatalyst with enhanced hydrogen generation[J]. Journal of Materials Chemistry A，1（41）：12835-12840.

Maicu M，Hidalgo M C，Colón G，et al.，2011. Comparative study of the photodeposition of Pt，Au and Pd on pre-sulphated TiO_2 for the photocatalytic decomposition of phenol[J]. Journal of Photochemistry Photobiology A：Chemistry，217（2-3）：275-283.

Min S X，Lü G X，2011. Preparation of CdS/graphene composites and photocatalytic hydrogen generation from water under visible light irradiation[J]. Acta Physico-Chimica Sinica，27（9）：2178-2184.

Morris L，Hales J J，Trudeau M L，et al.，2019. A manganese hydride molecular sieve for practical hydrogen storage under ambient conditions[J]. Energy & Environmental Science，12（5）：1580-1591.

Nag A，Chung D S，Dolzhnikov D S，et al.，2012. Effect of metal ions on photoluminescence，charge transport，magnetic and catalytic properties of all-inorganic colloidal nanocrystals and nanocrystal solids[J]. Journal of the American Chemical Society，134（33）：13604-13615.

Naman S A，1992. Comparison between thermal decomposition and photosplitting of H_2S over V_xS_y supported on oxides at 450–550 ℃ in a static system[J]. International Journal of Hydrogen Energy，17（7）：499-504.

Naman S A，Al-Mishhadani N H，Al-Shamma L M，1995. Photocatalytic production of hydrogen from hydrogen sulfide in ethanolamine aqueous solution containing semiconductors dispersion[J]. International Journal of Hydrogen Energy，20（4）：303-307.

Navakoteswara R V，Lakshmana R N，Mamatha K M，et al.，2019. Photocatalytic recovery of H_2 from H_2S containing wastewater：

surface and interface control of photo-excitons in Cu$_2$S@TiO$_2$ core-shell nanostructures[J]. Applied Catalysis B：Environmental，254：174-185.

Oladipo H，Yusuf A，Al-Ali K，et al.，2021. Techno-economic evaluation of photocatalytic H$_2$S splitting[J]. Energy Technology，9（8）：2170082.

Ong W J，Tan L L，Ng Y H，et al.，2016. Graphitic carbon nitride（g-C$_3$N$_4$）-based photocatalysts for artificial photosynthesis and environmental remediation：are we a step closer to achieving sustainability?[J]. Chemical Reviews，116（12）：7159-7329.

Pan L，Wang S B，Xie J W，et al.，2016. Constructing TiO$_2$ p-n homojunction for photoelectrochemical and photocatalytic hydrogen generation[J]. Nano Energy，28：296-303.

Pandey G，Sharma H K，Srivastava S K，et al.，2011. γ-MnS nano and micro architectures：synthesis，characterization and optical properties[J]. Materials Research Bulletin，46（11）：1804-1810.

Petrov K，Baykara S Z，Ebrasu D，et al.，2011. An assessment of electrolytic hydrogen production from H$_2$S in Black Sea waters[J]. International Journal of Hydrogen Energy，36（15）：8936-8942.

Portela R，Sánchez B，Coronado J M，et al.，2007. Selection of TiO$_2$-support：UV-transparent alternatives and long-term use limitations for H$_2$S removal[J]. Catalysis Today，129（1-2）：223-230.

Portela R，Canela M C，Sánchez B，et al.，2008. H$_2$S photodegradation by TiO$_2$/M-MCM-41（M = Cr or Ce）：deactivation and by-product generation under UV-A and visible light[J]. Applied Catalysis B：Environmental，84（3-4）：643-650.

Portela R，Suárez S，Rasmussen S B，et al.，2010. Photocatalytic-based strategies for H$_2$S elimination[J]. Catalysis Today，151（1-2）：64-70.

Prakash A，Dan M，Yu S，et al.，2018. In$_2$S$_3$/CuS nanosheet composite：an excellent visible light photocatalyst for H$_2$ production from H$_2$S[J]. Solar Energy Materials and Solar Cells，180：205-212.

Preethi V，Kanmani S，2012. Photocatalytic hydrogen production over CuGa$_{2-x}$Fe$_x$O$_4$ spinel[J]. International Journal of Hydrogen Energy，37（24）：18740-18746.

Preethi V，Kanmani S，2017. Performance of gas-phase photocatalytic reactors on hydrogen production[J]. International Journal of Hydrogen Energy，42（14）：8997-9002.

Rabin O，Manuel Perez J，Grimm J，et al.，2006. An X-ray computed tomography imaging agent based on long-circulating bismuth sulphide nanoparticles[J]. Nature Materials，5（2）：118-122.

Ran J R，Zhang J，Yu J G，et al.，2014. Earth-abundant cocatalysts for semiconductor-based photocatalytic water splitting[J]. Chemical Society Reviews，43（22）：7787-7812.

Riha S C，Jin S Y，Baryshev S V，et al.，2013. Stabilizing Cu$_2$S for photovoltaics one atomic layer at a time[J]. ACS Applied Materials & Interfaces，5（20）：10302-10309.

Robert D，2007. Photosensitization of TiO$_2$ by M$_x$O$_y$ and M$_x$S$_y$ nanoparticles for heterogeneous photocatalysis applications[J]. Catalysis Today，122（1-2）：20-26.

Roy A M，De G C，2003. Immobilisation of CdS，ZnS and mixed ZnS-CdS on filter paper：effect of hydrogen production from alkaline Na$_2$S/Na$_2$S$_2$O$_3$ solution[J]. Journal of Photochemistry Photobiology A：Chemistry，157（1）：87-92.

Rufus I B，Ramakrishnan V，Viswanathan B，et al.，1990. Rhodium and rhodium sulfide coated cadmium sulfide as a photocatalyst for photochemical decomposition of aqueous sulfide[J]. Langmuir，6（3）：565-567.

Rufus I B，Viswanathan B，Ramakrishnan V，et al.，1995. Cadmium sulfide with iridium sulfide and platinum sulfide deposits as a photocatalyst for the decomposition of aqueous sulfide[J]. Journal of Photochemistry and Photobiology A：Chemistry，91（1）：63-66.

Serpone N，Emeline A V，2012. Semiconductor photocatalysis—past，present，and future outlook[J]. The Journal of Physical Chemistry Letters，3（5）：673-677.

Shen S H，Zhao L，Guo L J，2008. Cetyltrimethylammoniumbromide（CTAB）-assisted hydrothermal synthesis of ZnIn$_2$S$_4$ as an efficient visible-light-driven photocatalyst for hydrogen production[J]. International Journal of Hydrogen Energy，33（17）：4501-4510.

Sopyan I，2007. Kinetic analysis on photocatalytic degradation of gaseous acetaldehyde，ammonia and hydrogen sulfide on nanosized porous TiO2 films[J]. Science and Technology of Advanced Materials，8（1-2）：33-39.

Stein J L，Mader E A，Cossairt B M，2016. Luminescent InP quantum dots with tunable emission by post-synthetic modification with Lewis acids[J]. The Journal of Physical Chemistry Letters，7（7）：1315-1320.

Torimoto T，Adachi T，Okazaki K-I，et al.，2007. Facile synthesis of ZnS-AgInS2 solid solution nanoparticles for a color-adjustable luminophore[J]. Journal of the American Chemical Society，129（41）：12388-12389.

Tsuji I，Kato H，Kobayashi H，et al.，2005a. Photocatalytic H2 evolution under visible-light irradiation over band-structure-controlled (CuIn)xZn2(1−x)S2 solid solutions[J]. The Journal of Physical Chemistry B，109（15）：7323-7329.

Tsuji I，Kato H，Kudo A，2005b. Visible-light-induced H2 evolution from an aqueous solution containing sulfide and sulfite over a ZnS-CuInS2-AgInS2 solid-solution photocatalyst[J]. Angewandte Chemie International Edition，44（23）：3565-3568.

Tsuji I，Kato H，Kudo A，2006. Photocatalytic hydrogen evolution on ZnS-CuInS2-AgInS2 solid solution photocatalysts with wide visible light absorption bands[J]. Chemistry of Materials，18（7）：1969-1975.

Walter M G，Warren E L，McKone J R，et al.，2010. Solar water splitting cells[J]. Chemical Reviews，110（11）：6446-6473.

Wang X，Xu Q，Li M R，et al.，2012. Photocatalytic overall water splitting promoted by an α-β phase junction on Ga2O3[J]. Angewandte Chemie International Edition，51（52）：13089-13092.

Wang X，Li R G，Xu Q，et al.，2013. Roles of（001）and（101）facets of anatase TiO2 in photocatalytic reactions[J]. Acta Physico-Chimica Sinica，29（7）：1566-1571.

Wang Z，Ci X B，Dai H J，et al.，2012. One-step synthesis of highly active Ti-containing Cr-modified MCM-48 mesoporous material and the photocatalytic performance for decomposition of H2S under visible light[J]. Applied Surface Science，258（20）：8258-8263.

Wang Z L，Hisatomi T，Li R G，et al.，2021. Efficiency accreditation and testing protocols for particulate photocatalysts toward solar fuel production[J]. Joule，5（2）：344-359.

Wei S Q，Wang F，Yan P，et al.，2019. Interfacial coupling promoting hydrogen sulfide splitting on the staggered type II g-C3N4/r-TiO2 heterojunction[J]. Journal of Catalysis，377：122-132.

Wen J Q，Li X，Liu W，et al.，2015. Photocatalysis fundamentals and surface modification of TiO2 nanomaterials[J]. Chinese Journal of Catalysis，36（12）：2049-2070.

Wu T，Zhou X G，Zhang H，et al.，2010. Bi2S3 nanostructures：a new photocatalyst[J]. Nano Research，3（5）：379-386.

Xiang J L，Dan M，Cai Q，et al.，2019. Graphene oxide induced dual cocatalysts formation on manganese sulfide with enhanced photocatalytic hydrogen production from hydrogen sulfide[J]. Applied Surface Science，494：700-707.

Xie S L，Lu X H，Zhai T，et al.，2012. Controllable synthesis of ZnxCd1−xS@ZnO core-shell nanorods with enhanced photocatalytic activity[J]. Langmuir，28（28）：10558-10564.

Xie Z H，Yu S，Fan X B，et al.，2021. Wavelength-sensitive photocatalytic H2 evolution from H2S splitting over g-C3N4 with S，N-codoped carbon dots as the photosensitizer[J]. Journal of Energy Chemistry，52：234-242.

Yan H J，Yang J H，Ma G J，et al.，2009. Visible-light-driven hydrogen production with extremely high quantum efficiency on Pt-PdS/CdS photocatalyst[J]. Journal of Catalysis，266（2）：165-168.

Yang H G，Sun C H，Qiao S Z，et al.，2008. Anatase TiO2 single crystals with a large percentage of reactive facets[J]. Nature，453（7195）：638-641.

Yang Y，Liu T X，2011. Fabrication and characterization of graphene oxide/zinc oxide nanorods hybrid[J]. Applied Surface Science，257（21）：8950-8954.

Youn H C，Baral S，Fendler J H，1988. Dihexadecyl phosphate，vesicle-stabilized and in situ generated mixed cadmium sulfide and zinc sulfide semiconductor particles：preparation and utilization for photosensitized charge separation and hydrogen generation[J]. The Journal of Physical Chemistry，92（22）：6320-6327.

Yu J G，Low J X，Xiao W，et al.，2014. Enhanced photocatalytic CO2-reduction activity of anatase TiO2 by coexposed {001} and {101} facets[J]. Journal of the American Chemical Society，136（25）：8839-8842.

Yu S，Zhou Y，2016. Photochemical decomposition of hydrogen sulfide. Advanced Catalytic Materials - Photocatalysis and Other Current Trends[M]. Rijeka：IntechOpen.

Yu S，Zhong Y Q，Yu B Q，et al.，2016. Graphene quantum dots to enhance the photocatalytic hydrogen evolution efficiency of anatase TiO$_2$ with exposed {001} facet[J]. Physical Chemistry Chemical Physics，18（30）：20338-20344.

Yu S，Fan X B，Wang X，et al.，2018. Efficient photocatalytic hydrogen evolution with ligand engineered all-inorganic InP and InP/ZnS colloidal quantum dots[J]. Nature Communications，9（1）：4009.

Yu S，Wu F，Zou P K，et al.，2020a. Highly value-added utilization of H$_2$S in Na$_2$SO$_3$ solution over Ca-CdS nanocrystal photocatalysts[J]. Chemical Communications，56（91）：14227-14230.

Yu S，Xie Z H，Ran M X，et al.，2020b. Zinc ions modified InP quantum dots for enhanced photocatalytic hydrogen evolution from hydrogen sulfide[J]. Journal of Colloid and Interface Science，573：71-77.

Yu S，Li Y，Jiang A，et al.，2024. Solar-driven hydrogen evolution from value-added waste treatment[J]. Advanced Energy Materials，14：2304362.

Yuan H M，Liu J L，Li J，et al.，2015. Designed synthesis of a novel BiVO$_4$-Cu$_2$O-TiO$_2$ as an efficient visible-light-responding photocatalyst[J]. Journal of Colloid and Interface Science，444：58-66.

Zakarina N A，Volkova L D，Kim O K，et al.，2013. Natural iron-containing materials and catalysts on their basis on use for photocatalytic decomposition of hydrogen sulfide[J]. Petroleum Chemistry，53（3）：181-186.

Zhai T Y，Fang X S，Li L，et al.，2010. One-dimensional CdS nanostructures：synthesis，properties，and applications[J]. Nanoscale，2（2）：168-187.

Zhang B，Ye X C，Hou W Y，et al.，2006. Biomolecule-assisted synthesis and electrochemical hydrogen storage of Bi$_2$S$_3$ flowerlike patterns with well-aligned nanorods[J]. The Journal of Physical Chemistry B，110（18）：8978-8985.

Zhang K，Guo L J，2013. Metal sulphide semiconductors for photocatalytic hydrogen production[J]. Catalysis Science & Technology，3（7）：1672-1690.

Zhang K，Kim J K，Park B，et al.，2017. Defect-induced epitaxial growth for efficient solar hydrogen production[J]. Nano Letters，17（11）：6676-6683.

Zhang M，Guan J，Tu Y C，et al.，2020. Highly efficient H$_2$ production from H$_2$S via a robust graphene-encapsulated metal catalyst[J]. Energy & Environmental Science，13（1）：119-126.

Zhang S，Chen Q Y，Jing D W，et al.，2012. Visible photoactivity and antiphotocorrosion performance of PdS-CdS photocatalysts modified by polyaniline[J]. International Journal of Hydrogen Energy，37（1）：791-796.

Zhang S Q，Liu X，Liu C B，et al.，2018. MoS$_2$ quantum dot growth induced by S vacancies in a ZnIn$_2$S$_4$ monolayer：atomic-level heterostructure for photocatalytic hydrogen production[J]. ACS Nano，12（1）：751-758.

Zhang W，Zhong Z Y，Wang Y S，et al.，2008. Doped solid solution：(Zn$_{0.95}$Cu$_{0.05}$)$_{1-x}$Cd$_x$S nanocrystals with high activity for H$_2$ evolution from aqueous solutions under visible light[J]. The Journal of Physical Chemistry C，112（45）：17635-17642.

Zuo F，Wang L，Wu T，et al.，2010. Self-doped Ti^{3+} enhanced photocatalyst for hydrogen production under visible light[J]. Journal of the American Chemical Society，132（34）：11856-11857.

第4章 光热催化技术在硫化氢资源化利用中的应用研究

2.3 节已详细介绍了光热催化技术的原理及在不同领域中的应用。关于光热分解 H_2S 的研究从 20 世纪 80 年代开始引起了研究者的关注，但是大多数研究主要利用太阳光照来提供热能，其实质是利用光热效应来提升体系热催化分解 H_2S 的反应温度，从热力学角度上使得 H_2S 的分解更容易发生，进而提高其分解效率。本章将对相关研究进行简要介绍。

4.1 光热分解硫化氢的研究

4.1.1 光热分解硫化氢的反应器设计

1982 年，Fletcher 团队首次提出利用高度会聚的太阳光提升 H_2S 分解过程的反应温度（Noring and Fletcher, 1982），并探究了利用太阳能和渗透分离技术促进 H_2S 热分解生成 H_2 和单质 S 的可行性。该团队设计出一套利用太阳光实现产物快速分离的反应器-分离器模型［图 4-1（a）］，H_2S 在反应室中通过太阳光增热分解，生成的单质 S 在反应室富集，剩余的 H_2S 和其他产物则通过渗透膜分离至另一室富集，进料气和分离后的反应混合气通过热交换器实现热能的最大化利用，随后产物混合气被进一步冷却和分离纯化后进入可逆的燃料电池。

为了优化此模型，1984 年，Fletcher 团队在反应器后端添加了热交换器，利用热交换器对反应混合物进行骤冷处理（温度降大于 300 K），使得产物单质 S 可进行快速分离，从而打破 H_2S 化学反应平衡，促进 H_2S 的分解，进而提升其转化率（Diver and Fletcher, 1985）。此外，他们还在原装置的基础上增加了用于储存 H_2S 的储存罐［图 4-1（b）］，以此系统能稳定持续地接收 H_2S 原料气。从图 4-1（b）中可以看出，该装置有两个 H_2S 进口，有光时 H_2S 直接被送入反应器，无光时 H_2S 先被压缩并以液体形式储存在储存罐中，待有光时液体 H_2S 再从储存罐进入太阳能反应炉进行分解反应。换热器可以实现反应后气体和 H_2S 原料气的热交换，一方面可对 H_2S 反应气进行预热处理，另一方面可冷却反应后的气体并分离得到液态 S，达到双重效果。收集液态 S 后，剩余的混合物再次被冷却并被压缩到 2.5 MPa，其中 H_2S 以液体的形式被储存到 H_2S 储存罐中，剩余的气体混合物（大部分 H_2 和少量 H_2S 气体）则被送入胺洗涤器，胺洗涤器将其中残余的 H_2S 气体吸收，最终可收集得到产物 H_2。利用此装置和相关技术，在 1600～1800 K、5.0～15.0 kPa 条件下，H_2 的收率可以达到 85%。

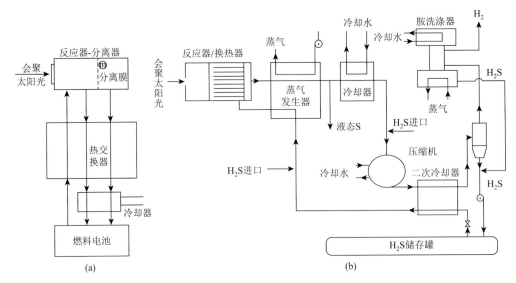

图 4-1　利用会聚太阳光分解 H_2S 制取 H_2 和单质 S 的装置示意图

（a）使用膜分离方法的反应系统设计（Noring and Fletcher，1982）；（b）反应器与换热器紧密接触的反应系统设计（Diver and Fletcher，1985）

与此同时，Fletcher 团队研究了不同的光热反应器结构对光热分解 H_2S 反应速率的影响。该团队为此设计了两种反应器，如图 4-2 所示。1 号反应器具有特殊的几何结构[图 4-2(a)]，H_2S 的进气管和出气管被绝热层分隔开，蜂窝状的 ZrO_2 为吸光单元，故其表面反应温度最高。在实验过程中，Fletcher 团队发现随着 H_2S 进料速率的增加，体系的制氢速率明显降低，且在光热高温条件下尤其明显，说明体系中存在热交换不充分的问题，随着进料速率的增加，仅有部分 H_2S 能够到达 ZrO_2 蜂窝周围的高温区间发生有效分解，剩下的 H_2S 所处的温度仍然较低，对应的 H_2S 分解率也因此下降。

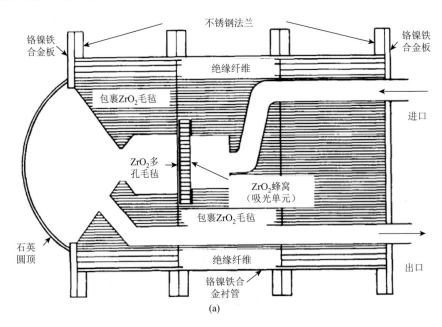

(a)

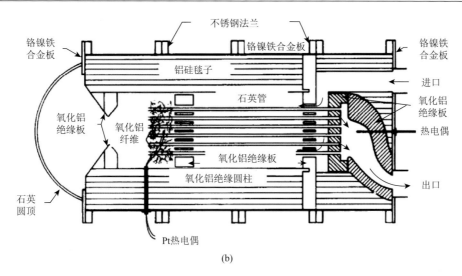

图 4-2　两种光热分解 H_2S 反应器结构示意图（Kappauf et al.，1985）

（a）1 号反应器；（b）2 号反应器

在此基础上，Fletcher 团队又设计了 2 号反应器[图 4-2（b）]。相比 1 号反应器，2 号反应器由多根石英管并排构成，石英管前端为 Al_2O_3 纤维组成的吸光单元。反应气进入反应腔室后，经 Al_2O_3 纤维发生分解反应，再从石英管中流出反应器。该团队发现 2 号反应器中体系的制氢速率随 H_2S 的进料速率的增大线性增加，说明进料气 H_2S 能够在 Al_2O_3 纤维附近被充分加热。与此同时，反应器中的石英管发挥了热交换的作用：反应气体进入反应器，对石英管起到冷却作用，而石英管中的热产物气流对反应气体进行预热。这增高了体系的热能利用率，减少了反应器中的热损失。

由于光热分解 H_2S 的反应温度较高（1300～2000 K），且 H_2S 本身具有较高的反应活性，故光热反应器材质在高温和 H_2S 存在情况下的稳定性也成为光热分解 H_2S 过程中要重点考虑的因素。Fletcher 团队选择石英管、304 不锈钢、铬镍铁合金、Al_2O_3 和 ZrO_2 等一系列材料研究了其在高温和 H_2S 存在条件下的稳定性。实验结果表明，304 不锈钢和铬镍铁合金在 1100～1250 K 条件下部分生成了硫化物；ZrO_2 在 1720 K 时未出现硫化物堆积；Al_2O_3 在 1400～1700 K 时不受 H_2S 影响；石英管加热至熔化的过程中并未发生硫化。故 ZrO_2、Al_2O_3 和石英管不仅耐高温，而且耐 H_2S 腐蚀。不仅如此，该团队还发现 H_2S 可以在 Al_2O_3 表面发生分解，故推测 Al_2O_3 对 H_2S 分解有催化作用。这一推测得到了后续研究的证实，Fletcher 团队根据 H_2S 分解反应速率常数与温度之间的关系，估算得到 H_2S 分解反应的活化能为 177 kJ·mol^{-1}，此活化能低于 Kappauf 和 Fletcher（1989）报道的 H_2S 热分解反应中关键步骤（$H_2S + M \Longrightarrow HS + H + M$）的活化能（310 kJ·mol^{-1}），故验证了 Al_2O_3 表面对 H_2S 的解离有催化作用，这为后续光热反应器材料的选择提供了参考。

4.1.2　光热分解硫化氢的实验参数优化

在光热分解 H_2S 过程中，不仅要考虑其实验装置的设计和材料的选择，还要探究不同反应参数——反应温度、进料速率、压力对分解过程的影响，这也对探究其反应机理有重要支撑作用。

Fletcher 团队以黑体为模型，首先考察了不同反应温度和不同聚光倍数下吸光材料的光热转化效率（Noring and Fletcher，1982）。从图 4-3（a）中可以看出，随着反应温度升高，相同聚光倍数下的太阳能收集效率降低。同时可以看出在相同的温度（1000 K）下，当聚光倍数为 1000 时，黑体对太阳光的收集效率约为 0.94；当聚光倍数为 3000 及以上时，收集效率几乎接近 1.0。故当反应温度固定时，聚光倍数越大，对应的太阳能收集效率越高。为了使装置与工厂实际应用更为接近，Fletcher 团队采用定日镜来收集太阳光，图 4-3（b）展示了每平方米定日镜的太阳光收集效率与反应温度的关系，可以发现随着反应温度升高，每平方米定日镜的太阳光收集效率反而呈现逐渐降低的趋势（Diver and Fletcher，1985）。

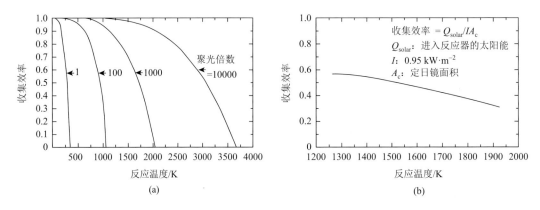

图 4-3　反应温度对太阳能收集效率的影响（Noring and Fletcher，1982；Diver and Fletcher，1985）

（a）黑体对太阳能的收集效率在不同聚光倍数下随反应温度的变化；（b）太阳能收集效率随反应温度的变化

在此基础上，利用图 4-2（b）中的反应器，Fletcher 团队探究了在恒定压力和 H_2S 进料速率下反应温度对制氢速率的影响[图 4-4（a）]。在压力为 50.5 kPa、H_2S 进料速率为 2 mol·min^{-1} 时，1000～1700 K 下的制氢速率随反应温度升高呈现线性增加趋势；

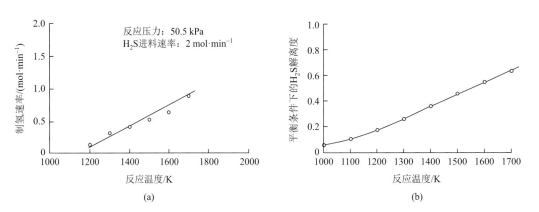

图 4-4　反应温度对 H_2S 分解反应的影响（Kappauf et al.，1985）

（a）制氢速率随反应温度的变化；（b）平衡条件下 H_2S 解离度随反应温度的变化

在反应温度低于 1100 K 时，制氢速率则趋近于零。这和相应条件下热力学估算结果一致[图 4-4（b）]：在 1000～1700 K 的温度区间，平衡条件下的 H_2S 解离度随反应温度降低呈线性下降趋势。在 1100 K 时，平衡条件下的 H_2S 解离度仅为 0.1。

Fletcher 团队还利用图 4-2（b）中的反应器研究了进料速率对制氢速率和 H_2 产率的影响。从图 4-5（a）中可以看出，在 1700 K、50.5 kPa 条件下，体系的制氢速率几乎随进料速率的增大线性增加，但 H_2 产率（H_2 的物质的量/H_2S 的物质的量）表现出先升高后下降的趋势[图 4-5（b）]。与此同时，该团队发现在该反应器中，压力对反应体系中 H_2 产率的影响并不明显。当温度为 1950 K、H_2S 进料速率为 2 $mol·min^{-1}$，体系的压力从 27.4 kPa 增加到 66.7 kPa（增加近 1.4 倍）时，H_2 产率仅从 0.45 下降到 0.42。

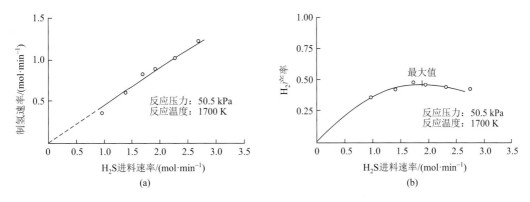

图 4-5　进料速率对制氢速率和 H_2 产率的影响（Kappauf et al.，1985）

（a）进料速率对制氢速率的影响；（b）进料速率对 H_2 产率的影响

由上可知，Fletcher 团队在早期致力于使用会聚的太阳光来实现高温（高于 1300 K）下热分解 H_2S，并设计了一系列反应系统和具体的反应器用于实验，同时考察了反应温度、H_2S 进料速率、压力对 H_2 产率等的影响。需要指出的是，反应温度和进料速率等对 H_2 产率的影响规律与反应器的构造有着非常密切的关联，在不同的反应器中其影响规律差别很大，该团队后续又在不同的反应器中研究了反应温度和 H_2S 进料速率对 H_2 产率的影响，得出了与上述完全不同的结论（Kappauf and Fletcher，1989）。与此同时，Fletcher 团队对该反应的研究还局限于高温下 H_2S 自身的热分解，并未过多考虑光热催化的过程。

4.2　光热催化分解硫化氢的研究

1987 年，Marafi 团队通过太阳能聚光的方式研究了 H_2S 在不同催化材料上的热分解行为（Bishara et al.，1987）。该团队设计的太阳能反应器如图 4-6 所示，其包含 1 个 3 m×3 m 的定日镜，用于动态追踪太阳光；1 个抛物面碟形聚光镜（直径 1.5 m，焦距 0.66 m，焦像直径 61 mm，功率 1.5 kW），用于将接收的太阳光聚焦；1 个石英管反应器（长 20 cm，内径 1.2 cm），用于进行催化反应。催化反应区域的面积约为 3.42 cm^2。Marafi 团队的研究指出，在该反应器中，一方面石英管中的催化材料可以直接被会聚的太阳光加热，催化材料升温速率快；另一方面，石英管中催化材料上方为未加热区域，可使得反应过程中生成的产物单质 S 迅速冷却后从反应混合气中分离出来，有助于 H_2S 的分解反应向正方向移动。

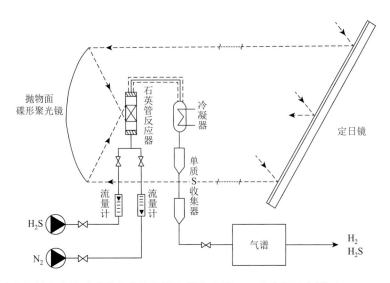

图 4-6　带有太阳能自主追踪系统的太阳能聚光催化分解 H_2S 反应器示意图（Bishara et al.，1987）

利用该反应装置，Marafi 团队研究了 γ-Al_2O_3、Ni/Mo-Al_2O_3（2.6%Ni 和 13.5%Mo 共负载的 γ-Al_2O_3）、Co/Mo-Al_2O_3（3.5%Co 和 10.8%Mo 共负载的 γ-Al_2O_3）作为催化材料时，光热条件下分解 H_2S 制取 H_2 和单质 S 的效率。图 4-7 展示了 H_2S 在 γ-Al_2O_3、Co/Mo-Al_2O_3 和 Ni/Mo-Al_2O_3 上的转化率与反应时间的关系。图 4-7（a）表明 γ-Al_2O_3 为催化剂时，H_2S 的转化率在非常短的反应时间（0.25 s 内）达到了稳定（该研究并未详细阐明如何在如此短的时间内实现多数据点的监测）。从工艺设计角度考虑，如此短的反应时间意味着该反应可实现大量的 H_2S 吞吐量，有利于工业应用。当反应温度从 620 ℃增加到 770 ℃时，其 H_2S 的转化率从 6.1%增加到 12.5%。而 Co/Mo 或者 Ni/Mo 的引入对 γ-Al_2O_3 催化活性的提升影响并不显著[图 4-7（b）、图 4-7（c）]，在四种不同反应温度（650 ℃/660 ℃、700 ℃、740 ℃和 800 ℃）下，H_2S 的转化率并未较类似温度下 γ-Al_2O_3 的催化体系出现增长，甚至有所下降。与此同时，Marafi 团队指出在 620～660 ℃时，H_2S 分解为 H_2 和单质 S 的热力学平衡转化率为 6%，但在实验过程中发现在 γ-Al_2O_3 催化体系中监测到的转化率（620 ℃下 6.1%；670 ℃下 7.5%）大于这一数值。Marafi 团队推测这是由于石英管上方没有受热，温度较低，产生的单质 S 很容易被冷凝，通过冷凝不断去除单质 S，从而增加了正向反应速率，促进了 H_2S 的分解。

Marafi 团队还进一步根据不同温度下体系的反应速率常数函数拟合，推断出该光热反应条件下 H_2S 的分解反应为二级不可逆反应。相比没有催化材料的反应体系（其反应活化能为 175～210 kJ·mol^{-1}），γ-Al_2O_3、Ni/Mo-Al_2O_3 和 Co/Mo-Al_2O_3 体系的反应活化能下降到 59～76 kJ·mol^{-1}，证明该反应体系发生了催化过程。

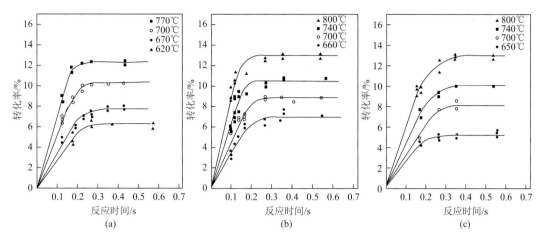

图 4-7　不同温度下 H_2S 在不同催化材料体系中的转化率与反应时间的关系（Bishara et al.，1987）

（a）$\gamma\text{-}Al_2O_3$；（b）$Co/Mo\text{-}Al_2O_3$；（c）$Ni/Mo\text{-}Al_2O_3$

在上述反应体系中，虽然 Marafi 团队在催化材料存在条件下利用太阳能对反应体系直接加热驱动了反应发生，但受早年研究局限，Marafi 团队并未研究光热催化条件下与相同温度时热催化条件下 H_2S 的转化率差异。从后续热催化的相关文献来看，此类催化的活性与热催化没有显著差别，故在该体系中光和热的协同作用可能并不明显。然而，目前在 H_2S 资源化利用领域尚无其他光热催化分解 H_2S 制取 H_2 和单质 S 的报道。

4.3　光热分解硫化氢的经济性评估

为研究光热（催化）分解 H_2S 的可行性，Fletcher 团队在 1982 年结合所设计的反应系统对光热分解 H_2S 的经济性进行了评估（Noring and Fletcher，1982）。利用图 4-1（a）中的反应系统，Fletcher 团队推测出在反应温度为 1600 K、分离膜的上游气体压力为 50.5 kPa 而下游气体压力为 10.1 kPa、通过热交换器的进料气（加热过程）和出料气（冷却过程）的温差为 50 K 的反应条件下，当保证 H_2S 分解制氢速率为 1 mol·s^{-1} 时，每产生 1 mol H_2 和 1 mol 单质 S，对应需要 5.038 mol H_2S，H_2S 的转化率约为 20%。此时，该反应器需要的光通量为 69.463 kW，该条件下需要一个聚光面积大约为 157 m^2 的双反射太阳能炉，以成本为 90 美元·m^{-2} 计算，聚光器的成本约为 14130 美元。若将此时产生的 H_2 和单质 S 用于燃料电池发电，可产生 19.985 kJ 电能。整个系统对应的热转化效率为 0.288。Fletcher 团队进一步估算了相同反应条件下将该光热分解 H_2S 系统运用到工厂的实际经济成本。考虑到夜间和阴天的情况，他们假设每天该反应系统能工作 1/4 的时间，对应的设备成本也因此提高了 4 倍，以弥补工厂在夜间和阴天无法工作的不足。图 4-8（a）给出了 24 h 内 H_2S 分解制氢速率为 1 mol·s^{-1} 时，工厂建设设备（包括太阳能聚光器、泵、热交换器和冷却器等）成本与分离膜的截面积大小的关系。可以看出，当分离膜的截面积为 20 cm^2 左右时，体系的设备总成本最低。图 4-8（b）进一步对反应体系进行了优化，考虑了不同的分离膜下游气体压力（P_y）对设备总成本的影响。图中最优点（$P_y = 0.3$ atm 左右，1atm $= 101.325$ kPa）对应的设备总成本为 10.5 万美元左右。在每年生产相同质量单质 S 的情况下，该设备的成本是克劳斯工艺成本的 2.5～10.0 倍。此时，并未考虑生成 H_2 所产生的额外收益。

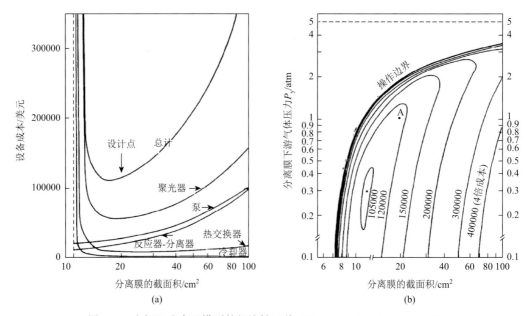

(a)　　　　　　　　　　　　　　　　(b)

图 4-8　反应器-分离器模型的经济性评估（Noring and Fletcher，1982）

（a）工厂设备成本随分离膜截面积的变化；（b）工厂设备成本（美元）随下游气体压力（P_y）的变化

在此基础上，Fletcher 团队进一步以图 4-1（b）中的反应系统为模型，详细分析了该反应体系的投资和回收成本（Diver and Fletcher，1985）。当反应温度为 1600 K、反应压力为 101 kPa、反应器和换热器的温差为 300 K 时，假定 H_2S 转化率为 34%，H_2 和单质 S 的生成速率均为 1 mol·s^{-1}，对应的 H_2S 进料速率为 2.957 mol·s^{-1}。以此时的反应条件和转化率作为设计点，计算各组件成本和产品得到的收益，从而得出投资回收期。表 4-1 给出了按该设计点运行的各组件的资金成本。在考虑了 15% 间接费用、10% 场外改进成本和 15% 应急基金的情况下，系统的总投资成本为 1827.6 万美元。整个工厂年耗电量 3.475 MW，同时可以额外产生 7225 kg·h^{-1} 的蒸气（后者可能产生的现金价值暂不考虑）。如果将该部分蒸气产生的热能加以利用（如在接收器中加入蓄热装置），则可以有效降低运行成本。

表 4-1　按设计点运行的各组件的资金成本汇总

名称	花费/10^3 美元	能耗/MW	冷凝水用量 /(L·m^{-1})	补给水流速 /(L·s^{-1})	蒸气生成速率 /(kg·h^{-1})
定日镜	3140	0.180			
反应器/换热器	1517				
蒸气发生器	895			15	（10105）
冷却器	186		1143		

名称	花费/10³美元	能耗/MW	冷凝水用量/(L·m⁻¹)	补给水流速/(L·s⁻¹)	蒸气生成速率/(kg·h⁻¹)
压缩机	3335	3.188	1787		
H_2S 储存罐	2870				
二次冷却器	166				
胺洗涤器	748	0.074	2063		−2880
冷却塔	198	0.033		250	
15%间接费用	1958				
10%场外改进成本	1305				
15%应急基金	1958				
总计	18276	3.475	4993	265	(7225)

　　Fletcher 团队根据不同地区对太阳光的利用程度不同，将成本和收益的估算分为三种情况：每年有 1/4、1/5 和 1/6 的时间可以有效利用太阳光。对应条件下，工厂每天分别可生产单质 S 69 t、55 t 和 46 t。若有 1/4 的时间利用太阳能供能，投资回收期为 4.9 年；若有 1/5 的时间利用太阳能供能，投资回收期为 6.3 年；若有 1/6 的时间利用太阳能供能，投资回收期为 7.9 年。太阳能利用时间越长，投资回收期越短。

　　Fletcher 团队还研究了各种工艺操作参数、产物价格以及电力成本对投资回收期的影响。图 4-9（a）展示了工厂平均每天有 1/4 的运行时间时，投资回收期随各种工艺操作参数的变化。以设计点的各种工艺参数值为前提（反应温度为 1600 K、反应压力为 101 kPa、反应器和换热器的温差为 300 K），该团队研究了设计点参数与实验参数的比值在 0.5~1.7 范围内变化时的情况。随着反应温度的下降，投资回收期急剧增长，在 1300 K 时，投资回收期相比设计点时几乎增加了一倍；当温度高于 1600 K 时，其对缩短投资回收期的作用并不明显，这是因为更高的反应温度意味着更多的定日镜投资成本，且温度升高，太阳能的收集效率会下降。反应压力对投资回收期长短的影响不大，这是因为在减压条件下更好的 H_2S 分解效果带来的成本优势会与压缩机成本和运行成本的增加相抵消。反应器和换热器的温差对投资回收期长短的影响也不大，因为快速冷却必然会给传热过程带来负面影响。此外，投资回收期的长短还取决于 H_2S 分解后其产物 H_2 和单质 S 的价格，以及体系的电力成本[图 4-9（b）]。其中投资回收期对单质 S 的价格最为敏感，其次是 H_2 的价格。相比而言，其对电力成本的依赖度不高。

　　考虑到上述经济性评估中，工厂平均每天只有 1/4、1/5 或 1/6 的时间能收集足够的太阳能来维持工厂运转，工厂运作时间不持续，Fletcher 团队提出了另外两种方案以实现工厂持续运转，即太阳能和电能共同运作（没有太阳光时利用电力维持运作，有太阳光时利用太阳能维持运作，即光-电力运作）与全天使用电力（纯电力）运作，并比较了这两种方案与纯太阳能（纯光）运作的投资回收期长短。图 4-10 给出了不同运作方式的投资回收期与电力成本间的相互关系。三种运作方式下的大部分成本与表 4-1 相同，主要差别在于使用电力后反应器和换热器的成本增加了 20%，但全天运作时无需 H_2S 储存罐，相应的设备成本也随之下降。在低电力成本下，纯电力和光-电力运作的投资回收期要比纯光

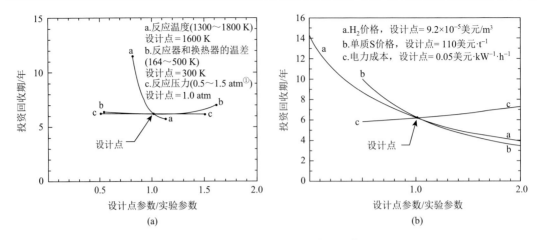

图 4-9　工厂利用太阳能工作时间为 1/4 时投资回收期的变化规律（Diver and Fletcher，1985）

（a）投资回收期随实验参数的变化；（b）投资回收期随产物价格和电力成本的变化

短得多，因为它们不仅消除了 H_2S 储存罐的成本，而且几乎全天运作。当电力成本为 9~10 美分·$kW^{-1}·h^{-1}$ 时，使用光-电力和纯电力运作的工厂投资回收期相当，当电力成本高于 9~10 美分·$kW^{-1}·h^{-1}$ 时，使用光-电力运作的工厂投资回收期将显著短于纯电力运作。

　　在 Fletcher 团队的研究基础上，2010 年 Steinfeld 团队增加了 Fletcher 团队在 1982 年建立装置模型时所提到的蓄热部分，并评估了三种不同工艺的经济性：①纯太阳能热化学工艺；②利用太阳能和天然气燃烧作为高温工艺热源的混合工艺；③克劳斯工艺（Villasmil and Steinfeld，2010）。

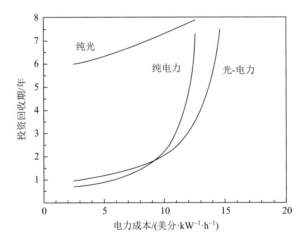

图 4-10　不同运作方式的投资回收期随电力成本的变化（Diver and Fletcher，1985）

　　表 4-2 为太阳能热化学装置的基本运行条件。其中，Steinfeld 团队首先设计了两种光学结构来探究不同太阳能会聚度对工艺经济性的影响：①塔顶（tower top，TT）结构，将

---

① 1 atm = $1.01325×10^5$Pa。

太阳能反应器安装在塔顶，直接接收定日镜场的会聚太阳光辐照，太阳能会聚度为 2500 个太阳；②地面（beam down，BD）结构，将太阳能反应器放置在地面上，通过塔顶的双曲反射镜对聚焦的太阳能进行定向，太阳能会聚度为 5000 个太阳。为探究加入蓄热部分是否会大幅度节约成本，Steinfeld 团队设计了两种实验装置：①无蓄热（no heat recovery，NHR）装置；②蓄热（integrated heat recovery，IHR）装置。表 4-3 则给出了反应过程中的具体假设条件，以 2500 个会聚太阳光为例，当使用 NHR 装置且 H_2S 的进料速率为 323 $mol·s^{-1}$ 时，并且假定 H_2 和单质 S 的生成速率分别为 147 $mol·s^{-1}$ 和 71 $mol·s^{-1}$（对应的 H_2S 转化率为 44%~45%），则参与二次循环反应的 H_2S 的进料速率为 173 $mol·s^{-1}$，与此同时，体系还会以 40 $mol·s^{-1}$ 的速率额外补充反应器中的 H_2S。

表 4-2　太阳能热化学装置的基本运行条件

参数	太阳能反应器温度	太阳能反应器压力	太阳能会聚度（塔顶）	太阳能会聚度（地面）	定日镜数量	定日镜场反射区域面积	年均等效全功率时间	光利用率
单位	K	kPa	个太阳	个太阳	个	m^2	h	%
数值	1700	100	2500	5000	624	75504	2300	65

表 4-3　太阳能热化学装置中反应运行的假定条件

反应参数	单位	太阳能集中度			
		2500 个太阳		5000 个太阳	
		NHR	IHR	NHR	IHR
太阳能反应器的 H_2S 进料速率	$mol·s^{-1}$	323	562	361	628
H_2 经洗涤器后的生成速率	$mol·s^{-1}$	147	223	164	249
单质 S 经分离器后的生成速率	$mol·s^{-1}$	71	107	79	120
H_2S 经洗涤器后的循环速率	$mol·s^{-1}$	173	334	194	373
额外补充的 H_2S 进料速率	$mol·s^{-1}$	40	60	44	67
胺液循环流速	$L·s^{-1}$	38.1	73.3	42.6	81.9

在上述条件下，表 4-4 展示了太阳能化工厂的成本明细。可以发现，IHR 方案的蓄热效果对工艺经济性有积极的影响。此外，若考虑太阳能会聚度，两种光学结构的配置表现出相似的成本，虽然太阳能会聚度为 5000 个太阳时的装置成本要比会聚度为 2500 个太阳时的高，但是高太阳能会聚度可以使 H_2 和单质 S 的产量提高，得到的经济效益可抵消装置成本。

与此同时，Steinfeld 团队估算得到与太阳能化工厂生产硫能力相同的克劳斯装置的成本为 $22.1×10^6$ 美元。此外，克劳斯工艺配套的尾气净化装置的费用额外占克劳斯装置成本的 75%，两者共计 $38.7×10^6$ 美元，其设备总成本相较于太阳能化工厂要低（$47.8×10^6$ 美元，对应于 NHR 和 TT 工作模式）。但在年运行成本上，考虑到 H_2 的收益，后者更具有优势。假设与太阳能化工厂具有相同的经济参数，则克劳斯工厂的年度运行成本为 $5.4×10^6$ 美元。假设太阳能化工厂生产的 H_2 价格等于成本最低的天然气重整制氢生产价格（3.8 美分·$kW^{-1}·h^{-1}$，1 $kW·h$ 对应约 0.03 kg H_2），则太阳能化工厂的年运行成本对应为 $3.0×10^6$ 美元，与克劳斯工厂运行成本（$5.4×10^6$ 美元）相比，每年将节省近 44%。由于两种工厂的成本都是以生成相同质量的单质 S 来进行评估的，单质 S 的价格变化对两种工厂的成本差异对比影响不大。

考虑到太阳能化工厂昂贵的 H_2S 储存成本，Steinfeld 团队进一步考虑了同时使用太阳能和天然气燃烧供热的混合工艺，以保证 H_2S 分解反应可以进行 24 h，进而避免无光照增加 H_2S 储存成本。除了反应温度由于混合反应堆设计的固有限制而降低到 1500 K 外，混合工艺的相关估算参数与表 4-3 相同。从图 4-11 中可以看出，当天然气价格为 4.5 美元·GJ^{-1}（1 GJ 约等于 28 m^3 天然气所产生的热值）时，混合工艺生产 H_2 的成本为 5.8 美分·kW^{-1}·h^{-1}，比纯太阳能化工厂的 H_2 生产成本（6.9 美分·kW^{-1}·h^{-1}）要低；当天然气价格高于 6.0 美元·GJ^{-1} 时，纯太阳能化工厂生产 H_2 的成本则低于混合工艺。此外，1 kW^{-1}·h^{-1} 的 H_2 生产过程中会有 0.42 kg 的 CO_2 被排放，抵消了混合工艺相较于纯太阳能化工厂的经济优势。

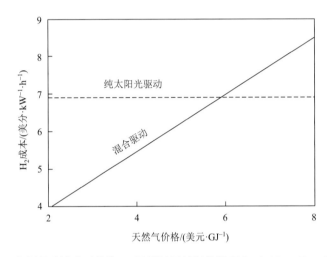

图 4-11　不同 H_2S 分解驱动模式下单位 H_2 盈利随天然气价格变化（Villasmil and Steinfeld，2010）

表 4-4　太阳能热化学装置的工厂规模、年产量和估计成本

工厂设计	塔顶（TT）		地面（BD）	
	NHR	IHR	NHR	IHR
太阳能发电厂规模（从太阳能到反应器的输入功率）/MW_t	39.8	39.8	44.4	44.4
H_2S 15 d 存储容量/m^3	3375	5158	3770	5761
定日镜场太阳能输入速率/（10^6 MW_t·a^{-1}）	173659	173659	173659	173659
制氢速率/（kW_t·a^{-1}）	81	123	90	138
单质 S 生成速率/（t·a^{-1}）	37537	56906	45419	63555
效率				
太阳能会聚度/个太阳	2500	2500	5000	5000
太阳能聚光系统光学效率/%	65	65	65	65
太阳能反应器吸收效率/%	81	81	91	91

续表

工厂设计	塔顶（TT）		地面（BD）	
	NHR	IHR	NHR	IHR
总解离度/%	46	40	46	40
工艺效率/%	29	34	30	36
资金成本（10^6 美元）				
定日镜场（假设 160 美元·m^{-2}）	12.1	12.1	12.1	12.1
土地（2 美元·m^{-2}）	0.4	0.4	0.4	0.4
塔	1.7	1.7	1.2	1.2
塔反射器 + 复合聚光镜	—	—	2.8	2.8
太阳能接收器 + 反应器	1.2	1.9	1.1	1.7
压缩机	4.0	5.7	4.2	6.1
热交换器 + 硫分离器	1.4	3.2	1.6	3.5
胺洗涤器	7.9	11.4	8.5	11.7
存储容器	7.5	9.2	7.9	9.7
直接总成本	36.3	45.6	39.9	49.3
施工（间接）成本	6.0	7.9	6.8	8.7
应急	5.4	6.8	6.0	7.4
资金总成本	47.8	60.3	52.7	65.4
每年成本（10^6 美元）				
资金成本	7.0	9.0	7.9	9.8
操作和维护	1.0	1.2	1.1	1.3
单质 S 销售价格（30 美元·t^{-1}）	−1.1	−1.7	−1.3	−1.9
年总成本	7.0	8.5	7.7	9.2
具体费用				
太阳能单位 H_2 成本（美分·$kW^{-1}·h^{-1}$）	8.6	6.9	8.5	6.7

4.4　小　　结

虽然目前光热（催化）技术在 H_2S 资源化利用中的应用研究还相对有限，但是从已有的太阳能驱动光热分解 H_2S 技术的经济性评估分析中可以看出，即使在高温（1600～1700 K）、低转化率（34%～45%）和不加催化材料的反应条件下，光热分解 H_2S 制取 H_2 和单质 S 仍有较好的经济效益。因此，相关研究者后续可以重点开展光热催化分解 H_2S 制取 H_2 和单质 S 的研究，通过对相关反应机理的研究指导光热催化材料的设计与合成，以在降低反应温度的同时提升反应的转化率，进一步降低反应的成本。

参 考 文 献

Bishara A，Salman O A，Khraishi N，et al.，1987. Thermochemical decomposition of hydrogen sulfide by solar energy[J]. International Journal of Hydrogen Energy，12（10）：679-685.

Diver R B，Fletcher E A，1985. Hydrogen and sulfur from H$_2$S-III. The economics of a quench process[J]. Energy，10（7）：831-842.

Kappauf T，Fletcher E A，1989. Hydrogen and sulfur from hydrogen sulfide—VI. solar thermolysis[J]. Energy，14（8）：443-449.

Kappauf T，Murray J P，Palumbo R，et al.，1985. Hydrogen and sulfur from hydrogen sulfide—IV. quenching the effluent from a solar furnace[J]. Energy，10（10）：1119-1137.

Noring J E，Fletcher E A，1982. High temperature solar thermochemical processing — hydrogen and sulfur from hydrogen sulfide[J]. Energy，7（8）：651-666.

Villasmil W，Steinfeld A，2010. Hydrogen production by hydrogen sulfide splitting using concentrated solar energy — thermodynamics and economic evaluation[J]. Energy Conversion and Management，51（11）：2353-2361.

第5章　光电催化技术在硫化氢资源化利用中的应用研究

相比光催化分解 H_2S 过程中氧化反应和还原反应在光催化材料上同时进行，光电催化分解 H_2S 制氢和硫化学品分别在阴极和阳极发生，可对阴极和阳极材料分别进行优化以提升 H_2S 分解效率，从材料设计上来说这种方式下材料的可选择性更强。另外，光电催化还可以通过外界输入电压促进 H_2S 分解反应的发生，进而提升制氢效率。本章将简要介绍光电催化分解 H_2S 的原理及相关反应体系的构建和光电催化材料的设计。

5.1　光电催化分解硫化氢原理

光电化学池（photoelectrochemical cell）是一种光催化和电催化相结合的电解池。首先，光照到光电极上产生电子-空穴对；其次，光生电子与空穴分别向电极表面移动，实现光生载流子的分离；最后，光生电子和空穴在一定条件下将 H^+ 还原成 H_2，将 S^{2-} 氧化成单质 S，实现 H_2S 分解产生 H_2 和单质 S（图 5-1），其中分解偏压可以部分或全部由半导体提供。在光照条件下，H_2S 的氧化和还原分别发生在阳极和阴极，这将有助于实现氧化还原产物的分离。

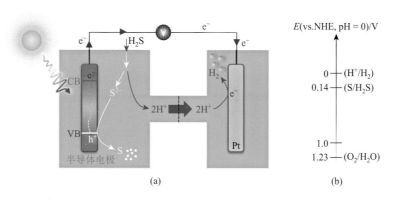

图 5-1　光电催化分解硫化氢制氢示意图

（a）光电化学池分解 H_2S 原理图；（b）光催化分解水与硫化氢的标准电极电势图

光电化学池通常有三种，即光阳极（通常是 n 型半导体）、光阴极（通常是 p 型半导体）、光阳极和光阴极串联电池，如图 5-2（a）～图 5-2（c）所示。在光电化学池中，半导体电极与电解液接触是形成一个有效电池回路的先决条件。当半导体电极与电解液相接触后，由于半导体界面处电子与溶液界面处电子的化学电位不同，因此将发生不同程度的能带弯曲现象，形成双电层。与金属电极相比，半导体电极的载流子浓度较低，与稀溶液相当。半导体电极中的电荷分布也类似于稀溶液中的离子分布。半导体界面处的电子变化区域被称为空间电荷层。半导体与溶液界面的电位分布大致可分为三个部分：半导体处的空间电荷层、溶液处的亥姆霍兹双电层以及液相中的分散层，其电位分布都呈指数变化。以 n 型半导体为例[图 5-2（d）]，当半导体与电解质溶液没有接触时，半导体的导带和价带保持平坦，不产生电荷流动；当它们接触时，电子从半导体流向溶液，由于半导体的原始费米能级与溶液中氧化还原对的氧化还原电位相比是负的，在这个过程中，形成了内建电场。这样的过程一直持续，直到内建电场抵消它们接触之前费米能级的势垒，达到平衡。当 n 型半导体固体-溶液界面的电子被耗尽时，会形成一个耗尽层，界面附近的能带向上移动，内建电场进一步驱动空穴迁移到半导体固体-溶液界面，从而使 n 型半导体表面发生氧化反应。与此同时，多数电子通过外部电路流向对电极，在阴极发生还原反应。因此，只有少数载流子在半导体界面参与表面氧化还原反应（Dan et al.，2020）。

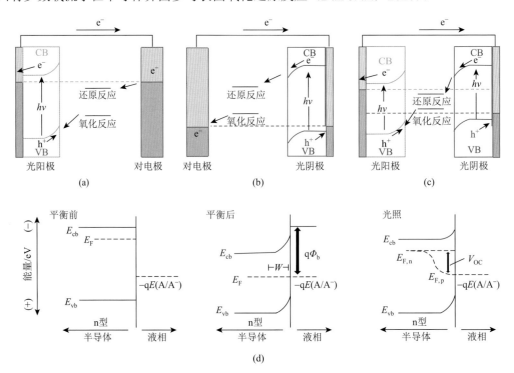

图 5-2　典型的光电化学池（Dan et al.，2020）

（a）光阳极；（b）光阴极；（c）光阳极和光阴极串联；（d）光照前后光电化学池中 n 型半导体的能带弯曲示意图，其中 E_{cb} 和 E_{vb} 分别表示半导体的导带和价带，$-qE(A/A^-)$ 表示氧化还原对的氧化还原电位，W 表示半导体与溶液接触一侧表面的空间电荷层宽度，$q\Phi_b$ 表示能带弯曲造成的能垒高度，E_F 表示半导体的氧化还原电位，$E_{F,n}$ 和 $E_{F,p}$ 分别表示光生电子和空穴的准费米能级，V_{OC} 表示开路电压

　　在光照下，半导体光电极受光激发产生电子-空穴对，导带中的电子浓度和价带中的空穴浓度增加。内建电场驱动光生电子和空穴运动，使半导体-电解液界面能带弯曲程度下降。同时，界面处半导体的单个费米能级分裂为空穴和电子的单独准费米能级。在 n 型半导体中，电子的准费米能级与原费米能级基本保持一致，但空穴的准费米能级明显下

降。当光电化学池中没有净电流时，电子与空穴的准费米能级之间的能量差等于半导体的开路电压（V_{OC}）。对于传统的无偏压水分解，半导体在光照射下产生的光电压必须大于 1.23 V 才可能驱动水分解。p 型半导体作为光阴极也是如此。在串联电池中，总光电压是两者之和。从热力学角度考虑，分解 H_2S（分解热为 33.3 kJ·mol^{-1}，分解电压窗口为 0.14 V）比分解 H_2O（分解热为 284.7 kJ·mol^{-1}，分解电压窗口为 1.23 V，图 5-1）制氢所需的能量要低得多，因此，H_2S 分解相较于 H_2O 分解更加容易。下面分别介绍光电催化转化的几个重要性能评估参数。

（1）太阳能-氢能转化（solar-to-hydrogen，STH）效率：输入太阳能转化为氢能的效率，是衡量光电催化材料分解 H_2S 的实际应用标准。

$$STH = \frac{|J_{sc}| \times E \times \eta_F}{P_{sun}} \tag{5-1}$$

式中，J_{sc} 为短路光电流密度；E 为 H_2S 的热力学分解电位；η_F 为法拉第效率；P_{sun} 为光功率密度。在测算 STH 效率时，应考虑温度和压力对 E 的影响，需根据实际环境予以校正。

（2）光电流密度：用于评价光电极材料催化分解 H_2S 的性能，在 100 mW·cm^{-2} 的光照下，以三电极体系测量光电流密度，以相对于可逆氢电极（reversible hydrogen electrode，RHE）的电势为 X 轴、光电流密度（连同暗电流密度）为 Y 轴绘制图像，可得到相关信息。光电流的起始电位（E_{onset}）可以用来估算平带电位（E_{FB}）。E_{onset} 是开始产生光电流的电位，非常接近 E_{FB}。光电极催化分解 H_2S 时达到的饱和光电流密度代表了产物的最大生成速率，由半导体的带隙和光吸收效率所限制。

（3）光电转化效率（IPCE）：用于评价入射光子转换为光电流的比例，同时是照明光源波长的函数[式（5-2）]。

$$IPCE(\lambda) = \frac{1240 \cdot (J_{light} - J_{dark})}{\lambda \cdot P} \tag{5-2}$$

式中，J_{light} 为光照下电流密度；J_{dark} 为无光照下电流密度；λ 为波长；P 为光功率密度。IPCE 只能反映光电化学池对某一特定波长单色光的光电转化效率。

（4）吸收光子转换电流效率（absorbed photon to current efficiency，APCE）：用于评价被吸收的入射光子转换为光电流的比例，也是照明光源波长的函数。APCE 可以通过式（5-3）从 IPCE 中导出。

$$APCE(\lambda) = \frac{IPCE(\lambda)}{\eta_{e^-/h^+}} \tag{5-3}$$

式中，η_{e^-/h^+} 为电荷产生（光吸收）效率，也就是入射光子被吸收并产生电子-空穴对（e^-/h^+）的百分比。η_{e^-/h^+} 的值可以通过紫外可见光谱测量。

（5）莫特-肖特基（Mott-Schottky）曲线：是基于莫特-肖特基理论的表征方法，现已广泛应用于许多领域。半导体中的载流子浓度是影响电荷传输特性的主要因素之一，而电荷传输特性反过来又影响其光电流密度。Mott-Schottky 曲线[式（5-4）]直线外推到与电势 X 轴相交可得 E_{FB}。

$$\frac{1}{C^2} = \pm \frac{2}{\varepsilon \varepsilon_0 A^2 e N_D} \cdot (E - E_{FB} - K_B T/e) \tag{5-4}$$

式中，N_D 为载流子密度；E 为施加的偏压；K_B 为玻尔兹曼常数；T 为绝对温度；ε 为半导体介电常数；ε_0 为自由空间介电常数；e 为一个电子的电荷；C 和 A 分别为界面的电容和面积。根据方程，可以由 $\frac{1}{C^2}$ 与 E 函数的切线在 E 上的截距得到 E_{FB}。n 型半导体直线斜率为正，p 型半导体直线斜率为负。

　　总体而言，光电催化分解 H_2S 过程的效率主要取决于光电催化材料的设计和反应体系的调控。目前，研究人员已开展部分光电催化分解 H_2S 研究工作，以下将从光电催化分解 H_2S 反应体系研究、光电催化材料研究两个方面简述其研究现状。

5.2　光电催化分解硫化氢的反应体系研究

5.2.1　光电催化直接分解硫化氢

　　光电催化分解 H_2S 的反应体系可以分为直接分解体系和间接分解体系。图 5-3 所示催化体系即为典型的直接分解体系（Zong et al.，2014a）。在整个过程中，第一步是化学反应（图 5-3 反应①），H_2S 气体直接通入 NaOH 溶液后生成 S^{2-}；同时质子透过全氟磺酸（Nafion）隔膜到达阴极。第二步是光电化学反应（图 5-3 反应②），在光照和外加偏压的条件下，电子从光阳极的价带跃迁到导带，随后经由外电路传输到对电极表面，将质子还原为 H_2；留在价带的空穴则迁移到光阳极表面的活性位点上，将 S^{2-} 氧化生成多硫化物（S_n^{2-}），只有在 S_n^{2-} 达到溶解极限后单质 S 才能从体系中析出。因此，该光电催化反应体系的总反应是 NaOH 与 H_2S 反应生成 H_2 和 S_n^{2-}。

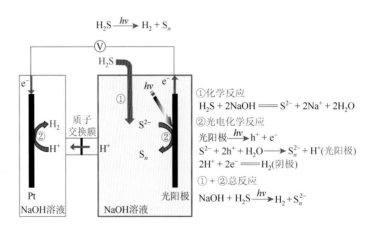

图 5-3　光电催化直接分解 H_2S 示意图（Zong et al.，2014a）

　　在该反应中，随着氧化产物多硫化物的积累，阳极溶液逐渐由透明转变为黄色、橙色，直至橘红色，这将限制光阳极对入射光的有效吸收，进而阻碍反应的持续进行（易清风等，1998）。同时，大部分单质 S 并没有从多硫化物中析出，即使部分单质 S 能从多硫化物中析出，析出的单质 S 也容易在光阳极表面沉积，引起阳极钝化现象，进而阻碍光电催化分解 H_2S。因此，光电催化直接分解 H_2S 反应体系的研究应当注重氧化产物的调控，包括如何避免多硫化物的累积和单质 S 在光阳极表面的沉积等，以构建高效稳定的光电催化直接分解 H_2S 反应体系。

为深入了解光电催化分解 H_2S 过程中硫氧化产物的种类和分布，Bedoya-Lora 团队（2019a）通过热力学数据计算得到了不存在/存在硫氧根情况下 $S-H_2O$ 亚稳态体系的电位-pH 图（图 5-4）。他们发现氧化物种（如 O_2）会诱导多硫化物的分解，进而干扰对多硫化物的定量检测。在尽可能排除溶液和空气中氧气的条件下，Bedoya-Lora 团队还根据阳极溶液吸光度随时间的改变和电荷转移数分析了多硫化物浓度，实现了溶液中多硫化物的原位测定。测定得到的多硫化物浓度与氧化反应中电荷的消耗数量相匹配，证明了该检测方法的准确性。

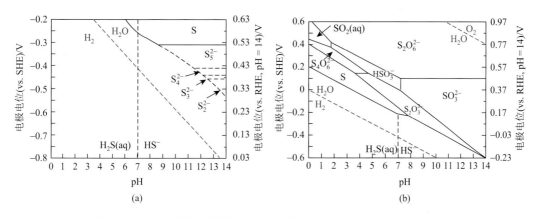

图 5-4　$S-H_2O$ 亚稳态体系的电位-pH 图（Bedoya-Lora et al.，2019a）

（a）体系中不存在硫氧根；（b）体系中存在硫氧根

以 Ti|Sn^{IV} 掺杂的 α-Fe_2O_3 光阳极为模型材料，Bedoya-Lora 团队基于对光电催化分解 H_2S 系统氧化产物转化规律的理论分析和对光电测试实验数据的归纳，提出了不同 H_2S 浓度和反应电极电位下的硫氢根离子（HS^-）氧化机理（体系中无硫氧根），如图 5-5 所示。在电极电位小于 1.4 V（vs. RHE）时，基本不会发生析氧反应，此时 HS^- 被氧化为多硫化物或单质 S 的反应占主导地位。当电极电位接近 1 V（vs. RHE）、HS^- 浓度大于 0.5 mol·L^{-1} 时，电极表面基本不会有单质 S 的沉积。当电极电位小于 0.6 V（vs. RHE）时，单质 S 将会全部消失[图 5-5（a）中 E_4、E_6、C_4 过程]。

在整个反应过程中，只有在 HS^- 浓度很低（0.005 mol·L^{-1} Na_2S）、电极电位大于 1 V（vs. RHE）时，光阳极表面才会出现单质 S 的积累。单质 S 通过范德瓦耳斯力吸附在 α-Fe_2O_3 表面，两者之间的相互作用相对较弱，因此可以通过反复水洗将表面的单质 S 移除。随着电位进一步升高，体系开始发生析氧反应，氧气可以直接将 HS^- 氧化为单质 S，此时单质 S 在光阳极表面的沉积更加明显，最终导致光阳极的电化学活性严重降低[图 5-5（a）中 E_3、E_5、C_1、C_2 过程]。由此可知，高 HS^- 浓度和低电极电位是抑制单质 S 沉积而发生光阳极钝化现象的有效策略。

在分析了体系中可能存在的各种硫物种之间的转化反应后，Bedoya-Lora 团队进一步研究了不同多硫化物（S_n^{2-}，$n \leqslant 5$）的具体生成路径以及其对应的浓度分布[图 5-5（b）、图 5-5（c）]。具体分析中，进行了以下假设：①电极电位为 1 V（vs. RHE）；②C_3 和 C_4 是均相化学反应；③和 HS^- 相关的反应（E_3 和 E_4）在较低电流密度下主要受电荷转移过程控制；④由于 $S_{n<5}^{2-}$ 相对浓度较低，和其相关的反应（E_5 和 E_6）受扩散过程控制。在上述假设条件下，发现光阳极表面生成（E_3 和 E_6）的单质 S 和 $S_{n<5}^{2-}$ 可被扩散层中的 HS^- 还原，随着 $S_{n<5}^{2-}$ 的浓度逐渐增加，其向液相扩散后继续被 HS^- 捕获生成低级多硫离子，$S_{n<5}^{2-}$ 对应的浓度又逐渐下降。因此，$S_{n<5}^{2-}$ 的浓度分布类似于抛物线[图 5-5（c）]。

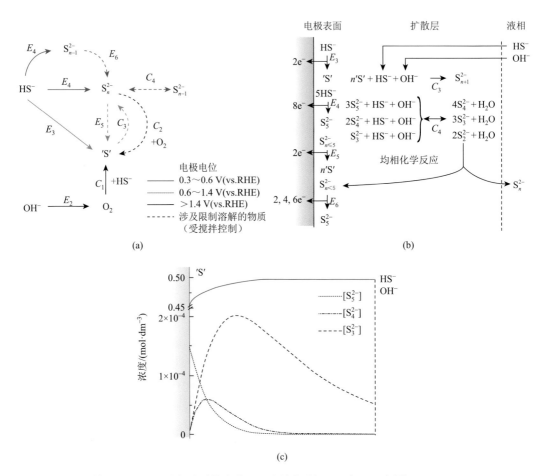

图 5-5　Ti|Sn^{IV} 掺杂的 α-Fe$_2$O$_3$ 电极在碱性条件下光电催化分解 H$_2$S 机理示意图（Bedoya-Lora et al.，2019b）

（a）在无外加光场、不同 H$_2$S 浓度和反应电极电位下的 HS$^-$ 氧化机理（体系中不存在硫氧根）；（b）体系中存在的电化学和均相化学反应过程；（c）扩散层中硫化物和多硫化物离子的浓度分布示意图

5.2.2　光电催化间接分解硫化氢

在上述体系中，虽然多硫化物的生成可以有效避免单质 S 沉积引起的阳极钝化现象，但是多硫化物本身对入射光吸收明显，仍然会降低反应体系对太阳光的利用率，从而引起

体系的催化活性下降。为解决上述问题，研究人员提出了光电催化间接分解 H_2S 方法。此类方法不仅可以避免多硫化物对催化过程的影响，还可以实现单质 S 的回收。

典型的光电催化间接分解 H_2S 反应体系如图 5-6 所示。第一步是化学反应（图 5-6 反应①），即氧化还原对中的氧化态 A^+ 有效地捕获 H_2S 并将其高选择性地转化为单质 S 和 H^+，反应一般在酸性溶液中进行。第二步是光电化学反应（图 5-6 反应②），即 H^+ 透过质子交换膜在阴极得到电子后被还原为 H_2；同时氧化还原对中的还原态 A^- 在光阳极得到空穴后被氧化至初始氧化态。因此，光电催化间接分解 H_2S 的总反应是 H_2S 在光电条件下分解为 H_2 和单质 S。氧化还原对的引入有效避免了 S^{2-} 直接被空穴氧化为多硫化物的可能性，也避免了由此引起的反应体系的失活。目前，较为常见的氧化还原对包括 Fe^{3+}/Fe^{2+} 和 I_3^-/I^-，此外也有关于 IO_3^-/I^- 和 VO_2^+/VO^{2+} 等的报道，相关的氧化还原反应及其对应的标准还原电势见表 5-1。相关内容还将在第 6 章电催化分解 H_2S 部分进行详细阐述。

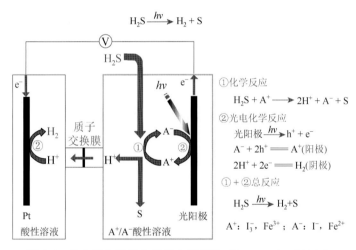

图 5-6　光电催化间接分解 H_2S 原理图（Zong et al.，2014a）

表 5-1　光电催化间接分解 H_2S 反应中常用的氧化还原对

氧化还原对	标准还原电势(vs. NHE)/V	化学反应式
Fe^{3+}/Fe^{2+}	0.77	$H_2S+2Fe^{3+}\longrightarrow S\downarrow+2Fe^{2+}+2H^+$
I_3^-/I^-	0.53	$H_2S+I_3^-\longrightarrow S\downarrow+3I^-+2H^+$
IO_3^-/I^-	0.26	$3H_2S+IO_3^-\longrightarrow 3S\downarrow+I^-+3H_2O$
VO_2^+/VO^{2+}	0.99	$H_2S+2VO_2^++2H^+\longrightarrow S\downarrow+2VO^{2+}+2H_2O$

2014 年，李灿院士团队通过光电催化间接分解 H_2S 技术成功回收得到 H_2 和单质 S。他们首先通过电沉积的方式将 Pt 催化剂负载到 p-Si 表面，用作光阴极还原质子产氢。在偏压为 $-0.8\ V$（vs. RHE）时，光电流密度可达到 $17.0\ mA\cdot cm^{-2}$［图 5-7（a）］，气相色谱检测表明阴极区产生了 H_2，并且制氢速率可以维持在 $90\sim120\ \mu mol\cdot h^{-1}$，但其制氢速率和电流密度的绝对值均随时间推移出现明显下降［图 5-7（b）、图 5-7（c）］。为提升光阴极的稳定性，他们依次在 p-Si 表面进行 P 掺杂内置 p-n$^+$ 结、沉积 TiO_2/Ti 引入表面保护层，再将 Pt 溅射到表面，

最后制备出高效稳定的光阴极 Pt/TiO$_2$/Ti/n$^+$p-Si。气相色谱分析结果表明光阴极的产氢量与理论计算量相当接近[图 5-7（d）]；在偏压为 0 V（vs. RHE）时，电流密度能达到–24 mA·cm^{-2}[图 5-7（e）]；当电位为 0.2 V（vs. RHE）时，阴极光电流在 3 h 内保持稳定[图 5-7（f）]。

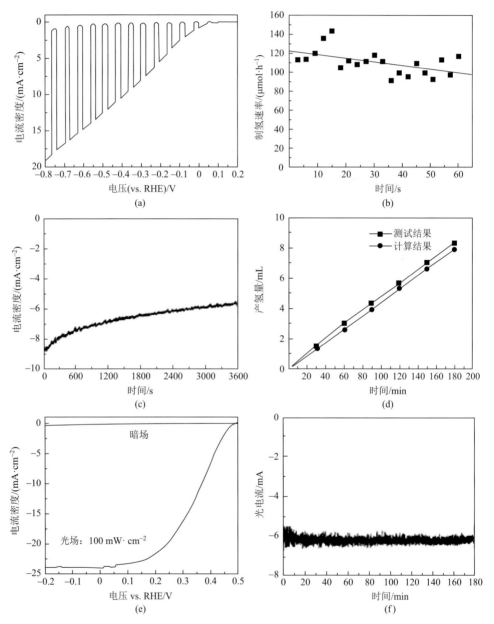

图 5-7　基于光阴极的光电催化间接分解 H$_2$S 性能图（Zong et al.，2014a）

（a）Pt/p-Si 电极在 0.2 mol·L^{-1} FeSO$_4$ 电解液中的电流-电压极化曲线；（b）Pt/p-Si 电极在偏压为–0.2 V(vs. RHE)时的气相色谱分析制氢速率图；（c）Pt/p-Si 电极在偏压为–0.3 V(vs. RHE)时的电流密度图；（d）光阴极的产氢量；（e）Pt/TiO$_2$/Ti/n$^+$p-Si电极在 0.2 V(vs. RHE)时的电流-电压曲线；（f）Pt/TiO$_2$/Ti/n$^+$p-Si 电极在 0.2 V(vs. RHE)时的恒电压曲线

除了在阳极室引入氧化还原对（Fe^{3+}/Fe^{2+}或 I$_3^-$/I$^-$）外，该团队还进一步在阴极室中引入氧化还原对蒽醌/蒽氢醌（AQ/H$_2$AQ）（Zong et al.，2014b）。AQ 可与阴极的质子结合，同时被还原生成 H$_2$AQ，随后 H$_2$AQ 又可被氧气氧化为 AQ，氧气则被还原为 H$_2$O$_2$。此时，阴极发生的总反应相当于电子还原 O$_2$ 同时结合质子生成 H$_2$O$_2$。整个光电化学池的反应原理如图 5-8 所示，通过阳极 I$_3^-$/I$^-$氧化还原对和阴极 AQ/H$_2$AQ 氧化还原对的循环，体系利用太阳能实现了 H$_2$S 和 O$_2$ 向单质 S 和 H$_2$O$_2$ 的高值转化。值得注意的是，在酸性 AQ 电解液中，p-Si 的起始电位为–0.1 V（vs. RHE），比在 H$_2$SO$_4$ 电解液中的起始电位高约 0.25 V，说明 AQ 还原为 H$_2$AQ 比质子还原为 H$_2$ 更有利。当外加电势为–0.3 V（vs. RHE）时，得到的光电流大部分可以归因于 AQ 还原为 H$_2$AQ 而不是质子还原为 H$_2$。这保证了阴极生成 H$_2$O$_2$ 的高选择性，有效避免了 H$_2$ 的生成[图 5-9（a）]，最终计算得到体系生成 H$_2$O$_2$ 的法拉第效率高达 90%[图 5-9（b）]。

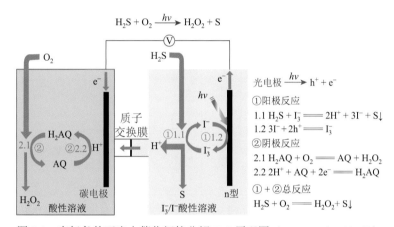

图 5-8 有氧条件下光电催化间接分解 H$_2$S 原理图（Zong et al.，2014b）

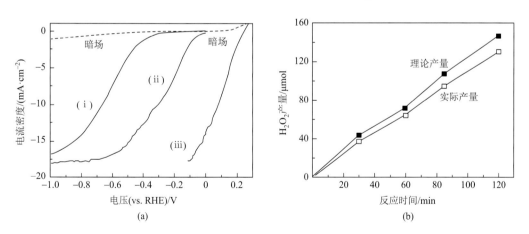

图 5-9 有氧条件下光电催化间接分解 H$_2$S 性能图（Zong et al.，2014b）

（a）电流-电压曲线：（i）为 p-Si 在 0.5 mol·L^{-1} H$_2$SO$_4$ 溶液中的电位曲线，（ii）为 p-Si 在饱和 AQ 酸性溶液中的电位曲线，（iii）为 TiO$_2$/Ti/n$^+$p-Si 在饱和 AQ 酸性溶液中的电位曲线；（b）H$_2$O$_2$ 产量随时间的变化，光源为 AM1.5G，100 mW·cm^{-2}，在测量过程中使用了一个三电极系统，在阳极室中使用了 0.5 mol·L^{-1} H$_2$SO$_4$，p-Si 的表面积约为 1.2 cm^2，TiO$_2$/Ti/n$^+$p-Si 的表面积约为 0.5 cm^2

考虑到部分光电催化分解 H$_2$S 反应体系中存在还原产物 H$_2$ 与 H$_2$S 难以有效分离，导致储存和运输困难，进而导致体系可用性差的问题，Li 和 Lam 团队提出了一种新型的光电催化电解池，将体系原有的还原产氢过程替换为有机污染物卡马西平（carbamazepine，CBZ）的降解过程（Li et al.，2018）。该电解池的工作原理如图 5-10 所示，其中用 TiO_2 粉末印刷的碳纸为光阳极，未修饰的碳纸则为阴极，Nafion 膜将阳极室和阴极室分开。在阳极室，I_3^-/I^- 氧化还原对将 H_2S 中的硫资源回收；在阴极室，Fe^{3+}/Fe^{2+} 氧化还原对活化过一硫酸盐（peroxymonosulfate，PMS），再利用 PMS 活化后产生的自由基实现 CBZ 的降解。虽然 Fe^{3+} 和 I^- 参与的反应从热力学角度看是可行的，即使在没有光照的条件下也能发生，但光照可以进一步促进反应的发生。同样，在阴极室中加入 Fe^{3+}/Fe^{2+} 可进一步促进 CBZ 的氧化，使得该反应更容易进行。

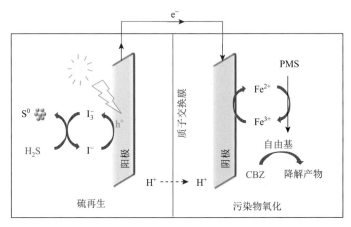

图 5-10　光电催化电解池同时进行 H_2S 中硫资源回收和有机污染物降解的示意图（Li et al.，2018）

5.3　光电催化分解硫化氢的催化材料研究

在影响光电催化分解 H_2S 效率的主要因素中，除了 5.2 节中所介绍的不同反应体系外，光电催化材料的设计和开发也至关重要。近年来，针对太阳光能量转换效率低的问题，国内外学者提出多种用于光电催化分解 H_2S 的光电催化材料的构筑策略。

5.3.1　掺杂

与光催化材料类似，少量的掺杂就能显著调控光电催化材料的结构及电学和光学性质，进而有效改善体系的催化性能。合适的元素掺杂可以在半导体带隙间引入杂质能级，作为载流子限域中心，增加载流子寿命，提升光生载流子的分离效率。例如，Bedoya-Lora 团队（2019b）将锡（Sn^{IV}）元素掺杂在 Fe_2O_3 中用作光阳极材料，将硫氢根离子（HS^-）氧化为 S_n^{2-}，Sn 的引入促进了光生空穴有效迁移至 $\alpha\text{-}Fe_2O_3$ 光阳极表面，加速了 HS^- 的动力学氧化过程。与此类似，Zhao 团队（2021）将 Cu 掺杂在 InP/ZnSe 量子点中的 ZnSe 壳层，Cu 掺杂形成的杂质能级可加速光生空穴向壳层转移，促进 HS^- 的氧化过程，最终使得体系的光电催化效率显著提升。掺杂改性也可以促进带边电子快速转移。笔者团队采取锰（Mn^{2+}）掺杂策略，构筑光生电荷转移新通道。Mn:AIS QDs 的掺杂能级诱导的电子转移速率比未掺杂的 AIS QDs 快了 5.3 倍，相应的光电催化性能提高 2.9 倍。光生载流子动力学研究表明，掺杂能级和光催化剂内部缺陷对光生载流子的捕获存在竞争关系，并且前者占据优势。激发态电子向掺杂能级的转移时间常数为 20.2 ps，比内部缺陷捕获过程更快（73.3 ps），进而实现光电催化制氢性能的增强。

　　另外，掺杂元素也能实现对本体材料导带和价带的调控，增强光电催化材料的光吸收能力，进而促使更多的光生电荷参与氧化还原反应。如图 5-11 所示，笔者团队（2020）采用 Cu 掺杂的 AgIn$_5$S$_8$（AIS）实现了更佳的能带排列，掺杂后的材料光吸收能力较 AIS 得到了明显增强。通过控制 Cu 的掺杂浓度，AIS 的光吸收能力、荧光发射峰位置和荧光寿命均可得到有效调控。Cu 掺杂在改变能带结构、增强 AIS 吸光能力的同时，还可改变光生载流子的传输路径，两者的协同作用促进了光电催化体系中 HS$^-$ 的氧化过程。除了能增强对光的利用外，掺杂也可以针对性增强催化剂的导电性能。例如，无掺杂的硅（本征硅）导电性较差，而通过在 Si 中掺杂高价离子 P^{5+} 或低价离子 B^{3+} 可使其成为 n 型硅（n-Si）或者 p 型硅（p-Si），有效提升了硅材料的导电性能（Shan et al.，2017；Chen et al.，2020）。

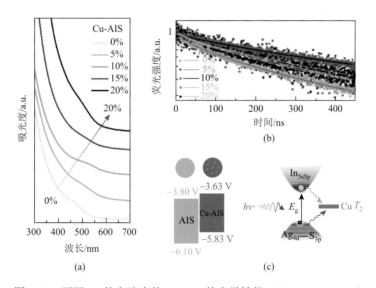

图 5-11　不同 Cu 掺杂浓度的 AgIn$_5$S$_8$ 的光学性能（Guo et al.，2021）

（a）紫外可见吸收光谱；（b）时间分辨荧光光谱；（c）导带/价带位置、Cu 掺杂能级和可能的复合路径示意图

5.3.2　构建异质结

　　单一的光电催化材料受光激发产生的电子和空穴在迁移过程中，往往容易在半导体体相或表面发生复合，导致体系的催化效果差、能量转换效率低。构建异质结可利用不同半导体之间的能带差或多级吸收结构，同时提升光电极的吸光能力和光生载流子分离效率。Oladipo 团队（2018）构建了 In$_2$S$_3$/AgIO$_3$ 异质结光电极，有效提升了体系的催化活性。在该电极材料中，阴离子 IO$_3^-$ 中 I^{5+} 的孤对电子有利于晶体内部形成层状的自建电场结构，提高光生载流子的分离效率以改善催化活性（Xie et al.，2017），但 AgIO$_3$ 的带隙过宽（～3.4 eV），只能吸收紫外光区（200～400 nm），无法利用可见光区（400～750 nm）；

而 In$_2$S$_3$ 则具有较高的化学稳定性和可见光响应能力（Yan et al.，2017），但光生载流子分离效率较低。构建 In$_2$S$_3$/AgIO$_3$ 异质结后，体系的光吸收能力和光生载流子分离效率得到了有效提升（图 5-12）。Oladipo 团队（2020）分别以 In$_2$S$_3$、AgIO$_3$ 和 In$_2$S$_3$/AgIO$_3$ 进行电化学测试，测试结果表明在偏压为 5 V 时，In$_2$S$_3$/AgIO$_3$ 具有最大的光电流密度（6.85 μA·cm^{-2}），证明了构建异质结提升体系光电催化分解 H$_2$S 活性的有效性。

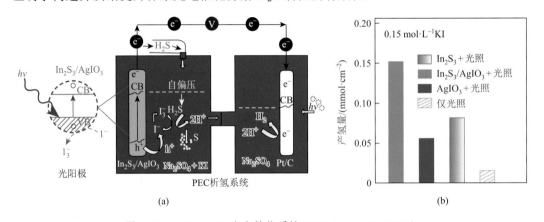

图 5-12　In$_2$S$_3$/AgIO$_3$ 光电催化系统（Oladipo et al.，2020）

（a）自偏压光电催化分解 H$_2$S 机理示意图；（b）In$_2$S$_3$、AgIO$_3$ 和 In$_2$S$_3$/AgIO$_3$ 的产氢量对比

周保学团队还提出了光电极材料与光伏材料耦合的异质结设计策略，将 WO$_3$ 纳米片阵列（WO$_3$ NFA）光阳极与光伏电池（Si PVC）集成在一起（Qiao et al.，2018）。在光照条件下，WO$_3$ 纳米材料主要吸收短波长的入射光，并产生电子-空穴对，WO$_3$ 的光生空穴向电极-电解质界面转移发生氧化反应，光生电子通过 Si PVC 参与后续反应。Si PVC 主要吸收长波长的入射光，同时产生光电压。由于 Si PVC 产生的光电压极大提升了反应的驱动力，WO$_3$ NFA/Si PVC 光阳极可在无须外加偏压（自偏压）的情况下自发催化分解 H$_2$S（图 5-13）。Si PVC 的引入提升了光电极对太阳光（长波和短波）

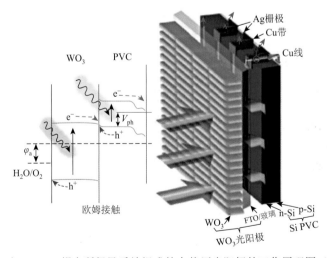

图 5-13　WO$_3$ NFA 与 Si PVC 耦合所得异质结组成的自偏压光阳极的工作原理图（Qiao et al.，2018）

的综合利用能力，同时促进了光生电子的转移。该光电极具有良好的催化效果，在催化 H_2S 氧化制氢、耦合 O_2 还原制 H_2O_2 的反应中，体系 H_2O_2 的生成速率高达 0.8 $mmol·L^{-1}·h^{-1}$。与此同时，他们还发现该反应过程中 H_2O_2 的生成高度依赖于阴极室内 O_2 的还原，提高 O_2 在光阴极的扩散速率有助于直接还原 O_2 生成 H_2O_2。通过在阴极引入具有微孔结构和高比表面积的气体扩散电极（gas diffusion electrode，GDE），可以帮助 O_2 快速扩散到阴极表面参与还原过程，促进 H_2O_2 的生成。

5.3.3　构筑表面保护层

优异的光电极材料除了需要具有较高的光捕获效率、载流子分离效率和表面反应速率外，还要具有良好的稳定性。例如，前面提到的硅电极，在酸性溶液中易形成 SiO_2 绝缘层，阻碍催化反应的进行，在中性或碱性溶液中则容易被硫离子腐蚀（Zong et al.，2014a）。此外，HS^- 被氧化后生成的单质 S 易占据阳极的催化反应活性位点，导致光电催化反应的长时间稳定性变差。针对这一问题，可通过在光电极表面覆盖保护层或疏硫层的方式对光电极材料进行保护。这不仅需要考虑保护层在溶液中的稳定性、导电性（保证吸光材料载流子传输电阻）、是否足够致密（防止半导体表面直接接触电解质），还应该考虑其光学性能（减少对太阳光的吸收）。目前在光电催化分解 H_2S 体系中，保护层物质主要采用 TiO_2 和 Ti，因为它们在 pH 为 0～14 的溶液里都比较稳定。例如，Zong 等（2014a，2014b）在 p-Si 表面沉积了 5 nm Ti 和 100 nm TiO_2 作为保护层，以防止 p-Si 用作光阴极材料时在酸性电解液中被腐蚀。

笔者团队以 $AgInS_2$ 量子点为研究模型，通过在其表面构筑 ZnS 壳保护层，显著提升了该类材料光电催化分解 H_2S 的活性和稳定性。而不同的 $AgInS_2$ 合成温度和 ZnS 壳层包覆时间可能会使得 ZnS 壳层厚度发生变化，从而影响体系的光电催化性能，因此，笔者团队探究了合成温度和包覆时间对 $AgInS_2/ZnS$ 量子点光学性能的影响。图 5-14 展示了不同合成温度下 $AgInS_2$ 量子点和不同包覆时间下 $AgInS_2/ZnS$ 量子点的紫外可见吸收光谱和荧光光谱。$AgInS_2$ 量子点 $AgInS_2/ZnS$ 量子点均在 300～700 nm 吸收光，展现出较好的光吸收能力。随着 $AgInS_2$ 合成温度逐渐升高，量子点的吸收和发光发生了一定的红移，说明 $AgInS_2$ 粒子尺寸逐渐增加。结合紫外可见吸收光谱，通过 Tauc Plot 曲线外推的方法，发现 130～190 ℃下 $AgInS_2$ 量子点的禁带宽度为 2.77～2.88 eV。$AgInS_2$ 包覆 ZnS 后的吸收范围和发射峰位置与未包覆前相比发生一定程度的红移，这与文献报道相符（Chang et al.，2012；Chaudhuri and Paria，2012），表明 ZnS 壳层成功包覆在 $AgInS_2$ 表面。

图 5-15 展示了基于 $AgInS_2$ 量子点和 $AgInS_2/ZnS$ 量子点的光阳极在光照（300 $mW·cm^{-2}$）条件下的光电催化分解 H_2S 制氢活性。使用 0.6 $mol·L^{-1}$ 的 Na_2SO_3 作为电解液，负载 $AgInS_2$ 量子点的光阳极最高制氢速率为 36.0 $μmol·cm^{-2}·h^{-1}$，但在 4 h 内迅速下降到 7.46 $μmol·cm^{-2}·h^{-1}$，制氢速率衰减了 79%；负载 $AgInS_2/ZnS$ 量子点的光阳极最高制氢速率为 96.5 $μmol·cm^{-2}·h^{-1}$，制氢速率在 4 h 内仅衰减 14%，表明 ZnS 壳层的包覆不仅有效提升了光阳极的稳定性，而且对其催化活性也有显著的提升作用。

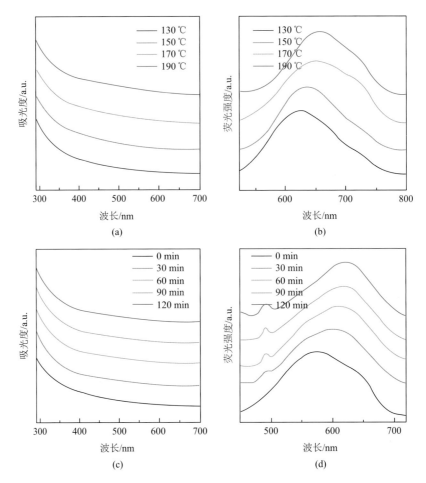

图 5-14　AgInS₂ 量子点和 AgInS₂/ZnS 量子点的光谱表征

（a）、（b）不同合成温度下 AgInS₂ 量子点的紫外可见吸收光谱和荧光光谱；（c）、（d）不同包覆时间下
AgInS₂/ZnS 量子点的紫外可见吸收光谱和荧光光谱

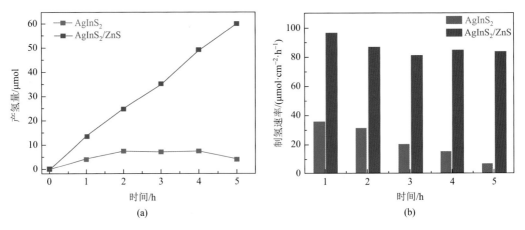

图 5-15　AgInS₂ 量子点和 AgInS₂/ZnS 量子点光电催化分解 H₂S 制氢活性

（a）制氢累积图；（b）制氢速率图

　　Jooho 团队则报道了构筑水凝胶保护层可稳定光电催化材料和抑制光腐蚀,进而提高光电催化转换效率(Tan et al.,2022)。针对光电极的光腐蚀问题,该团队使用具有高渗透性和高透明性的聚丙烯酰胺(polyacrylamide,PAM)水凝胶作为光电极顶部保护层,显著提升了光电催化体系的稳定性(图 5-16)。他们发现具有水凝胶保护层的 Sb_2Se_3 光阴极工作 100 h 后的电流密度仍维持在初始电流密度的 70%,随后逐渐趋于稳定。针对助催化剂不稳定的问题,该团队将水凝胶保护层策略应用到 $Pt/TiO_2/Sb_2Se_3$ 光阴极,发现体系的电流密度仍然具有良好的稳定性。水凝胶在减少光电极自身遭受光腐蚀的同时,其微尺度通道还能保障气体产物的有效逸出,维持光电极表面负载的助催化剂的稳定性。将这一保护层构筑策略推广至 SnS 光阴极和 $BiVO_4$ 光阳极光电催化系统,在较宽的 pH 范围内系统展现出 500 h 的工作寿命,这进一步表明构筑保护层策略对提升光电催化系统稳定性有显著作用。

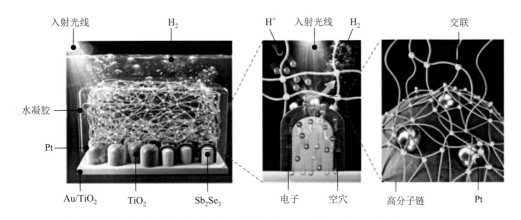

图 5-16　光电催化装置中光电极的高渗透性和高透明性表面水凝胶保护层示意图(Tan et al.,2022)

5.4　小　　结

　　光电催化分解 H_2S 制氢和单质 S 的相关研究目前已有一定的进展,包括阳极反应中硫资源的回收利用、阳极材料的中毒失活等方面,大部分研究都采取了光电催化间接分解 H_2S 技术,即外加氧化还原对来避免硫离子在阳极上直接发生反应,这样既可以回收硫资源,也可以避免阳极的钝化。但氧化还原对的引入会增加体系的复杂程度,且此类方法回收的单质 S 不可避免地会受到氧化还原对的污染,纯度相对较低。笔者认为光电催化 H_2S 资源化利用研究后续可从以下几方面入手:①在高催化活性光电极材料构筑方面,结合形貌调控、量子点敏化、界面修饰等策略进一步提升光电极材料的性能;②在抗硫毒化材料设计方面,借鉴锂-硫电池中疏硫纳米材料的设计策略,使得阳极氧化生成的单质 S 不吸附在电极表面以避免电极钝化;③在电解液研究方面,系统研究电解液吸收 H_2S 的效率及对制氢速率的影响;④在反应器件研究方面,设计构建结构紧凑的反应器/光伏板多层结构系统微单元,制备均匀聚光、光伏供能和光电催化一体化反应器件。

参 考 文 献

易清风，陈启元，张平民，1998. 硫化钠溶液电化学分解制备硫磺和氢气的研究[J]. 环境科学学报，18（5）：539-544.

Bedoya-Lora F E，Hankin A，Kelsall G H，2019a. In situ determination of polysulfides in alkaline hydrogen sulfide solutions[J]. Electrochimica Acta，314：40-48.

Bedoya-Lora F E，Hankin A，Kelsall G H，2019b. Hydrogen sulfide splitting using solar energy and hematite photo-anodes[J]. Electrochimica Acta，317：384-397.

Chang J Y，Wang G Q，Cheng C Y，et al.，2012. Strategies for photoluminescence enhancement of AgInS$_2$ quantum dots and their application as bioimaging probes[J]. Journal of Materials Chemistry，22（21）：10609-10618.

Chaudhuri R G，Paria S，2012. Core/shell nanoparticles：classes，properties，synthesis mechanisms，characterization，and applications[J]. Chemical Reviews，112（4）：2373-2433.

Chen J M，Li D K，Zhang Y Y，et al.，2020. Comparative study on P and B doped nano-crystalline Si multilayers[J]. Applied Surface Science，529：146971.

Dan M，Yu S，Li Y，et al.，2020. Hydrogen sulfide conversion：how to capture hydrogen and sulfur by photocatalysis[J]. Journal of Photochemistry and Photobiology C：Photochemistry Reviews，42：100339.

Guo H，Luo B，Wang J，et al.，2020. Boosting photoelectrochemical hydrogen generation on Cu-doped AgIn$_5$S$_8$/ZnS colloidal quantum dot sensitized photoanodes via shell-layer homojunction defect passivation[J]. Journal of Materials Chemistry A，8（46）：24655-24663.

Guo H，Liu J B，Luo B，et al.，2021. Unlocking the effects of Cu doping in heavy-metal-free AgIn$_5$S$_8$ quantum dots for highly efficient photoelectrochemical solar energy conversion[J]. Journal of Materials Chemistry C，9（30）：9610-9618.

Li J，Chen C B，Wang D D，et al.，2018. Solar-driven synchronous photoelectrochemical sulfur recovery and pollutant degradation[J]. ACS Sustainable Chemistry & Engineering，6（8）：9591-9595.

Oladipo A A，Vaziri R，Abureesh M A，2018. Highly robust AgIO$_3$/MIL-53（Fe）nanohybrid composites for degradation of organophosphorus pesticides in single and binary systems：application of artificial neural networks modelling[J]. Journal of the Taiwan Institute of Chemical Engineers，83：133-142.

Oladipo A A，Vaziri R，Mizwari Z M，et al.，2020. In$_2$S$_3$/AgIO$_3$ photoanode coupled I$^-$/I$_3^-$ cyclic redox system for solar-electrocatalytic recovery of H$_2$ and S from toxic H$_2$S[J]. International Journal of Hydrogen Energy，45（32）：15831-15840.

Qiao L，Bai J，Luo T，et al.，2018. High yield of H$_2$O$_2$ and efficient S recovery from toxic H$_2$S splitting through a self-driven photoelectrocatalytic system with a microporous GDE cathode[J]. Applied Catalysis B：Environmental，238：491-497.

Shan D，Ji Y，Li D K，et al.，2017. Enhanced carrier mobility in Si nano-crystals via nanoscale phosphorus doping[J]. Applied Surface Science，425：492-496.

Tan J，Kang B，Kim K，et al.，2022. Hydrogel protection strategy to stabilize water-splitting photoelectrodes[J]. Nature Energy，7（6）：537-547.

Xie J，Cao Y L，Jia D Z，et al.，2017. In situ solid-state fabrication of hybrid AgCl/AgI/AgIO$_3$ with improved UV-to-visible photocatalytic performance[J]. Scientific Reports，7（1）：12365.

Yan T，Wu T T，Zhang Y R，et al.，2017. Fabrication of In$_2$S$_3$/Zn$_2$GeO$_4$ composite photocatalyst for degradation of acetaminophen under visible light[J]. Journal of Colloid and Interface Science，506：197-206.

Zhao H Y，Li X，Cai M K，et al.，2021. Role of copper doping in heavy metal-free InP/ZnSe core/shell quantum dots for highly efficient and stable photoelectrochemical cell[J]. Advanced Energy Materials，11（31）：2101230.

Zong X，Chen H J，Seger B，et al.，2014a. Selective production of hydrogen peroxide and oxidation of hydrogen sulfide in an unbiased solar photoelectrochemical cell[J]. Energy & Environmental Science，7（10）：3347-3351.

Zong X，Han J F，Seger B，et al.，2014b. An integrated photoelectrochemical-chemical loop for solar-driven overall splitting of hydrogen sulfide[J]. Angewandte Chemie International Edition，53（17）：4399-4403.

第6章　光伏-电催化技术在硫化氢资源化利用中的应用研究

近年来，利用光催化和光电催化分解 H_2S 的技术取得了较好的研究进展，但其依然面临着制氢效率低、催化材料稳定性相对较差等问题。同时，太阳能的间歇性使得相关反应难以持续进行，制约了其大规模应用。随着光伏发电技术和储能电池的发展，电催化和光伏-电催化技术在 H_2S 资源化利用方面受到越来越多的关注。光伏-电催化的催化反应原理一致，本章主要从催化反应原理、研究进展方面阐述电催化直接分解和电催化间接分解两种方法在 H_2S 资源化利用领域的基础应用研究，并对光伏-电催化示范应用研究进行介绍，包括其经济性评价和存在的问题等。

6.1　电催化直接分解硫化氢的研究

6.1.1　电催化直接分解硫化氢原理

电催化直接分解 H_2S 是指通过电催化技术在阴、阳两极分别发生还原、氧化反应生成 H_2 和单质 S，通常采用碱性电解液吸收 H_2S。最早反应在单个电解池中进行，但是存在阳极氧化析出的单质 S 会迁移至阴极被还原的问题，使得整体上电荷利用效率较低。随着膜技术的发展（相继出现了陶瓷膜和 Nafion 膜），可利用膜技术搭建双隔室电解槽，装置如图 6-1 所示。离子膜将两个电极的反应分隔开，使两个反应在相对独立的体系中完成，成功阻止阳极生成物向阴极流动，影响阴极还原，同时也便于产物的集中回收。

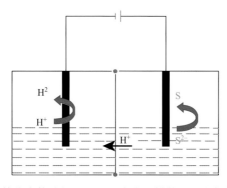

图 6-1　电催化直接分解 H_2S 双隔室电解槽装置（段超等，2021）

在电催化直接分解 H_2S 过程中，阴极发生析氢反应（hydrogen evolution reaction，HER）。析氢反应分为两步：①发生沃尔默（Volmer）反应，即氢离子（H^+）或者 H_2O 分子在电极的吸附活性位点上与 e^- 结合形成吸附氢原子（H_{ad}），其反应式如式（6-1）、式（6-2）所示；②通过海洛夫斯基（Heyrovsky）反应或者塔费尔（Tafel）反应使 H_2 析出，其反应式如式（6-3）～式（6-5）所示。

Volmer 反应：

$$H^+ + e^- \longrightarrow H_{ad} \tag{6-1}$$

$$H_2O + e^- \longrightarrow H_{ad} + OH^- \tag{6-2}$$

Heyrovsky 反应：

$$H_{ad} + H^+ + e^- \longrightarrow H_2 \quad（酸性条件下） \tag{6-3}$$

$$H_{ad} + H_2O + e^- \longrightarrow H_2 + OH^- \quad（碱性条件下） \tag{6-4}$$

Tafel 反应：

$$H_{ad} + H_{ad} \longrightarrow H_2 \tag{6-5}$$

阳极发生硫氧化反应（sulfur oxidation reaction，SOR）。在碱性条件下 HS^-/S^{2-} 失去电子并被氧化成单质 S，反应式如式（6-6）和式（6-7）所示。析出的单质 S 附着在电极表面，阻碍电催化反应的进一步进行（易清风等，1998）。此外，HS^-/S^{2-} 也会过氧化生成副产物，反应式如式（6-8）～式（6-13）所示（Mao et al.，1991）。

SOR 反应：

$$HS^- + OH^- \longrightarrow S + H_2O + 2e^- \tag{6-6}$$

$$S^{2-} \longrightarrow S + 2e^- \tag{6-7}$$

$$nS_{n+1}S^{2-} + HS^- + OH^- \longrightarrow (n+1)S_nS^{2-} + H_2O \quad (n = 1 \sim 5) \tag{6-8}$$

$$S^{2-} + S_{n-1}^{2-} \longrightarrow S_n^{2-} + 2e^- \quad (n = 2 \sim 5) \tag{6-9}$$

$$S^{2-} + 6OH^- \longrightarrow SO_3^{2-} + 3H_2O + 6e^- \tag{6-10}$$

$$S_n^{2-} + 6OH^- \longrightarrow S_2O_3^{2-} + 3H_2O + (n-2)S + 6e^- \quad (n = 2 \sim 5) \tag{6-11}$$

$$2HS^- + 8OH^- \longrightarrow S_2O_3^{2-} + 5H_2O + 8e^- \tag{6-12}$$

$$SO_3^{2-} + 2OH^- \longrightarrow SO_4^{2-} + H_2O + 2e^- \tag{6-13}$$

6.1.2　电催化直接分解硫化氢研究进展

由电催化直接分解 H_2S 原理可知，电催化直接分解 H_2S 主要面临阳极硫钝化和反应产物复杂的问题。一方面，阳极氧化生成的单质 S 会黏附在电极表面，因单质 S 导电性较差，导致分解电压显著提高，进而阻碍反应进行。另一方面，相对于水分解，电催化直接分解 H_2S 阳极硫氧化产物复杂。针对阳极钝化问题，早期的研究主要利用高温熔融法

（Alexander and Winnick，1990）、有机溶剂法（Shih and Lee，1986）、机械搅拌法等实现反应生成的单质 S 快速从电极上脱出，避免电极被硫钝化。

近年来，随着催化材料的发展以及对硫氧化反应过程的深入理解，研究人员提出通过设计电催化材料（如铠甲电催化材料、疏硫电催化材料等）及调控阳极产物策略解决硫钝化问题，以下对一些常见的策略（包括铠甲保护法、构建疏硫界面、构建软路易斯酸位点、调控阳极产物）进行介绍。

1. 铠甲保护法

邓德会团队提出将铠甲催化剂应用在电催化分解 H$_2$S 中，即将过渡金属材料包覆在石墨烯材料中形成铠甲，外层的铠甲层可以避免过渡金属与复杂的环境接触，从而避免阳极发生钝化（Zhang et al.，2020）。该铠甲电催化材料通过模板法制备：首先将 CoNi 氢氧化物固定在 SiO$_2$ 小球上，得到前驱体 CoNi(OH)$_x$-SiO$_2$；然后在还原气氛中将 CoNi(OH)$_x$-SiO$_2$ 还原为 CoNi-SiO$_2$，并在温度为 600 ℃下通过化学气相沉积法，将石墨烯壳包覆在 CoNi-SiO$_2$ 表面；最后将 SiO$_2$ 刻蚀掉，得到的材料为 CoNi@NGs。

图 6-2 为 CoNi@NGs 电催化材料分解 H$_2$S 性能图。从图 6-2（a）中可以看出电解水发生的析氧反应需要的起始电位为 1.49 V，而分解 H$_2$S 的起始电位只需 0.25 V（相对于标准氢电极），表明分解 H$_2$S 需要的能耗远低于分解水所需能耗。图 6-2（b）显示仅用 1.2 V 的商用电池就可以实现 H$_2$S 分解产生 H$_2$ 和单质 S，在图中可以看到石墨电极上的 H$_2$ 气泡，右边电解池的颜色变为黄色，说明有多硫化物生成。500 h 的长时间测试表明体系的电流密度并没有下降，说明在该环境下该铠甲电催化材料具有良好的抗硫钝化能力。

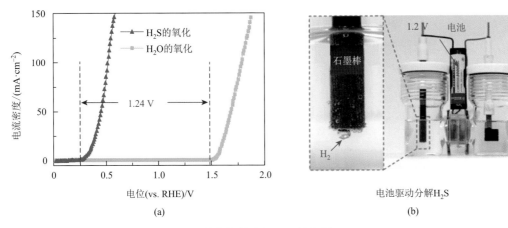

图 6-2 CoNi@NGs 电催化材料分解 H$_2$S 性能图（Zhang et al.，2020）

（a）CoNi@NGs 的硫氧化和水氧化极化曲线对比图；（b）1.2 V 商用电池直接驱动 H$_2$S 分解

邓德会团队进一步研究了 CoNi@NGs 在工业条件下电催化分解 H$_2$S 实际催化活性：将工业合成气（49% CO、49% H$_2$ 和 2% H$_2$S）通入电解反应池，在电催化测试中，CoNi@NGs 电催化材料在引入含 2% H$_2$S 的合成气后具有更高的响应电流，没有 H$_2$S 的合成气在该电位下则没有响应[图 6-3（a）]，表明 CoNi@NGs 电催化材料在工业条件下具有较好的催化分解 H₂S 活性。此外，在 20 mA·cm⁻² 电流密度下催化电解 1200 h，硫氧化电位可以很好地保持在 0.5 V 左右[图 6-3（b）]，表明该铠甲电催化材料从工业合成气中选择性去除 H₂S 时具有良好的稳定性，可以有效地将 H₂S 气体转化为清洁能源 H₂ 和有价值的单质 S，显示出良好的实际应用价值。

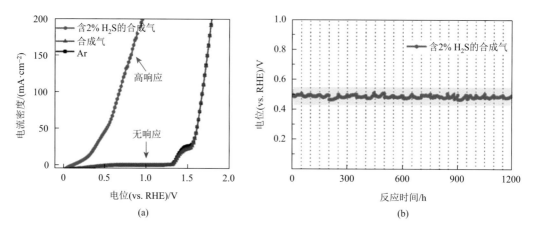

图 6-3　CoNi@NGs 在工业条件下电催化分解 H₂S 性能图（Zhang et al.，2020）

（a）不同反应气体中 CoNi@NGs 催化活性的 LSV 曲线；（b）含 2% H₂S 的合成气的稳定性测试图

2. 构建疏硫界面

构建疏硫界面即合成自清洁的疏硫材料，使单质 S 不易黏附在电极上面。张会刚团队提出通过材料界面疏硫的设计策略，构建自清洁的 NiS₂ 电极，即通过构建疏硫界面使单质 S 不易黏附在电极上，从而使材料能够以低能耗高效分解 H₂S 制氢和析硫（Zhang et al.，2021）。理论计算和实验结果表明 NiS₂ 利于单质 S 的吸脱附，从而使电极不被钝化；电化学性能测试结果表明在两电极测试条件下，当电流密度为 20 mA·cm⁻² 时，其 H₂S 分解电压为 0.65 V，稳定性可达 100 h。类似的材料设计策略也体现在构建 WS₂ 纳米片催化分解 H₂S 中，如 Yi 等（2021）报道了一种可靠、可扩展、高产率（＞93%）的合成策略来制备 WS₂ 纳米片，该 WS₂ 纳米片电催化材料对碱性硫氧化反应和酸性析氢反应均表现出非常理想的电催化性能。电化学性能测试结果表明在两电极测试条件下，当电压维持在 1.3 V 时，其 H₂S 分解电流密度为 70 mA·cm⁻²，稳定性可达 192 h。

3. 构建软路易斯位点

除上述提到的 NiS₂、WS₂ 电催化材料外，Pei 等（2021）通过水热处理和阴离子交换制备了 Cu₂S/NF（nickel foam，泡沫镍）微薄片用于电催化分解 H₂S。在 0.44 V 时，电流密度为 100 mA·cm⁻²，其制氢法拉第效率超过 97%。此外，Cu₂S/NF 作为双功能电极，同时实现了析氢和硫氧化催化反应。与常见的电解水对比，析氢耦合硫氧化系统在产生等量的 H₂ 时可节省 74% 的能耗；与此同时，根据路易斯酸碱理论，Cu₂S 电极中的晶格 Cu 是一种软路易斯酸位点，可优先与电解质中的 HS⁻ 软碱结合，促进硫氧化的动力学过程。

4. 调控阳极产物

以上提到的策略在一定程度上解决了阳极钝化问题，但目前研究人员对电催化分解 H_2S 反应中阳极硫氧化反应机理的认识仍不够清晰。针对电极材料硫氧化机理复杂的问题，笔者团队通过水热法成功在泡沫镍上原位构建了 NiSe/NF 纳米阵列用于电催化分解 H_2S，并首次联合原位傅里叶变换红外光谱和拉曼光谱等表征技术说明了硫的氧化机理。NiSe/NF 纳米阵列的合成示意图如图 6-4（a）所示，通过系列形貌和结构表征可证明 NiSe 纳米阵列均匀地生长在泡沫镍上[图 6-4（b）～图 6-4（g）]。

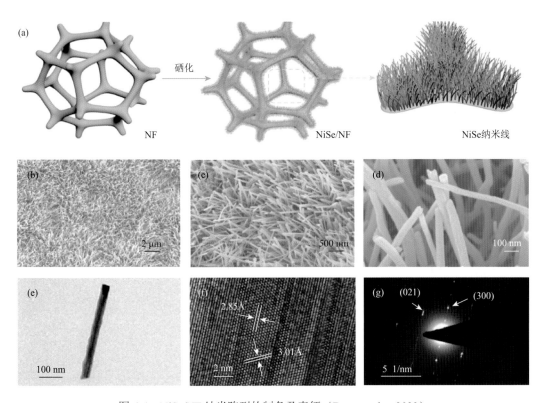

图 6-4　NiSe/NF 纳米阵列的制备及表征（Duan et al.，2023）

（a）NiSe/NF 纳米阵列的合成示意图；（b）～（d）NiSe/NF 纳米阵列的 SEM 图；（e）NiSe 纳米线的 TEM 图；（f）、（g）NiSe 纳米线的 HRTEM 图和选区电子衍射图

为了探究 NiSe/NF 纳米阵列电催化分解 H_2S 的性能，使用 $1\ mol\cdot L^{-1}$ NaOH-Na$_2$S 电解液模拟 NaOH 溶液吸收 H_2S（参比电极为 Hg/HgO 电极、对电极为石墨棒电极）。电催化极化曲线和电流密度分别如图 6-5（a）、图 6-5（b）所示，可知 NiSe/NF 相比贵金属 Pt/C、RuO$_2$ 等电催化材料表现出更优异的电化学性能。在制氢能耗方面，相比水分解阳极析氧，在 $100\ mA\cdot cm^{-2}$ 电流密度下，其分解电压为 0.49 V，远低于析氧反应的 1.78 V，如图 6-5（c）所示。并且在 0.4 V 的电压下可以稳定持续 500 h，表明 NiSe/NF 纳米阵列具有优异的持续催化 H_2S 分解的性能[图 6-5（d）、图 6-5（e）]。

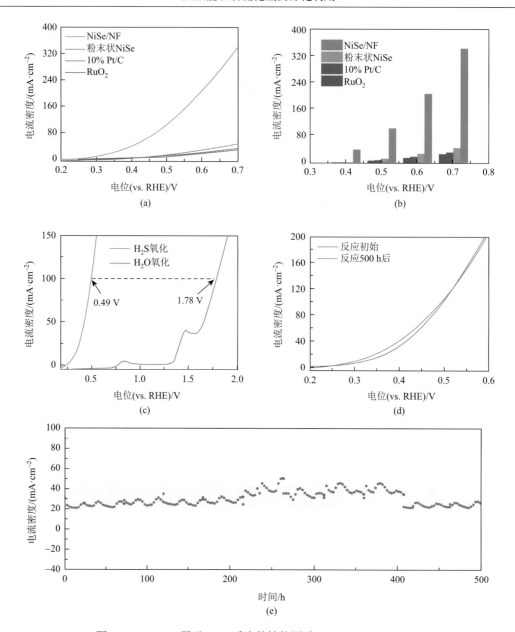

图 6-5 NiSe/NF 用于 SOR 反应的性能测试（Duan et al., 2023）

（a）在 1 mol·L^{-1} NaOH-Na$_2$S 电解液中 NiSe/NF 与其他催化剂的极化曲线；（b）不同催化剂在不同电压下的电流密度；（c）NiSe/NF 的硫氧化和水氧化极化曲线；（d）NiSe/NF 反应 500 h 前后极化曲线对比图；（e）NiSe/NF 在电压为 0.4 V 时 500 h 的稳定性测试图

　　为了进一步明确产物，分别对阴极端和阳极端的产物进行检测。对于阴极端，采用气相色谱进行检测，检测结果表明生成的产物为 H$_2$，其法拉第效率达到 99.9%［图 6-6（a）、图 6-6（b）］。对于阳极端，笔者团队结合紫外分光光度计、原位红外光谱、原位拉曼光谱来动态监测含硫产物。首先，如图 6-6（c）所示，紫外可见吸收光谱表明所得产物为链状多硫化物（S$_n^{2-}$），并且随着反应的进行，多硫化物的信号强度逐渐增强，通过对多硫化物进行酸化处理可得到高值单质 S[图 6-6（d）]，其具体反应式如式（6-14）～式（6-16）所示。其次，除了多硫化物外，通过原位红外光谱、原位拉曼光谱研究发现，S^{2-}/HS^- 还可能被进一步氧化为 SO_3^{2-}、$S_2O_3^{2-}$、SO_4^{2-} 等。原位红外光谱中 1117 cm^{-1}、997 cm^{-1} 的波数对应于 $S_2O_3^{2-}$[图 6-7（a）]，表明随着反应时间的推移 S^{2-}/HS^- 被氧化为 $S_2O_3^{2-}$，如式（6-17）和式（6-18）所示。然而，由于 S—S 键的振动信号微弱，在红外光谱分析中发现多硫化物的信号较难被检测到。拉曼光谱则可以很好地检测到多硫化物的信号，随着反应时间的推移，原位拉曼光谱中出现多硫化物的特征峰[图 6-7（b）]，这与红外光谱和紫外可见吸收光谱数据相互印证。综上，在 NiSe/NF 催化材料上，硫的氧化产物主要是链式生长的多硫化物，此外还有少许副产物硫代硫酸钠。

$$S^{2-} \longrightarrow S + 2e^- \tag{6-14}$$

$$HS^- \longrightarrow S + H^+ + 2e^- \tag{6-15}$$

$$S + S_{n-1}^{2-} \longrightarrow S_n^{2-} + 2e^- \quad (n \geqslant 2) \tag{6-16}$$

$$2S^{2-} + 6OH^- \longrightarrow S_2O_3^{2-} + 3H_2O + 8e^- \tag{6-17}$$

$$2HS^- + 8OH^- \longrightarrow S_2O_3^{2-} + 5H_2O + 8e^- \tag{6-18}$$

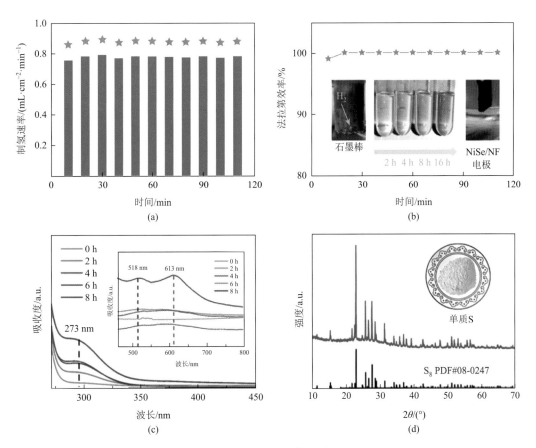

图 6-6 NiSe/NF 纳米阵列分解 H$_2$S 产物检测结果（Duan et al.，2023）

（a）在 100 mA·cm^{-2} 恒电流下的制氢速率图；（b）在 100 mA·cm^{-2} 恒电流下的 H$_2$ 法拉第效率图；（c）电解液稀释 100 倍后的紫外可见吸收光谱图；（d）单质 S 的 XRD 图

为了研究 NiSe/NF 纳米阵列在电解器件中的应用,笔者团队进一步放大合成了直径为 10 cm 的 NiSe/NF 催化材料[图 6-8(a)],并将该催化材料组装到商业化电解槽器件中[图 6-8(b)],研究了其电催化分解 H$_2$S 性能。电解液为 1 mol·L^{-1} 的 NaOH-Na$_2$S 溶液,是 H$_2$S 的吸收液,采用排水法进行 H$_2$ 收集。在电解电压为 1 V 时,制氢速率为 19 mL·min^{-1} [图 6-8(c)],法拉第效率维持在 91%;图 6-8(d)表明在外加电压为 1 V(低于水的理论分解电压)时,可以明显驱动体系制氢,相应的电流维持在 3.19 A。根据体系 30 min 的运行情况,计算得到每产生 1 Nm^{3①}H$_2$,体系的耗电量为 2.63 kW·h,远低于相同条件下电解水的析氢能耗(4.5~6.0 kW·h·Nm^{-3}),说明电催化分解 H$_2$S 制氢相比传统的电解水制氢具有明显的能耗优势。

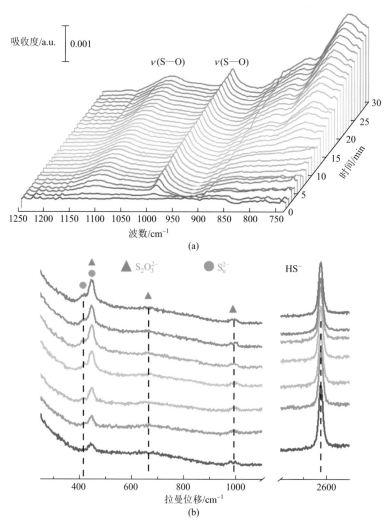

图 6-7　NiSe/NF 纳米阵列分解 H$_2$S 的原位红外光谱和拉曼光谱图(Duan et al.,2023)

(a)0~30 min 的原位红外光谱;(b)0.276~0.602 V 的原位拉曼光谱

---

① 1 Nm^3 表示 1m^3(0℃、1atm)。

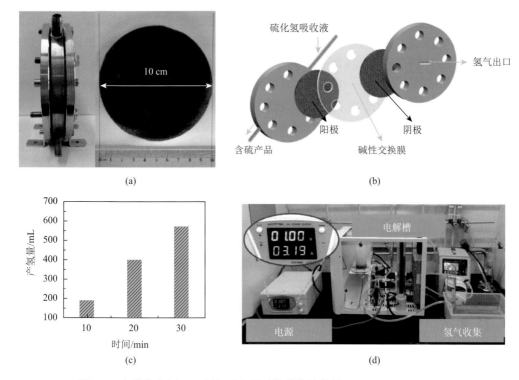

图 6-8　电催化分解 H_2S 制氢反应单元器件和性能图（Duan et al.，2023）

（a）电解槽装置和 NiSe/NF 电极图；（b）电解槽结构示意图；（c）1.0 V 恒电压下的产氢量；（d）1.0 V 电压下器件在测试中的照片

　　此外，针对硫氧化产物复杂的问题，笔者团队提出了通过反应介质定向调控硫氧化产物的方法。通过使用 Na_2SO_3 介质溶液，将 HS^-/S^{2-} 直接氧化为 $S_2O_3^{2-}$，并通过原位红外光谱和拉曼光谱实时监测该反应过程[图 6-9（a）、图 6-9（b）]，进而证明电极表面发生了如式（6-19）和式（6-20）所示的反应。

$$S^{2-} + SO_3^{2-} \longrightarrow S_2O_3^{2-} + 2e^- \tag{6-19}$$

$$HS^- + SO_3^{2-} \longrightarrow S_2O_3^{2-} + H^+ + 2e^- \tag{6-20}$$

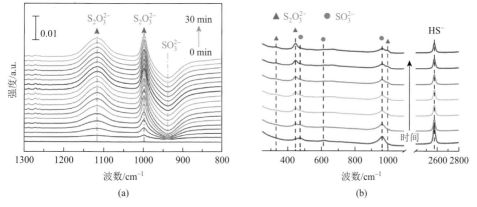

图 6-9　在 Na_2SO_3 电解液中测得的原位红外光谱和拉曼光谱图

（a）0～30 min 的原位红外光谱；（b）0～30 min 的原位拉曼光谱

笔者团队还采用 NiSe/NF（2 cm×2 cm）作为阳极、Ni 泡沫（2 cm×2 cm）作为阴极组装了流动电解池［图 6-10（a）、图 6-10（b）］。反应过程中通过蠕动泵将 1 mol·L^{-1} NaOH 阳极液和 1 mol·L^{-1} Na$_2$S/Na$_2$SO$_3$ 阴极液分别泵入流动电解池。图 6-10（c）展示了晶硅太阳能电池驱动的 H$_2$S 分解系统组装图。极化曲线测试结果表明在含 Na$_2$S/Na$_2$SO$_3$ 的电解液中 NiSe/NF 电解池在电压为 0.62 V 时即可驱动 H$_2$ 生成，远低于碱性电解水反应系统［1.66 V，图 6-10（d）］。在模拟太阳光照射（AM1.5 G，100 mW·cm^{-2}）下，该光伏-流动电解池的总电流、STH 效率和 H$_2$ 的法拉第效率分别为 72 mA、12.0% 和 99%［图 6-10（e）、图 6-10（f）］。

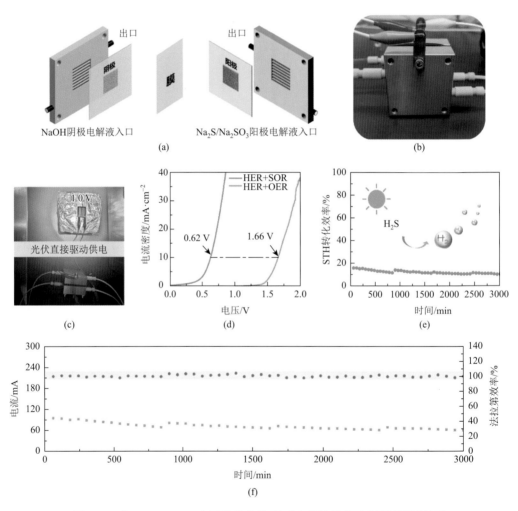

图 6-10　含 Na$_2$S/Na$_2$SO$_3$ 电解液的光伏-流动电解池组装示意图及测试结果

（a）、（b）流动电解池中双电极电解槽示意图、实物图；（c）光伏电池和流动电解池耦合系统；（d）含 Na$_2$S/Na$_2$SO$_3$ 的电解液与不含 Na$_2$S/Na$_2$SO$_3$ 的电解液的极化曲线对比图；（e）STH 效率；（f）电解过程中的总电流和 H$_2$ 的法拉第效率

在此基础上，笔者团队设计了一种可再生能源光伏-电催化 H$_2$S 酸性气体处理方法，其技术路线如图 6-11 所示。该方法通过风能、光能、水能等可再生能源提供电能。H$_2$S 气体

经吸收塔吸收和闪蒸罐再生后，进入以 Na_2SO_3 为吸收液和电解液的电解单元，然后通过电解得到氢气和硫盐，最后在分离单元进行产物提纯分离。该方法结合现有的湿法氧化还原脱硫技术，采用电解单元改变原有的空气氧化单元，并且以 Na_2SO_3 为电解质以避免阳极电极析硫钝化的问题，初步实现了低碳、绿色、高效地将酸性气体中的 H_2S 资源化利用。

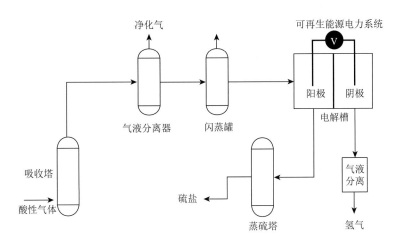

图 6-11　可再生能源光伏-电催化 H_2S 酸性气体处理方法（专利号：CN202210490688.0）

6.2　电催化间接分解硫化氢的研究

6.2.1　电催化间接分解硫化氢原理

电催化间接分解 H_2S 装置分为 H_2S 吸收化学反应装置和电化学催化反应装置两个部分，如图 6-12 所示，其中 A^+/A^- 代表氧化还原对。在吸收化学反应装置中，吸收液中

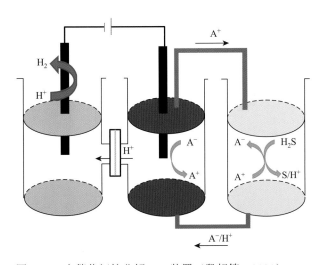

图 6-12　电催化间接分解 H_2S 装置（段超等，2021）

的氧化还原对与 H_2S 发生化学反应得到单质 S，然后过滤回收单质 S，再将液体泵入阳极室，从而避免阳极钝化，反应如式（6-21）所示。在电化学催化反应装置中，阳极发生氧化反应，A^- 被氧化生成 A^+，反应如式（6-22）所示；在阴极发生析氢反应生成 H_2，反应如式（6-23）所示。通常间接电催化法采用酸性电解液，这是由于在碱性溶液中，氧化还原对容易与 OH^- 反应生成沉淀或发生氧化还原反应。

吸收反应：

$$H_2S + A^+ \Longrightarrow S\downarrow + 2H^+ + A^- \tag{6-21}$$

阳极反应：

$$A^- - 2e^- \Longrightarrow A^+ \tag{6-22}$$

阴极反应：

$$2H^+ + 2e^- \Longrightarrow H_2\uparrow \tag{6-23}$$

6.2.2　电催化间接分解硫化氢研究进展

　　氧化还原对是间接分解 H_2S 体系中的关键，其应满足以下条件：①氧化能力不过强，避免将硫离子过氧化生成高价态的硫化物（如 SO_3^{2-} 和 $S_2O_3^{2-}$ 等）；②产物易分离；③氧化电位小于析氧电位；④氧化还原过程稳定，且无毒、无污染。近年来，研究者对中间助氧化剂进行了大量研究，主要以 Fe^{3+}/Fe^{2+}、I_3^-/I^- 和 VO_2^+/VO^{2+} 为研究对象。

　　刘常青等（1998）利用含 Fe^{3+}/Fe^{2+} 氧化还原对的强酸性反应液吸收 H_2S 气体［发生的氧化还原反应如式（6-24）所示］，并研究了影响 H_2S 吸收率的多种因素，包括 H_2S 在溶液中的溶解度、固态硫的析出状态、固态硫的结晶生长速率、温度等。研究发现，在各种因素中温度对 H_2S 的吸收影响最大。如图 6-13 所示，在 40～70 ℃时，温度升高对吸收率影响显著，随后趋于缓和，因此选择合适的温度对 H_2S 的吸收显得十分重要。

$$2Fe^{3+} + H_2S \Longrightarrow 2Fe^{2+} + S\downarrow + 2H^+ \tag{6-24}$$

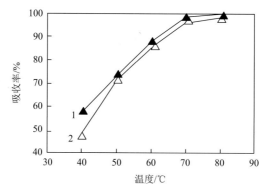

图 6-13　使用 Fe^{3+}/Fe^{2+} 氧化还原对时温度与 H_2S 吸收率的关系图（刘常青等，1998）

1-H_2S 含量为 5%（体积分数），总气流速率为 200 mL/min；2-H_2S 含量为 3%（体积分数），总气流速率为 327 mL/min

Kalina 和 Maas（1985）使用 I_3^-/I^-作为氧化还原对进行了电催化分解 H_2S 研究。电化学测试结果表明，阳极电压与电流密度成正比，且没有出现任何浓差极化现象。此外，在该过程中析出的单质 S 呈红棕色黏稠凝胶状沉淀，冷却后变为红棕色固体，硫产品的纯度可达 90%。通过热甲苯处理后，硫收率可达 99.3%。

Huang 等（2009）采用 VO_2^+/VO^{2+}作为氧化还原对在酸性溶液中进行了电催化分解 H_2S 研究。VO_2^+/VO^{2+}能氧化 H_2S 得到单质 S，但不会与 H_2S 发生副反应生成较高价态的硫氧化物（如 $S_2O_3^{2-}$、$S_2O_6^{2-}$、SO_4^{2-}）。此外，VO_2^+/VO^{2+}氧化还原对有良好的稳定性，在酸性溶液中具有良好的溶解度，并且电解反应简单易进行。图 6-14 为使用 VO_2^+/VO^{2+}氧化还原对电催化间接分解 H_2S 的工艺原理图。

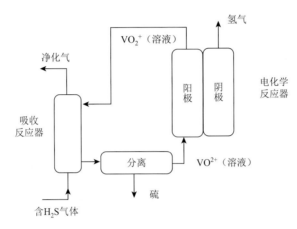

图 6-14　VO_2^+/VO^{2+}氧化还原对电催化间接分解 H_2S 的工艺原理图（Huang et al.，2009）

该过程分为 H_2S 吸收、电化学反应和产物分离三部分。在吸收反应器中，酸性溶液中的 VO_2^+氧化 H_2S 生成单质 S[式（6-25）]，直接实现了对 H_2S 中硫资源的捕获。在电化学反应器中，阳极发生氧化反应，VO^{2+}被氧化为 VO_2^+[式（6-26）]，阴极发生还原反应生成 H_2[式（6-23）]。

$$2H^+ + 2VO_2^+ + H_2S \longrightarrow 2VO^{2+} + S + 2H_2O \qquad (6-25)$$
$$2VO^{2+} + 2H_2O \longrightarrow 2VO_2^+ + 4H^+ + 2e^- \qquad (6-26)$$

该体系下影响反应速率的因素有温度、氧化还原对的浓度、H^+浓度等。图 6-15 为温度与 H_2S 吸收率和吸收速率的关系图。H_2S 吸收反应是由传质和化学反应组成的气液反应，即 H_2S 从气相扩散到气液界面，然后在溶液中与 VO_2^+发生反应。理论上，扩散速率和化学反应速率随温度的升高而增大。随着温度的升高，吸收剂黏度降低，反应速率常数增大，使得 H_2S 吸收率增加。

此外，在氧化还原对的 VO_2^+摩尔分数较低时，吸收率主要受吸收剂的浓度影响。随着 VO_2^+摩尔分数的不断增加，吸收率逐渐提高。当 VO_2^+摩尔分数超过临界值（0.55）时，吸收剂相对于 H_2S 明显过量，此时吸收率与吸收剂的摩尔分数无关，主要受 H_2S 扩散速率限制。最后，H_2S 吸收率稳定在 90%。

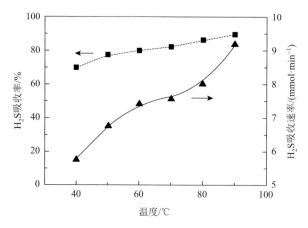

图 6-15 使用 VO_2^+/VO^{2+} 氧化还原对时温度与 H_2S 吸收率和吸收速率的关系图（Huang et al.，2009）

H^+ 浓度是影响电流密度的一个重要参数，因此，Huang 等（2009）在上述反应体系中使用硫酸作为电解液，详细研究了电流密度与 H^+ 浓度的关系（图 6-16）。在低 H^+ 浓度下，电流密度随 H^+ 浓度的增加而增大，这是因为硫酸用作阴极电解液时提高了导电性并降低了溶液电阻。随着 H^+ 浓度不断增加，电流密度增大到最大值，但随后逐渐开始降低。这是由于硫酸和水之间有很强的相互作用，过量的硫酸会阻碍 H^+ 的水化，干扰析氢反应中第一步［式（6-27）］的进行，进而抑制后续反应的发生。

$$H^+ + H_2O \longrightarrow H_3O^+ \tag{6-27}$$

$$H_3O^+ + e^- \longrightarrow MH + H_2O \tag{6-28}$$

$$MH + MH \longrightarrow H_2 \tag{6-29}$$

$$MH + H_3O^+ + e^- \longrightarrow H_2 + H_2O \tag{6-30}$$

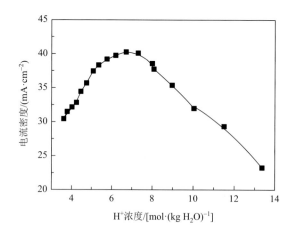

图 6-16 H^+ 浓度与电流密度的关系图（Huang et al.，2009）

2018 年，张会刚团队使用前述 Fe^{3+}/Fe^{2+} 氧化还原对，开发了一种 N 掺杂的 CoP

（N-CoP）电催化材料用于电催化间接分解 H_2S（Zhou et al.，2018）。图 6-17（a）展示了在碳布（carbon cloth，CC）上 N-CoP 的制备过程：先采用水热法将 Co(OH)F 前驱体包覆在 CC 上，然后以 NaH_2PO_2 为磷源，在纯 Ar 或 Ar/NH_3 气体中将 CC@Co(OH)F 进行磷化，得到无 N 掺杂的 CC@CoP 或 N 掺杂的 CC@N-CoP。图 6-17（b）为电催化间接分解 H_2S 反应原理图。在该反应中，氧化还原对为 Fe^{3+}/Fe^{2+}、阳电极为 CC、阴极为 CC@N-CoP、电解液为 $0.5\ mol·L^{-1}\ H_2SO_4$ 溶液，其成功实现了 H_2S 分解为 H_2 和单质 S。

　　总之，电催化技术具有绿色环保、催化效率高等优点，是实现 H_2S 资源化利用的可行途径之一。其中，电催化直接分解 H_2S 的研究尽管取得了一定成果，在一定程度上解决了阳极钝化的问题，但其工业化应用目前仍面临在较大电流密度下材料易被硫化以及硫回收效率较低等问题，电催化间接分解 H_2S 相较于直接分解则具有硫更易回收、能避免阳极钝化等优势。

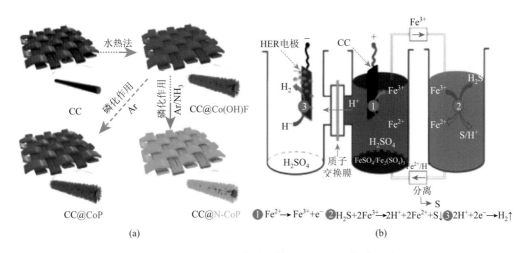

图 6-17　N-CoP 电催化材料的制备及其电催化间接分解 H_2S 反应原理图（Zhou et al.，2018）

（a）在 CC 上制备 N-CoP 电催化剂的原理图；（b）以 Fe^{3+}/Fe^{2+} 为氧化还原对电催化间接分解 H_2S 反应原理图

6.3　光伏-电催化分解硫化氢的研究

　　光伏-电催化（PV-EC）可以看作光伏电池与电解池的耦合。光伏电池吸收太阳光后，将太阳能转换为电能，通过光伏电池与电催化电解池间的相连电路为电解反应提供合适的电压。PV-EC 的主要优点如下：①利用太阳能发电驱动电解池；②电极材料和电催化材料一样，选择更加广泛。本节将对光伏-电催化的研究现状及相关示范应用研究进行介绍。

　　李灿院士团队在 2016 年首次设计了钙钛矿太阳能电池用于分解 H_2S（Ma et al.，2016）。如图 6-18 所示，他们使用钙钛矿太阳能电池把太阳能转换成电能，电能作用在电解池上，阳极发生氧化还原对的氧化，进而发生化学反应生成单质 S，阴极发生还原反应产生 H_2。同时，他们以钼钨磷化物（Mo-W-P）为阴极析氢催化剂，石墨碳布为阳极，通过电催化间接分解 H_2S。H_2S 气体通入反应体系后，可生成符合化学计量比的 H_2 和单质 S。研究发现在使用 Nafion 膜时氧化还原对 Fe^{3+}/Fe^{2+} 能通过膜移向阴极，进而影响反应效率，使得体系稳定性降低。因此，他们进一步在该体系中引入了体积较大且带负电荷的 $H_3(PW_{12}^{VI}O_{40})/H_5(PW_2^VW_{10}^{VI}O_{40})$ 氧化还原对来缓解这一现象，使得体系工作效率在基本保持不变的同时，稳定性得到了明显的提高。

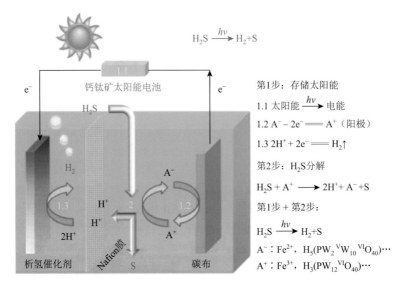

第1步：存储太阳能

1.1 太阳能 $\xrightarrow{hv}$ 电能

1.2 $A^- - 2e^- \Longrightarrow A^+$（阳极）

1.3 $2H^+ + 2e^- \Longrightarrow H_2\uparrow$

第2步：H_2S 分解

$H_2S + A^+ \longrightarrow 2H^+ + A^- + S$

第1步 + 第2步：

$H_2S \xrightarrow{hv} H_2 + S$

A^-：Fe^{2+}，$H_5(PW_2^VW_{10}^{VI}O_{40})\cdots$

A^+：Fe^{3+}，$H_3(PW_{12}^{VI}O_{40})\cdots$

图 6-18　钙钛矿 PV-EC 系统分解 H_2S 示意图（Ma et al.，2016）

此外，李灿院士团队还设计了太阳能氧化还原液流电池（solar redox flow batteries，SRFB）系统用于分解 H_2S（Ma et al.，2020）。该系统集成了钙钛矿太阳能电池和氧化还原液流电池，在使用充/放电氧化还原对[$H_4(SiW_{12}^{VI}O_{40})/H_6(SiW_{10}^{VI}W_2^VO_{40})$ 和 Fe^{3+}/Fe^{2+}]存储/利用太阳能的同时，将 H_2S 分解生成 H_2 和单质 S。如图 6-19 所示，液流电池在充电的情况下，阳极生成氧化态的化学电解液，阴极生成还原态的化学电解液。首先将 H_2S 气体通入氧化态的化学电解液中进行反应，得到单质 S 和 H^+，同时氧化态的化学电解液被

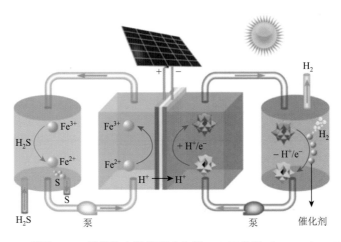

图 6-19　基于 SRFB 系统的太阳能驱动分解 H_2S 示意图（Ma et al.，2020）

还原；接着，将含有 H^+ 和还原态的化学电解液的混合物泵送至液流电池阳极室，还原态的化学电解液被氧化后返回至吸收装置形成一个循环，与此同时，液流电池阳极室中的质子穿过隔膜到达阴极室，氧化态的化学电解液吸收质子后变为还原态，并被泵送至氢气发生装置，在催化剂的作用下生成 H_2，同时还原态的化学电解液被氧化；最后氧化态的化学电解液回流到液流电池阴极室实现循环。基于 $H_4(SiW_{12}^{VI}O_{40})/H_6(SiW_{10}^{VI}W_2^VO_{40})$ 和 Fe^{3+}/Fe^{2+} 氧化还原对以及钙钛矿太阳能电池构建的 SRFB，能通过化学反应吸收 H_2S，实现 H_2S 分解制取 H_2 和单质 S。

天然气、炼厂气、煤气等酸性气体中通常含有 CO_2 和 H_2S，在工业脱硫脱碳过程中，H_2S 多被转化为单质 S 来回收，而 CO_2 则被直接排放到大气中。近年来，温室气体引起的气候变化已经成为全人类共同面对的严峻挑战。2020 年中国的碳排放量达到 98.94 亿 t，居世界首位，碳减排成为当务之急。探索 CO_2 和 H_2S 的共同转化新路径，可以实现两种有害气体的有效利用。2018 年，李灿院士团队提出利用光伏-电催化实现 CO_2 和 H_2S 同时转化为高附加值产品的方法（Ma et al.，2018）。如图 6-20 所示，他们使用石墨烯层包裹的部分还原氧化锌纳米颗粒（rZnO@G）作为阴极，改性工业石墨碳（G/GCS）作为阳极，乙二胺四乙酸螯合 Fe（EDTA-Fe^{3+}/EDTA-Fe^{2+}）作为氧化还原对（Ma et al.，2018）。在反应过程中，CO_2 被溶解在 1-乙基-3-甲基咪唑四氟硼酸盐离子液体和少量水中，随后在阴极室中被电催化还原为 CO。同时，H_2S 鼓泡通入阳极室后，生成了黄色沉淀。XRD 测试结果表明该黄色沉淀为单质 S。此外，他们进一步将模拟了天然组分[Ar∶CH_4∶CO_2∶H_2S = 60∶20∶19∶1（体积比）]的混合气体直接通入该体系，在体系中成功得到了 CO 和单质 S。该研究展示了一种光伏-电催化酸性气体 CO_2 和 H_2S 的方法，在中性条件下将 CO_2 和 H_2S 转化为高附加值产品，为含硫酸性气藏天然气的净化提供了新的思路。

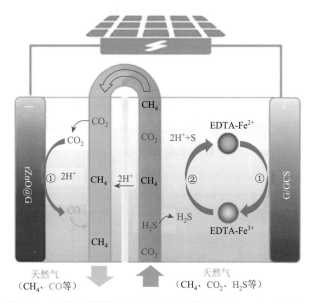

图 6-20　光伏-电催化 CO_2 和 H_2S 示意图（Ma et al.，2018）

左边阴极室中的①表示 H^+ 还原 CO_2 的过程；右边阳极室中的①表示 Fe^{2+} 氧化为 Fe^{3+} 的过程，②表示 H_2S 被 Fe^{3+} 氧化为单质 S 和 H^+，同时 Fe^{3+} 被还原为 Fe^{2+} 的过程

6.4　电催化/光伏-电催化分解硫化氢示范研究

目前电催化分解 H_2S 技术还没有完全成熟，暂未实现大规模工业化应用。Obata 等 (2019) 以光伏-电催化间接分解 H_2S 理论为基础，建立了示范装置。在光照下光伏组件的效率随着温度的升高而降低，因此他们在集成器件时，通过电解液来冷却光伏组件，光伏组件在向电解液传递热量的同时促进了电化学反应的动力学和传质过程，提高了电导率，实现了光伏模块和电解槽模块的协同效应。研究发现光伏-电催化分解 H_2S 的起始电位仅为 0.41 V，与电催化分解 H_2O 的理论电位（1.23 V）相比，体系的制氢能耗显著降低。在光伏照射面积为 168 cm^2 的条件下，光伏电池在最大功率的电压下运行，分解 H_2S 时的制氢速率为 222 $\mu mol\cdot h^{-1}\cdot cm^{-2}$，远大于分解 H_2O 时的制氢速率（153 $\mu mol\cdot h^{-1}\cdot cm^{-2}$）。反应初期法拉第效率基本保持在 100%，然而 60 min 后，法拉第效率逐渐下降到 80%，表明电极上存在副反应。图 6-21 是该装置的实物图和示意图。

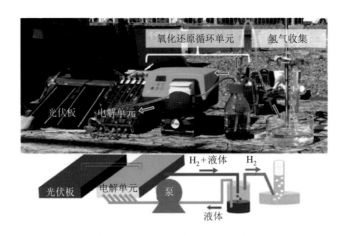

图 6-21　光伏-电催化间接分解 H_2S 装置实物图和示意图（Obata et al.，2019）

我国关于电催化分解 H_2S 制取 H_2 和单质 S 的研究始于 20 世纪 80 年代末。电催化直接分解 H_2S 具有反应设备简单、易操作等优点，通过调控反应过程参数、选择合适的有机溶剂作为电解液以及材料设计改性等策略，能在一定程度上解决阳极钝化的问题，但在工业应用中，电催化直接分解 H_2S 目前仍不能彻底解决硫钝化的问题，因而没有得到进一步的工业化发展。相较于电催化直接分解 H_2S，电催化间接分解 H_2S 采用氧化还原对将产硫过程和电化学催化制 H_2 过程分离开来，具有硫易回收和无阳极钝化的优势，因此具有相对较高的工业应用示范价值。

赵永丰和俞英团队在"八五""九五"攻关期间对电催化间接分解 H_2S 进行了较全面的探讨。他们先后建立了扩大试验和中试试验装置，并研究了反应温度、反应压力、吸收液浓度、气液比、原料气浓度等对反应体系的影响。其采用的双反应器法可以在较宽的范

围内实现对 H_2S 的有效吸收：在常压、温度为 70～90 ℃时，采用含盐酸（5～7 $mol·L^{-1}$）的氰化铁溶液（0.4～0.8 $mol·L^{-1}$）处理 15%～40%的含 H_2S 气体，H_2S 的一次吸收率可达 60%～90%，并可同时制取 H_2 和单质 S；电解反应器以石墨为阳极、镀铂石墨为阴极时，阳、阴极电流效率均接近 100%；在 50 ℃、电流密度为 1000 $A·m^{-2}$ 下，体系的制氢能耗仅为 2.4 $kW·h·Nm^{-3}$（俞英等，1997）。

袁长忠等（2005）还对电催化间接分解 H_2S 中试试验中阴极制氢动力学进行了研究。他们分别对传质过程与电化学反应过程进行了考察，并通过理论模型将两者结合起来，同时根据中试的实际情况，建立了阴极析氢过程宏观动力学模型，该模型在实验测量的范围内得到了较好的验证。通过该模型，他们确定了电催化间接分解 H_2S 中试过程中影响阴极制氢反应的主要因素为氢离子浓度、槽压和电解液温度，其中槽压的影响最大。此模型为后续的中试和工业生产提高制氢速率提供了一定的理论依据。

此外，李发永等（2001）对电催化间接分解 H_2S 体系中不同结构 H_2S 吸收器的吸收性能进行了研究。常见的吸收器包括鼓泡式吸收器、喷射式吸收器、撞击流吸收器，在对这三种吸收器进行实验研究时，他们发现撞击流吸收器可解决固态硫堵塞通道及气、液分布器的问题，而且有较高的传质系数及吸收率。随后，他们将其用于电催化间接分解 H_2S 扩大实验的研究。现场放大实验表明，用由化学吸收和电解反应组成的双反应工艺过程处理炼厂含 H_2S 酸性气体是可行的。对于化学吸收过程，适宜的操作条件为吸收液含 Fe^{3+} 浓度大于 2.5 $mol·L^{-1}$，操作温度为 60 ℃，液气比（体积比）大于 1.5。在适宜的操作条件下，H_2S 吸收率大于 99%，所制得的单质 S 纯度大于 99.8%。

随着电催化材料活性和稳定性的提高以及硫氧化端分离纯化技术的发展，电催化间接分解 H_2S 技术有望实现大规模应用。笔者团队使用 Fe^{3+}/Fe^{2+} 氧化还原对建立了电催化间接分解 H_2S 示范装置，如图 6-22 所示。在实验室中采用模拟的太阳光照射在光伏板上产生电能直接驱动 H_2S 分解，成功获得了 H_2 和单质 S。基于此，笔者团队搭建了 60 m^2 光伏发电驱动 H_2S 同时制取 H_2 和单质 S 成套示范装置，拟通过该装置实现日处理 38.2 kg H_2S，日产 2.3 kg H_2 和 35.9 kg 单质 S。

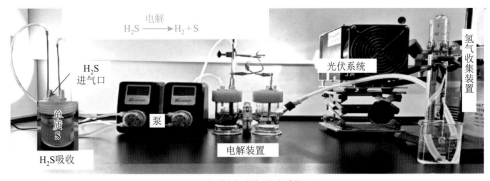

(a) 小型电解制氢脱硫系统

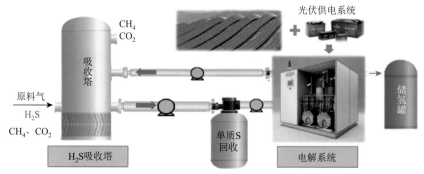

(b) 光伏驱动电解制氢脱硫系统

图 6-22　光伏发电驱动 H_2S 同时制取 H_2 和单质 S 成套示范装置示意图（段超，2021）

6.5　光伏电催化 H_2S 制氢脱硫经济性研究

6.5.1　经济可行性研究

尽管利用光伏发电驱动电催化 H_2S 还原制氢脱硫具有很大的发展前景，但尚未从经济角度进行评估，这阻碍了该技术从实验室走向大规模应用。基于此，笔者团队通过光伏系统、电解槽系统、逆变器、蓄电池、储氢罐组成光伏电催化 H_2S 制氢脱硫系统，离网型光伏电催化 H_2S 制氢脱硫系统如图 6-23 所示。根据前期实验研究，制氢能耗取 $2.63\,kW\cdot h\cdot Nm^{-3}$，以最大化年利润为目标，利用线性规划模型（LP）优化各设备容量，设备折旧预估数学模型模拟设备固定资产残值随时间的变化，学习曲线模型预估技术进步率对设备固定投资的影响，结合几种经济指标对优化结果进行经济可行性研究。并对光伏系统与电解槽的成本、设备技术进步率、装机容量、电解槽能耗、日照平均时间、电解槽工作时间这几个因素进行敏感性分析，以评估不同因素对该系统的经济效益与平准化制氢成本（LCOH）的影响。

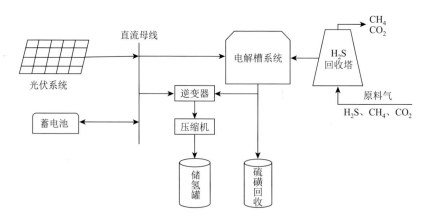

图 6-23　光伏电催化硫化氢系统示意图

　　不同负载时间下的年利润折现图与设备装机成本如图 6-24 所示，在不同负载工作时间下，计算优化后的各设备容量均不同。其中电解槽容量、光伏装机量变化较小，而蓄电池容量的变化较为明显。在负载工作时间为 1.83～7.30 h 时，蓄电池的装机容量为 0，表明该时间段内光伏系统供电全部用于负载。随着负载工作时间的增加，蓄电池的容量逐渐增大，开始对系统进行供电。从图 6-24（a）中可以看出以最大化利润为目标的系统优化效果明显，年净利润额逐年增大。在负载工作时间处于 7.30～9.13 h 时系统年净利润额均为各年净利润额的最大值。随着负载工作时间的增加，各年的年净利润额逐渐减小，结合图 6-24（b）可以看出当负载工作时间处于 10.96 h、12.78 h、14.61 h、16.43 h、18.26 h时，蓄电池的成本依次为 30.9 万元、60.5 万元、90.1 万元、119.6 万元、148.9 万元，占系统总设备成本的比例依次为 12.9%、22.8%、30.9%、37.4%、42.9%，表明当负载工作时间超过了日照平均时间，需要进行蓄电池的供能以维持负载的正常运行，蓄电池容量的提升造成高昂的蓄电池投资成本，致使系统制氢脱硫成本增加，从而整体的经济效益变差。在该规模下采用光伏离网不储能模式，结合当地日照情况，负载时间处于 7.3～9.13 h 时该系统可实现最大化经济效益。

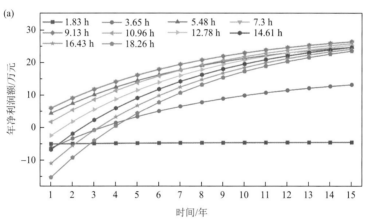

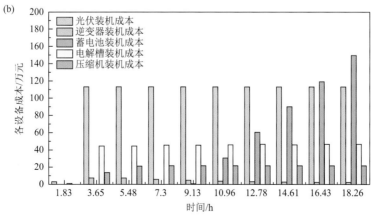

图 6-24　不同负载时间下年净利润与设备成本折线图

（a）年利润折线图；（b）各设备装机成本

　　根据系统各设备最优容量配置方案及运行策略，以日照年辐射量 1917 kW·h·m^{-2}、139.52 kW 的实际光伏发电站、电解槽制氢能耗 2.63 kW·h·Nm^{-3}、负载最优时间段 7.30～9.13 h 折中，取负载工作时间 8.22 h 为基础，进行光伏电催化 H$_2$S 制氢脱硫的经济效益与经济指标计算。结果表明在该规模下光伏电催化 H$_2$S 制氢脱硫系统总投资 185.78 万元，其中光伏系统与电解槽系统的设备投资分别占总投资的 60.9% 和 24.6%。光伏系统年均发电量为 215385 度（1 度 = 1 kW·h），其中用于电解槽制氢脱硫的电量占比 92.8%。年均可处理 115.83 t 的 H$_2$S，产物绿氢年均产量为 6.80t，产物硫黄年均产量为 108.73 t。绿氢的价格按 3 万元每吨计算，硫黄价格按 0.15 万元每吨计算，年利润为 36.70 万元。蓄电池组容量为 0，说明系统为离网不储能模式，内部收益率（IRR）为 13.69%，略高于 IRR 为 13.29% 的风力并网发电电解水制氢模式，表现出较好的经济优势。该系统以 H$_2$S 为电解槽原料时制氢能耗为 2.63 kW·h·Nm^{-3}，比目前碱性电解水制氢能耗低 34.3%～47.4%，平准化制氢成本（LCOH）为 24.90 元/kg，与 LCOH 为 29.74 元/kg 的光伏离网不储能电解水制氢模式比起来下降了 16.3%。与目前成熟的电解水制氢技术相比，以 H$_2$S 为原料的制氢脱硫系统能以更低的制氢能耗实现制氢成本的下降。该系统在 139.52 kW 的光伏装机规模下运行 15 年可产生 260.89 万元的净利润，投资回报率（ROI）高达 38.10%，静态回收期（PBP）为 6.2 年，具有较好的经济可行性。

6.5.2　日照辐射量的影响

　　国内不同地区受到的太阳辐射量有较大差距，平均日照时间也有较大差距。以 2022 年的日照时间数据为参考，可以看出四川、贵州等地的年日照时间为 1000～1400 h，日照时间较少，太阳年辐射量为 928～1163 kW·h·m^{-2}。宁夏北部、甘肃北部、新疆南部等地区年日照时间达 3200～3300 h，日照时间较长，太阳年辐射量为 1855～2333 kW·h·m^{-2}。因此，笔者团队以太阳年辐射量 2333～928 kW·h·m^{-2} 为该地区年辐射情况的上下限，分析太阳年辐射量变化对该模型经济效益中的各参数影响。

　　图 6-25 为不同日照辐射量下各指标折线变化图。从图 6-25（a）中可以看出，随着年辐射量的提升，设备总投资成本与收入均有不同的变化，当年辐射量超过 1084 kW·h·m^{-2} 后，年辐射量的提升对设备总投资成本的影响尚不明显，而系统的总收入保持着较大的提升。与图 6-25（d）结合可以看出，在不明显改变各设备容量的情况下，年辐射量的提升主要影响电解槽系统对 H$_2$S 的处理量。当年辐射量分别为 1084 kW·h·m^{-2}、1396 kW·h·m^{-2}、1708 kW·h·m^{-2}、2020 kW·h·m^{-2}、2333 kW·h·m^{-2} 时，电解槽单位时间可制氢量分别为 14.4 Nm^3·h^{-1}、18.5 Nm^3·h^{-1}、22.7 Nm^3·h^{-1}、26.8 Nm^3·h^{-1}、30.9 Nm^3·h^{-1}，年辐射量越大，光伏对系统的供电越多，系统在单位时间内处理更多 H$_2$S，产物绿氢与硫黄提供的收益也就会越多，系统经济效益越好。在图 6-25（b）与图 6-25（c）可以看出，在光伏装机量为 139.52 kW 的规模、地区日照年辐射量处于 928～1240 kW·h·m^2 下，该系统 15 年的 IRR 处于 0%～2.03%，ROI 处于 –76.15%～–16.16%，PBP 处于 –5.4～12.8 年，表明系统在该范围内的年辐射量下 15 年内产生的经济效益较差。地区日照年辐射量处于 1396～1552 kW·h·m^{-2} 时，该系统 15 年的 IRR 处于 5%～7.98%，ROI 处于 –3.98%～9.8%，PBP 处

于 10.4～8.6 年，表明当年辐射量大于该范围时系统开始产生经济效益。当地区日照年辐射量从 1708 kW·h·m^{-2} 提升至 2333 kW·h·m^{-2} 时，系统的 LCOH 降幅为 27.1%，PBP 降幅为 29.2%，表明年辐射量超过 1708 kW·h·m^{-2} 后对降低 LCOH 和 PBP 的效果较为明显。

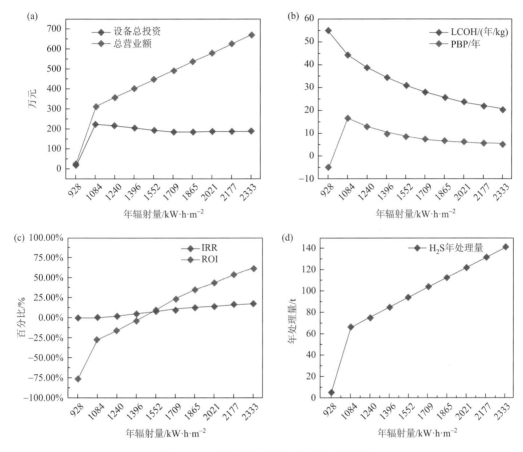

图 6-25　不同日照辐射量下各指标折线图

（a）设备总投资与收入折线图；（b）静态回收期（PBP）与平准化制氢成本（LCOH）折线图；（c）内部收益率（IRR）与投资回报率（ROI）折线图；（d）年处理 H$_2$S 量折线图

6.5.3　光伏装机容量的影响

近年来，我国光伏新增装机容量不断增长。2023 年上半年全国光伏新增并网容量 78.42 GW，同比增长 154%。其中，集中式光伏电站新增装机 37.46 GW，分布式光伏新增装机 40.963 GW，户用光伏新增装机高达 21.52 GW，同比增长 142%。笔者团队以地区太阳年辐射量 1917 kW·h·m^{-2} 为基础，在光伏装机容量分别为 1 MW、5 MW、10 MW、15 MW、20 MW 的情况下，对未来 15 年内系统的 LCOH 进行了计算。如图 6-26 所示，不同年份光伏电催化制氢脱硫系统的 LCOH 在光伏装机量提升后均有不同程度的下降。光伏装机量从 1 MW 提升至 20 MW 后，2023 年、2026 年、2029 年、2032 年、2035 年、2038 年系统的 LCOH 降幅分别为 3.75 元/kg、3.09 元/kg、2.56 元/kg、2.13 元/kg、1.78 元/kg、

1.49 元/kg，这说明装机量的提升可以在一定程度降低 LCOH。然而，在相同的装机量增量下，由于 LCOH 基础值不同，不同年份下装机量对 LCOH 的总降低率始终维持在 15.12%~15.19%，表明仅靠提升光伏装机量难以实现 LCOH 的大幅下降。

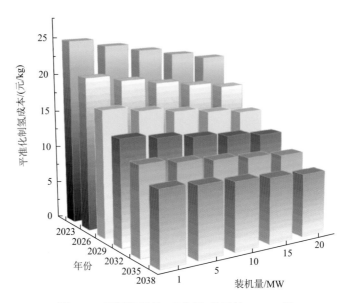

图 6-26　不同装机量、不同年份下的 LCOH 图

图 6-26 中还考虑了光伏设备与电催化设备的技术进步率对 LCOH 的影响，即随着各设备技术的进步，其对应的设备固定投资也会相应地降低。在相同装机量下，不同年份的条状图间出现不同程度的纵向差距即为技术进步率的体现，在光伏设备的技术进步率为 5%，电解槽设备的技术进步率为 10%的情况下，以 2023 年光伏装机量 20 MW 时的制氢成本 21.04 元/kg 为基准，从 2023~2038 年，每 3 年的 LCOH 降幅分别为 3.71 元/kg、2.99 元/kg、2.42 元/kg、1.96 元/kg、1.62 元/kg，这表明技术进步率对 LCOH 降幅的影响在时间序列上的作用效果逐渐降低。此外，在技术进步率的影响下，即使保持光伏装机量为 5 MW 不变，2026 年的 LCOH 也可降至 16.91 元/kg，明显低于 2023 年光伏装机量为 20 MW 的 21.04 元/kg，表明相比于设备装机容量，技术进步率对降低 LCOH 有着更为明显的影响。在上述技术进步率的前提下，2026 年以 H_2S 为原料的 LCOH（16.91 元/kg），勉强接近于目前制氢成本为 10~16 元/kg 的工业副产物提纯制氢技术，但仍高于目前甲烷水蒸气重整制氢的 11.49 元/kg。因此，现阶段的光伏电催化 H_2S 制氢脱硫技术与成熟的工业制氢技术相比还不具有经济优势。但随着未来设备技术进步率的提升，光伏电催化 H_2S 制氢脱硫经济效益有望提高。

6.5.4　平准化制氢成本的因素影响

从构建的光伏电催化 H_2S 制氢脱硫系统来看，影响系统制氢脱硫的因素较多。笔者团队选取电解槽成本、光伏成本、电解槽能耗、电解槽工作时间和平均日照时间这 5 个因素对该模型的 LCOH 进行了敏感性分析。当各因素变动±10%、±20%时，各因素的敏感性程度如图 6-27 所示。

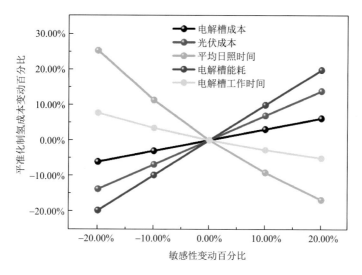

图 6-27　平准化变动影响折线图

从图 6-27 可以看出，在这五个因素中，电解槽成本、光伏成本、电解槽能耗对 LCOH 表现正方向变动，这三个因素从–20%变化到 20%后，LCOH 的增幅分别为 12.3%、27.7%、39.7%，说明电解槽能耗对 LCOH 正方向的变动影响最大，当电解槽制氢能耗从 3.16 kW·h·Nm^{-3} 降低到 2.1 kW·h·Nm^{-3} 时，LCOH 从 29.85 元/kg 降低到了 19.95 元/kg。而平均日照时间和电解槽工作时间对 LCOH 表现出负方向变动，这两个因素从–20%变化到 20%后，LCOH 的下降幅度分别为 42.3%和 12.8%，说明平均日照时间对 LCOH 负方向的变动影响相对更大，当平均日照时间从 6.6 h 提升到 9.9 h 后，LCOH 从 31.2 元/kg 降低到了 20.7 元/kg。因此选取日照辐射充足的地区，降低电解槽的制氢能耗，是降低光伏电催化 H$_2$S 制氢脱硫的成本的关键所在。

6.6　小　　结

本章对电催化分解 H$_2$S 的原理、研究进展、示范应用进行了介绍。将太阳能发电与电催化技术相结合来分解 H$_2$S 具有反应速率快、副反应少、硫收率高、吸收剂对 H$_2$S 的吸收率高且无毒副作用等优点，是一种有良好应用前景的 H$_2$S 资源化利用方法。然而其目前还存在许多问题，如吸收液为酸性时对设备具有腐蚀性，同时会对环境造成污染（如硫分离时会产生酸雾）；生成的单质 S 纯度不高且颗粒小，难以分离；难以开发价格合理、使用寿命长、性能优异的电极材料及设计合理的电解装置等。未来的研究工作可围绕以上问题展开。

参 考 文 献

段超，唐春，吴梦南，等，2021. 电催化分解硫化氢制氢脱硫研究进展[J]. 天然气化工（C1 化学与化工），46（S1）：24-30.

李发永，曹作刚，张海鹏，等，2001. 由硫化氢制取硫磺及氢气扩大实验研究[J]. 化工进展，20（7）：38-41.

刘常青，张平民，陈启元，1998. 温度对含硫化氢废气氧化吸收的影响[J]. 中南工业大学学报，29（4）：347-350.

易清风，陈启元，张平民，1998. 硫化钠溶液电化学分解制备硫磺和氢气的研究[J]. 环境科学学报，18（5）：539-544.

俞英，王崇智，赵永丰，等，1997. 氧化-电解法从硫化氢获取廉价氢气方法的研究[J]. 太阳能学报，18（4）：400-408.

袁长忠，邢定峰，俞英，2005. 硫化氢间接电解制氢中试阴极动力学研究[J]. 化工学报，56（7）：1317-1321.

Alexander S，Winnick J，1990. Electrochemical separation of hydrogen sulfide from natural gas[J]. Separation Science and Technology，25（13-15）：2057-2072.

Duan C，Tang C，Yu S，et al. 2023. Efficient electrocatalytic desulfuration and synchronous hydrogen evolution from H_2S via anti-sulfuretted NiSe nanowire array catalyst[J]. Applied Catalysis B：Environmental，324：122255.

Huang H Y，Yu Y，Chung K H，2009. Recovery of hydrogen and sulfur by indirect electrolysis of hydrogen sulfide[J]. Energy & Fuels，23（9）：4420-4425.

Kalina D W，Maas E T，1985. Indirect hydrogen sulfide conversion—I. An acidic electrochemical process[J]. International Journal of Hydrogen Energy，10（3）：157-162.

Ma W G，Han J F，Yu W，et al.，2016. Integrating perovskite photovoltaics and noble-metal-free catalysts toward efficient solar energy conversion and H_2S splitting[J]. ACS Catalysis，6（9）：6198-6206.

Ma W G，Wang H，Yu W，et al.，2018. Achieving simultaneous CO_2 and H_2S conversion via a coupled solar-driven electrochemical approach on non-precious-metal catalysts[J]. Angewandte Chemie International Edition，57（13）：3473-3477.

Ma W G，Xie C X，Wang X M，et al.，2020. High-performance solar redox flow battery toward efficient overall splitting of hydrogen sulfide[J]. ACS Energy Letters，5（2）：597-603.

Mao Z，Anani A，White R E，et al.，1991. A modified electrochemical process for the decomposition of hydrogen sulfide in an aqueous alkaline solution[J]. Journal of The Electrochemical Society，138（5）：1299-1303.

Obata K，Shinohara Y，Tanabe S，et al.，2019. A stand-alone module for solar-driven H_2 production coupled with redox-mediated sulfide remediation[J]. Energy Technology，7（10）：1900575.

Pei Y H，Cheng J，Zhong H et al.，2021. Sulfide-oxidation-assisted electrochemical water splitting for H_2 production on a bifunctional Cu_2S/nickel foam catalyst[J]. Green Chemistry，23（18）：6975-6983.

Shih Y S，Lee J L，1986. Continuous solvent extraction of sulfur from the electrochemical oxidation of a basic sulfide solution in the CSTER system[J]. Industrial & Engineering Chemistry Process Design and Development，25（3）：834-836.

Yi L C，Ji Y X，Shao P，et al.，2021. Scalable synthesis of tungsten disulfide nanosheets for alkali-acid electrocatalytic sulfion recycling and H_2 generation[J]. Angewandte Chemie International Edition，60（39）：21550-21557.

Zhang M，Guan J，Tu Y C，et al.，2020. Highly efficient H_2 production from H_2S via a robust graphene-encapsulated metal catalyst[J]. Energy & Environmental Science，13（1）：119-126.

Zhang S，Zhou Q W，Shen Z H，et al.，2021. Sulfophobic and vacancy design enables self-cleaning electrodes for efficient desulfurization and concurrent hydrogen evolution with low energy consumption[J]. Advanced Functional Materials，31（31）：2101922.

Zhou Q W，Shen Z H，Zhu C，et al.，2018. Nitrogen-doped CoP electrocatalysts for coupled hydrogen evolution and sulfur generation with low energy consumption[J]. Advanced Materials，30（27）：e1800140.

第7章　总结与展望

虽然关于太阳能驱动 H_2S 资源化利用技术的研究在过去几十年间取得了一定成果，但无论是在实验室研究还是在工业应用示范研究中，仍需要相关科研工作者不断努力克服以下难题。

首先，在太阳能驱动 H_2S 资源化利用研究过程中，光催化、光电催化和光伏-电催化等均存在不同体系评价标准不统一的问题。针对这一现象，亟待建立统一规范的评价体系。在此可以参考太阳能电池，早期各个实验室的测试环境不同，研究人员测得的太阳能电池转化效率也不尽相同，因此很难进行系统比较。为了保证数据的可靠性，一方面，研究人员在评价太阳能电池转化效率时对光源和光强制定了统一标准（AM 1.5G，100 mW·cm^{-2}）；另一方面，越来越多的国际学术期刊在报道太阳能电池转化效率的数据时，会要求相关研究团队提供的电池转化效率必须得到行业权威认证，而并非只是实验室数据。通过这种方式，可以帮助研究者更加全面地对比各种催化材料的优劣，从而在筛选催化材料时节省大量时间。

其次，开发高活性和高稳定性的催化材料仍是太阳能驱动 H_2S 资源化利用中的关键技术难题。以现有的液相光催化分解 H_2S 为例，虽然目前实验性能较好的催化材料制氢速率已经接近 200 mmol·g^{-1}·h^{-1}，表观量子效率也趋近 90%，稳定性能维持 60 h 左右，但 H_2S 的有效转化率不足 10%，距离真正的工业化应用仍有较大差距。因此，迫切需要继续开发高活性和高稳定性的催化材料。在这一过程中，材料的筛选不能是盲目地试错，必须要结合现代分析测试手段和理论模拟等深入分析催化材料的结构组成对催化过程的影响。例如，通过高时空分辨的超快光谱技术有效揭示太阳能驱动相关催化过程中的光生载流子迁移过程，从本质上建立材料的结构组成与催化分解 H_2S 活性的内在关联；或结合工况条件下的原位表征方法和计算模拟，研究反应过程中各种中间体的转变过程，明确反应机理，进而指导催化材料设计。

再次，在太阳能驱动 H_2S 资源化利用中，目前主要有光催化、光电催化和光伏-电催化等几种催化方式。如第 2 章所述，除了以上催化手段，光热催化也可充分利用太阳能资源。此外，光热催化还有望结合传统热催化的相关优势，进而从热力学和动力学上更好地促进 H_2S 的分解。但现阶段研究人员对该催化过程的认知还相对有限，因此，加强光热催化分解 H_2S 研究，也是未来太阳能驱动 H_2S 资源化利用研究的发展方向之一。

此外，第 1 章对各种硫产品进行了简要介绍，很多硫产品都可以通过 H_2S 分解反应直接制取得到，但目前大多数已报道的太阳能驱动 H_2S 资源化利用体系仅通过分解 H_2S 得到了单质 S、硫代硫酸钠和多硫化物，其他常见的硫产品仍由传统的热催化工艺等制备得到。利用太阳能供能实现 H_2S 制取二硫化碳、甲硫醇等重要硫化工生产原料和产品，也将是未来实现 H_2S 绿色资源化利用的重要途径之一。

　　最后，若要将太阳能驱动 H_2S 资源化利用技术真正应用于实际，必须开展应用示范等研究，包括原料气模拟、反应器设计、能耗估算和经济成本核算等。此外，在实际工业应用中，H_2S 通常并不是以单组分的形式出现的，而是和其他气体共生，如在天然气开采净化过程中得到的 H_2S 通常含有大量的 CO_2（含量为 15%～75%）以及少量的 CH_4（含量为 1%左右）等。从实际应用的角度出发，太阳能驱动 H_2S 资源化利用在将来必须要考虑多组分耦合（如 H_2S 和 CO_2、H_2S 和 CH_4）反应的可行性，笔者相信这将是太阳能驱动 H_2S 资源化利用未来重要的发展方向。